Werkstoffprüfung für Maschinen- und Eisenbau

Von

Dr. G. Schulze und **Dipl.-Ing. E. Vollhardt**

Ständiges Mitglied am staatlichen
Materialprüfungsamt Berlin-Dahlem

Studienrat an der Beuthschule
Berlin

Mit 213 Textabbildungen

Springer-Verlag Berlin Heidelberg GmbH 1923

Copyright 1923 by Springer-Verlag Berlin Heidelberg
Ursprünglich erschienen bei Julius Springer in Berlin 1923
Softcover reprint of the hardcover 1st edition 1923

ISBN 978-3-662-39006-1   ISBN 978-3-662-39976-7 (eBook)
DOI 10.1007/978-3-662-39976-7

Vorwort.

Viele technische Fragen sind in erster Linie Werkstofffragen. Hiermit ist ohne weiteres die Wichtigkeit der Werkstoffprüfung begründet, denn wenn Werkstoffe zweckentsprechend verwendet werden sollen, so müssen die zuverlässigen Grundlagen immer erst durch die Prüfung geschaffen werden. Angesichts der jetzt so ungünstigen wirtschaftlichen Bedingungen, unter denen die deutsche Industrie zu arbeiten hat, sind die durch die Materialprüfung zu lösenden Aufgaben noch dringlicher geworden als in der Vorkriegszeit. Zu diesen Aufgaben rechnen neben vielen anderen die restlose Ausnutzung des Materials und die Schaffung größtmöglicher Sicherheit und Brauchbarkeit der technischen Konstruktionen. Das durch wirtschaftliche Momente gesteigerte Bestreben, die Produktionstechnik zu vervollkommnen und auf diese Weise die Herstellungskosten zu vermindern, kann der geregelten Materialprüfung ebenfalls nicht entraten. Zudem bildet sie ein wichtiges Glied in der Reihe der Maßnahmen, die Qualitätsindustrie zu fördern, auf die Deutschland wegen seines Rohstoffmangels besonders angewiesen ist.

Bei allen Prüfungen ist möglichst enge Anpassung an den späteren Verwendungszweck der Werkstoffe von Bedeutung. Ist dieser Grundsatz nicht scharf durchführbar wie z. B. bei den reinen Werkstoffprüfungen im Gegensatz zu den Konstruktionsprüfungen, so werden gewöhnlich diejenigen Eigenschaften bestimmt, welche einen Schluß auf den Grad der Tauglichkeit des Materials zu der beabsichtigten Verwendung zulassen. Dieses Vorgehen, d. h. die Ermittelung aller für den Verwendungszweck in Frage kommenden Eigenschaften ist deshalb notwendig, weil es bisher noch nicht gelungen ist, den Zusammenhang der verschiedenen Eigenschaften eines Materials derartig zu erforschen, daß von einer oder einigen auf die übrigen geschlossen werden kann.

Die allgemeinen Grundlagen zur Werkstoffprüfung in Deutschland sind durch den deutschen Verband für die Materialprüfungen der Technik gegeben. Dieser vornehmlich aus Sonderfachleuten bestehende Verband sucht zu erkunden, in welcher Weise nach dem jeweiligen Stande der Technik in Wissenschaft und Praxis die Materialprüfungen am besten ausgeführt werden. Der Verband hat Beschlüsse gefaßt über einheitliche Untersuchungsmethoden bei der Prüfung von Bau- und Konstruktionsmaterialien auf ihre mechanischen Eigenschaften unter tunlichster Berücksichtigung ähnlicher Arbeiten in anderen Ländern und unter Beachtung der Arbeiten des „Internationalen Verbandes für die Materialprüfungen der Technik". Diese Beschlüsse sind maßgebend geworden für die Versuchsstellen der Industrie und besonders für die staatlichen Materialprüfungsanstalten, unter denen das preußische Amt zu Berlin-Dahlem und die übrigen den technischen Hochschulen angegliederten Anstalten zu Braunschweig, Darmstadt, Dresden, Karlsruhe, München und Stuttgart in erster Reihe stehen.

Der Verband hat außerdem die Aufmerksamkeit der öffentlichen Prüfstellen auf die weitere Ausbildung der Prüfung von Festigkeitsprobiermaschinen und sonstiger Prüfvorrichtungen gelenkt.

Der Wichtigkeit halber sei schon an dieser Stelle darauf hingewiesen, daß die Materialprüfung der schärfsten Selbstkritik nicht entbehren kann. Das blinde Vertrauen auf die Versuchsmittel ist nicht gerechtfertigt. Sie müssen geeicht und zweckmäßig mindestens jedes Jahr einmal nachgeprüft werden. Nur so ist bei gut durchdachter Probeentnahme und sorgfältigster Versuchsdurchführung eine gewisse Gewähr dafür gegeben, daß die gefundenen Ergebnisse den tatsächlichen Verhältnissen entsprechen.

Vieles ist durch die Materialprüfungen schon erreicht, doch bleiben ihre Erfolge immer noch hinter dem Erreichbaren zurück. Es muß daher das Bestreben aller an verantwortlicher Stelle stehenden Konstrukteure, Betriebsleiter und Werkstoffabnahmestellen von Privaten und Behörden darauf gerichtet sein, dem Materialprüfungswesen in Zukunft die Beachtung zu widmen, die seine grundlegende Bedeutung für die gedeihliche Entwicklung unseres Wirtschaftslebens erfordert.

Der Nachwuchs unserer Technik kann deshalb von vornherein nicht eingehend genug mit diesem Sondergebiet vertraut gemacht werden. Zwar ist die neuere technische Literatur sehr reich an wertvollen Lehr- und Handbüchern, die sich mit Materialprüfung und Werkstoffkunde befassen. Doch wird es von Technikern, die noch nicht in Prüflaboratorien gearbeitet haben und mit der Ausführung von Versuchen betraut wurden, öfters als ein Mangel empfunden, daß die vorhandenen Werke sich zu wenig über die Ausführung von Versuchen und die Auswertung ihrer Ergebnisse verbreiten. Die gleiche Wahrnehmung wurde auch im technologischen Unterricht an Maschinenbauschulen und ähnlichen Lehranstalten gemacht.

Aus dieser Feststellung heraus ist das vorliegende Buch entstanden, in dem sich die Verfasser das Ziel gesteckt haben, neben der Behandlung der für das Versuchswesen notwendigsten Theorie die erwähnten Lücken auszufüllen. Außerdem stellten sie sich die Aufgabe, unter Vermeidung der Anwendung höherer Mathematik die theoretischen Grundlagen der Materialprüfung leichtverständlich darzustellen, so daß auch Ingenieure der Praxis, die sich hiermit beschäftigen wollen, keine unüberwindbaren Schwierigkeiten haben werden. In erster Linie ist das vorliegende Werk als Lehrbuch gedacht. Zur Vertiefung und Erläuterung des Arbeitsgebietes sind Lehraufgaben nebst Lösungen beigefügt. Besonders ins Auge gefaßt sind hierbei die technischen Lehranstalten, die neuerdings unter dem Namen „Betriebsfachschulen" ihre Schüler zu Leitern industrieller Betriebe heranbilden.

Daß das Buch angesichts der Schwierigkeit, die die Behandlung dieses Arbeitsgebietes bereitet, in der ersten Auflage noch nicht allen Wünschen gerecht wird, sind sich die Verfasser bewußt. Sie werden deshalb für jeden Ratschlag dankbar sein, der geeignet erscheint, ihre Bemühungen zu fördern.

Der Verlagsbuchhandlung Julius Springer danken wir an dieser Stelle für das opferbereite Entgegenkommen bezüglich der Ausstattung des Werkes, ebenso danken wir hier den Industriefirmen, die uns durch Überlassung von Photographien und Klischees freundlichst unterstützt haben.

Berlin, im September 1923.

Dr. G. Schulze.

Dipl.-Ing. E. Vollhardt.

Inhaltsverzeichnis.

Inhaltsverzeichnis. VII

I. Die Eigenschaften der Werkstoffe.

Die günstigste Bearbeitung und die richtige Verwendung der Bau-
und Konstruktionsstoffe erfordert für die mannigfachen Zwecke eine
gründliche Kenntnis ihrer Eigenschaften.

Im allgemeinen sind zu unterscheiden physikalische und chemische
Eigenschaften, von denen jene den Maschinenbauer und Eisenkonstruk-
teur am meisten angehen:

1. Die Festigkeit.
2. Das Formänderungsvermögen.
3. Die Zähigkeit und Sprödigkeit.
4. Die Härte.
5. Die Bearbeitbarkeit.

Aufgabe der Werkstoffprüfung ist die zahlenmäßige Feststellung
dieser Eigenschaften. Sie erfolgt entweder an besonders hergerichteten
Proben, die aus dem Rohmaterial entnommen sind, oder an fertigen
Erzeugnissen, wie z. B. Maschinenelementen, Konstruktionsgliedern oder
ganzen Bauwerken, die bestimmten Beanspruchungen genügen sollen.

Durch die Festigkeitsversuche wird die zur Überwindung der
Kohäsion der Körperteilchen erforderliche Kraft ermittelt. Nach der
Art der Beanspruchung unterscheidet man Zug-, Druck-, Biege-, Knick-,
Scheer- und Verdrehungsfestigkeit. Als Untergruppen sind zu unterscheiden: statische Festigkeit und Stoßfestigkeit, je nachdem die Belastung gleichmäßig und ruhig oder stoßweise wirkt, und Festigkeit
bei pulsierender (schwingender) Beanspruchung.

Die bei Festigkeitsversuchen auftretenden Formänderungen richten
sich nach der Art der Beanspruchung. In Betracht kommen Dehnung,
Zusammendrückung, Durchbiegung und Verdrehung.

Die Formänderungen sind dauernd (bleibend) oder vorübergehend
(elastisch). Zähigkeit und Sprödigkeit sind verwandte Begriffe. Zähe
sind Werkstoffe, die bei geeigneter Belastung große, dauernde Formänderungen erfahren, während diese bei spröden Körpern nur gering
oder nahezu gleich Null sind.

Unter Hinweis auf spätere Erklärungen (s. S. 4) läßt sich auch
sagen, daß bei zähen Werkstoffen gewöhnlich Streck- und Bruchgrenze
weit auseinander und bei spröden nahe beisammen liegen.

Härte kennzeichnet den Widerstand, den ein Körper dem Eindringen eines anderen entgegensetzt. Ein Körper ist bearbeitbar oder
bildsam, wenn er bei mechanischer Beanspruchung seine Form verändert, ohne daß seine Teile den Zusammenhang verlieren. Die Bearbeitbarkeit ist abhängig von der Zähigkeit und Härte.

II. Zug- und Druckversuch (stoßfrei ansteigende Beanspruchung).

a) Theoretische Grundlagen.

Wirken Zug- oder Druckkräfte auf einen stabförmigen Körper ein, die den Gesamtquerschnitt gleichmäßig erfassen, so dehnt oder verkürzt sich der Stab unter gleichzeitiger Veränderung seines Querschnittes. Der auf die Flächeneinheit entfallende Kraftanteil heißt Spannung (Zug- oder Druckspannung).

Die theoretischen Betrachtungen seien nur für die Zugbeanspruchung durchgeführt, da sie für Druck sinngemäß die entsprechenden negativen Werte ergeben (vgl. Abb. 1).

Bezeichnet P die auf den Stab wirkende Zugkraft in Kilogramm und f seinen Querschnitt in Quadratzentimeter, so ist die auf die Flächeneinheit entfallende Spannung

$$\sigma = \frac{P}{f} \qquad \qquad (1)$$

wobei σ stets auf den ursprünglichen Querschnitt bezogen wird.

War nun die Länge des Stabes l, und ist die durch die Kraft P hervorgerufene größere Länge l_1, so stellt $\lambda = l_1 - l$ die Längenänderung dar. Wird diese auf die Längeneinheit bezogen, so erhält man die Dehnung

$$\varepsilon = \frac{\lambda}{l} = \frac{l_1 - l}{l}. \qquad \qquad (2)$$

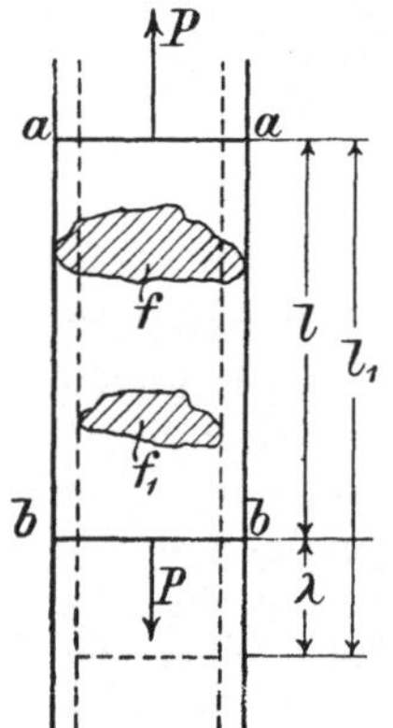

Abb. 1. Beanspruchung eines Stabes auf Zug.

Die prozentuale Dehnung ist dann

$$\delta = 100\,\varepsilon = 100 \cdot \frac{l_1 - l}{l} = 100 \left(\frac{l_1}{l} - 1 \right) \qquad (3)$$

Die infolge der Verlängerung entstandene Querschnittsverminderung sei $f - f_1$. Für die Querschnittseinheit beträgt sie demnach $\dfrac{f - f_1}{f}$. Ist q die prozentuale Querschnittsverminderung (Kontraktion), so ist

$$q = 100 \frac{f - f_1}{f} = 100 \left(1 - \frac{f_1}{f} \right) \qquad \qquad (4)$$

Das von Hooke aufgestellte Gesetz bringt die proportionale Beziehung zwischen Spannung und Dehnung zum Ausdruck; es lautet:

$$\varepsilon = \text{const.}\,\sigma \qquad \qquad (5)$$

Das Verhältnis $\dfrac{\varepsilon}{\sigma}$ stellt hiernach eine für jeden Werkstoff durch den Versuch zu ermittelnde Zahl α dar, die als Dehnungszahl oder Dehnungskoeffizient bezeichnet wird. Setzt man α in Gl. 5 ein, so ist

$$\varepsilon = \alpha \cdot \sigma \qquad \qquad (6)$$

$$\text{oder} \quad \frac{\lambda}{l} = \alpha \cdot \sigma,$$

$$\lambda = \alpha \cdot \sigma \cdot l \qquad \qquad (7)$$

d. h. die Längenänderung des durch die Kraft P beanspruchten Stabes ist gleich dem Produkt aus Dehnungszahl, Spannung und Länge des Stabes.

Aus Gl. 7 wird

$$\alpha = \frac{\lambda}{l\,\sigma} = \frac{\lambda}{l}\frac{f}{P} \quad \dots \dots \dots \dots \dots \dots \quad (8)$$

Demnach ist α die Verlängerung eines Stabes von der Länge 1 und dem Querschnitt 1 unter dem Einfluß der Krafteinheit, d. h. die Dehnung für die Spannungseinheit.

Das vielfach noch als gültig angesehene Hookesche Gesetz trifft für die meisten Werkstoffe nicht zu. An Stelle dieses Gesetzes haben Bach und Schüle eine Beziehung aufgestellt, die sich bei zahlreichen Versuchen als richtig erwiesen hat:

$$\varepsilon = \alpha \cdot \sigma^m. \quad \dots \dots \dots \dots \dots \dots \quad (9)$$

Hierin ist $m > 1$ für Gußeisen, Kupfer, Zinkguß, Bronze, Messing, Zement u. a., $m < 1$ für Leder und Hanfseile. Für $m = 1$ geht Gl. 9 in Gl. 6 über. Dies gilt für Schmiedeeisen und Stahl.

In der Technik wird im allgemeinen mit dem reziproken Wert der Dehnungszahl, dem Elastizitätsmodul E, gerechnet:

$$E = \frac{1}{\alpha}.$$

Nach dieser und Gl. 8 stellt der Elastizitätsmodul diejenige Spannung σ dar, die eine Verlängerung des Stabes gleich der Stablänge hervorruft. Diese Erklärung entspricht nicht dem tatsächlichen Verhalten der Körper, da eine Dehnung auf die doppelte Länge des Körpers praktisch in fast allen Fällen unmöglich ist. Bach empfiehlt deshalb statt der Verwendung von E die Dehnungszahl α, die wie der Ausdehnungskoeffizient für Wärme benutzt werden kann. Während die Wärmeausdehnung durch die Beziehung

$$\lambda_w = l\,\beta \cdot t$$

festgelegt ist, worin l die Länge des Stabes, β der Wärmeausdehnungskoeffizient und t die Temperaturzunahme sind, ist die Ausdehnung eines Stabes durch Zugbeanspruchung gegeben durch

$$\lambda = l \cdot \alpha \cdot \sigma \quad \text{(vgl. Gl. 7).}$$

Hierin stellen α die Dehnungszahl und σ die Spannungszunahme dar.

α ist demnach die Zunahme der Längeneinheit bei 1 kg Spannung. Für Festigkeitsrechnungen schlägt Bach an Stelle des Elastizitätsmoduls, der sich wegen der abgerundeten Zahlen dem Gedächtnis leicht einprägt, eine ebenso leicht merkbare Schreibweise für α vor, nämlich die Angabe von α in Milliontel. Diese Darstellung hat den aus nachstehender Zusammenstellung zu erkennenden Vorzug, die Dehnungszahl α mit dem Wärmeausdehnungskoeffizienten β, der auch in Milliontel angegeben wird, unmittelbar vergleichen zu können:

$$\text{Holz} \ . \ . \ E = 100\,000, \quad \alpha = \frac{10}{1\,000\,000} = 10 \text{ Milliontel}; \quad \beta = 0{,}3 \text{ bis } 1{,}0 \text{ Milliontel}$$

$$\text{Gußeisen} \ E = 1\,000\,000, \quad \alpha = \frac{1}{1\,000\,000} = 1 \quad \text{,,} \quad \beta = 10 \quad \text{,,}$$

$$\text{Flußeisen} \ E = 2\,000\,000, \quad \alpha = \frac{0{,}5}{1\,000\,000} = 0{,}5 \quad \text{,,} \quad \beta = 11{,}5 \quad \text{,,}$$

$$\text{Stahl} \ . \ . \ E = 2\,170\,000, \quad \alpha = \frac{1}{2\,170\,000} = 0{,}46 \quad \text{,,} \quad \beta = 10 \quad \text{,,}$$

Unter Voraussetzung der Gültigkeit des Hookeschen Gesetzes ergibt sich zwischen Spannung und Dehnung folgende proportionale Beziehung:

$$\lambda : \lambda_1 = \sigma : \sigma_1 .$$

Diese Proportion gilt bis zu der Spannung, die als Proportionalitätsgrenze (P-Grenze $= \sigma_P$) bezeichnet wird. Es ist dies diejenige Spannung, bis zu der die Dehnung des Stabes bei stufenweiser Steigerung der Belastung für gleiche Laststufen gleichviel zunimmt. Bei weiterer Belastung des Stabes wachsen die Dehnungen schneller als die Spannungen. Bei einer bestimmten Spannung nimmt die Formänderung zu, ohne daß gleichzeitig die Belastung wächst. Die Kraftanzeige bleibt unverändert oder geht etwas zurück.

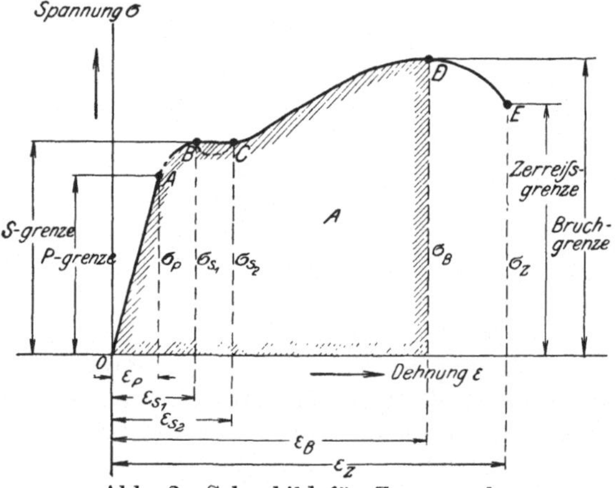

Abb. 2. Schaubild für Zugversuch.

Diese Spannungsgrenze bezeichnet man als Streck- oder Fließgrenze (S-Grenze $= \sigma_S$) und den Vorgang selbst als Strecken oder Fließen des Werkstoffs. Nach weiterer Belastung zerreißt der Stab. Seine Höchstspannung[1]) ist jedoch schon früher erreicht. Diese bezeichnet man als Zugfestigkeit oder Bruchgrenze (B-Grenze $= \sigma_B$), während die im Augenblick des Zerreißens noch vorhandene Spannung σ_Z die Zerreißgrenze (Z-Grenze $= \sigma_Z$) darstellt.

In Abb. 2 sind die Spannungen als Ordinaten und die Dehnungen als Abszissen aufgetragen, was bei Zerreißmaschinen mit Schaubildzeichner im allgemeinen selbsttätig bewirkt wird.

Die Linie OA verläuft geradlinig (unter der Voraussetzung, daß das Hookesche Gesetz gilt). Bei A liegt die P-Grenze (σ_P); von da ab wächst die Dehnung rascher an bis B. B und C entsprechen derselben Spannung. Sie stellen die S-Grenze (σ_S) dar. Von C steigt die Linie bis Punkt D an, der der Bruchgrenze (σ_B) entspricht. Die Zerreißgrenze (σ_Z) liegt bei E. Zwischen den Punkten B und C ist außer der

---

[1]) Bezogen auf den ursprünglichen Querschnitt.

horizontalen noch eine nach unten abweichende, gestrichelte Linie sichtbar, die mitunter den Verlauf der Streckspannungen angibt. Ist z. B. bei der Spannung σ_S im Punkte B der Streckvorgang eingeleitet, so reicht zu seiner Vollendung eine geringere Spannung aus, deren Größe die gestrichelte Kurve kennzeichnet.

Wenn ein auf Zug oder Druck beanspruchter Stab in den spannungslosen Zustand übergeführt wird, so nimmt er nicht immer die ursprüngliche Länge an, sondern bleibt etwas länger. Die durch eine Kraftwirkung entstandene Längenänderung eines Stabes läßt sich daher unterscheiden in gesamte Längenänderung λ, in bleibende Längenänderung λ' und federnde oder kurz Federung $\lambda'' = \lambda - \lambda'$. Um die bleibende Längenänderung zu ermitteln, wechselt man bei verschiedenen Laststufen zwischen Be- und Entlastung so oft, bis die gesamten bleibenden und federnden Dehnungen keine Änderung mehr erfahren. Das Verhältnis $\mu = \dfrac{\text{Federung}}{\text{Gesamtdehnung}}$ nennt man den Elastizitätsgrad des Körpers. Mit der Abnahme der Spannung nähert sich der Elastizitätsgrad der Zahl 1, d. h. es ist in diesem Falle keine oder nur geringe bleibende Änderung vorhanden. Als Elastizitätsgrenze gilt die Spannung, für die $\mu = 1$ oder nahezu gleich 1 ist. Diese Bestimmung ist in den meisten Fällen hinreichend genau erfüllt für eine Spannung, die nach dem Entlasten eine bleibende Formänderung von 0,03% der Meßlänge zur Folge hatte. Bisweilen soll allerdings die bleibende Dehnung an der E-Grenze nicht mehr als 0,003% betragen. Von dem Elastizitätsgrad ist die Größe der Elastizität zu unterscheiden. Diese ist dargestellt durch die Federung der Längeneinheit für die Spannung 1, d. h. durch die Dehnungszahl α.

Nicht alle Materialien besitzen eine scharf ausgeprägte Proportionalitäts- und eine genau feststellbare Streckgrenze. In diesem Falle wird die Streckgrenze ähnlich charakterisiert wie die Elastizitätsgrenze, indem man als Streckgrenze die Spannung annimmt, die eine bleibende Verlängerung von 0,2% der Meßlänge hervorruft.

Häufig wird von der Bestimmung der Elastizitätsgrenze abgesehen und nur die Proportionalitätsgrenze bestimmt, da beide erfahrungsgemäß nahezu zusammenfallen. Bei manchen Materialien, z. B. weichem Stahl, liegen auch Proportionalitäts- und Streckgrenze nahe beieinander.

Wie bereits erwähnt, gilt das Hookesche Gesetz $\varepsilon = \alpha \sigma$ nur für wenige Werkstoffe. Für die übrigen hat vielmehr die Beziehung $\varepsilon = \alpha \cdot \sigma^m$ allgemeine Gültigkeit. Man ersieht hieraus, daß α die Dehnung für die Spannung 1 ist und nicht für die Spannungsänderung 1 wie bei Stoffen, die dem Hookeschen Gesetz folgen.

Die verschiedenen Gußeisenarten haben im Gegensatz zu Schmiedeeisen und Stahl eine sehr schwankende Dehnungszahl.

Als Arbeitsvermögen des Werkstoffs bezeichnet man diejenige mechanische Arbeit, die in Abb. 2 dargestellt wird durch die von der Abszissenachse, der Dehnungslinie und der begrenzenden Spannungsordinate σ_B umschlossenen Fläche. Die Ordinaten σ entsprechen der Kraft pro Quadratzentimeter und die Abszissen ε der Dehnung pro

Zentimeter. Das Produkt beider Größen, also Kraft $\times$ Weg, stellt die Arbeit in Zentimeterkilogramm dar, die von der Raumeinheit des Werkstoffs bis zur Erreichung der Höchstspannung geleistet wird. Die Größe der Fläche wird entweder mittels Planimeters oder durch Unterteilung in Rechtecke bestimmt. Als begrenzende Ordinate wird σ_B genommen, obwohl der Stab noch bis zur Ordinate σ_Z Arbeit leistet. Aber für die Beurteilung der Festigkeit kommt nur die bis zur Spannung σ_B geleistete Arbeit in Betracht. Nach Überschreitung des Punktes D sinkt die Widerstandsfähigkeit des Werkstoffs; die dann noch geleistete Arbeit bewirkt lediglich die Formänderung an der Einschnürungsstelle und ist daher kein Maß für die gesamte Widerstandsfähigkeit.

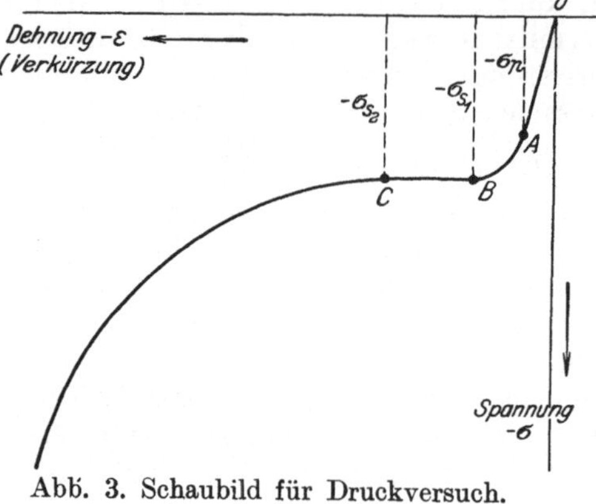

Abb. 3. Schaubild für Druckversuch.

Sind Konstruktionen auf Zug- oder Druckfestigkeit zu berechnen, so geht man von der Bruchgrenze aus und wählt als zulässige Spannung (k_Z für Zug oder k für Druck) einen bestimmten Teil der Zug- bzw. der Druckfestigkeit σ_B. Als Bruchsicherheit S gilt das Verhältnis $\frac{\sigma_B}{k_Z}$ bzw. $\frac{\sigma_B}{k}$.

Der Vollständigkeit halber seien die für den Druckversuch in Betracht kommenden Formeln angeführt.

Es ist:

$$-\sigma = \frac{-P}{f},$$

$$-\varepsilon = \frac{-\lambda}{l} = \frac{l - l_1}{l},$$

$$-\delta = -100\,\varepsilon = 100\left(1 - \frac{l_1}{l}\right),$$

$$-q = 100 \cdot \left(\frac{f_1}{f} - 1\right),$$

$$\alpha = \frac{-\varepsilon}{-\sigma} = \frac{\varepsilon}{\sigma},$$

$$E = \frac{1}{\alpha}.$$

Das Schaubild für Druckbeanspruchung ähnelt dem für Zugbeanspruchung, jedoch erscheint das Bild infolge der negativen Werte von σ und ε im 3. Quadranten des Koordinatenkreuzes.

In Abb. 3 verläuft OA geradlinig; $-\sigma_P$ ist die Proportionalitätsgrenze und $-\sigma_S$ mit den Begrenzungspunkten B und C der Ordinaten die Quetschgrenze, die der Fließgrenze beim Zugversuch entspricht. Eine Bruchgrenze läßt sich bei zähen Werkstoffen, denen das Schaubild entspricht, nicht feststellen. Bei spröden Werkstoffen (Gußeisen) fällt die Bruchgrenze nahezu mit der Quetschgrenze zusammen.

b) Probeentnahme.

Formen und Abmessungen der Probekörper. (Vgl. S. 163, 168 u. 173.)

Beim Entnehmen der Proben ist alles zu vermeiden, was die Eigenschaften des zu prüfenden Stoffes beeinflußt. Die Probestücke sind daher durch schneidende Werkzeuge aus dem Vollen herzustellen und nicht etwa durch Herausmeißeln, Stauchen oder Strecken. Ferner sind die Proben so zu entnehmen, daß die Versuchsergebnisse möglichst den mittleren Zustand darstellen. Da die Beurteilung eines Werkstoffes aus Einzelversuchen unzuverlässig ist, so sind mindestens 2 bis 3 Proben zu prüfen.

Beim Prüfen von Gußeisen, Stahlguß und Legierungen ist es, ohne Rücksicht auf ihre Verwendung, üblich, diese in Form der Probekörper zu gießen und nur die Gußnähte und Auflagerflächen zu bearbeiten. Desgleichen ist bei Kesselblechen die Walzhaut nicht zu entfernen, da sonst die Festigkeitseigenschaften des Werkstoffs beeinflußt würden.

Für Zugversuche sind der Normalrundstab von 2,0 cm Durchmesser und 20,0 cm Meßlänge sowie der Normalflachstab von gleichem Querschnitt und gleicher Meßlänge gebräuchlich. Die in Zentimeter

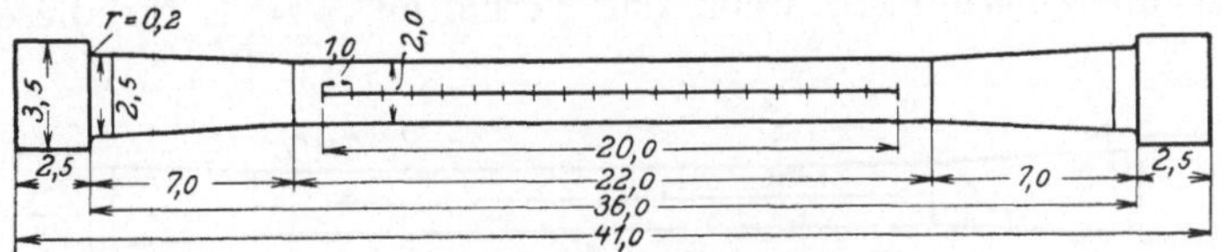

Abb. 4. Normalrundstab.

angegebenen Abmessungen des Normalrundstabs sind aus Abb. 4 ersichtlich. Der mittlere 22 cm lange zylindrische Teil des Stabes ist die Gebrauchslänge (l_g). Symmetrisch auf dieser wird die Teilung 20×1 cm zum Messen der Dehnung nach dem Bruch aufgetragen. Diese Länge heißt Meßlänge oder Teilungslänge (l). Daneben hat man noch eine andere Meßlänge zu unterscheiden, auf die während des Versuches die Dehnung bezogen wird.

Die konischen Übergänge von den Stabköpfen zur Gebrauchslänge verringern den Einfluß der Köpfe auf die Meßlänge, der sich besonders bei kurzen Stäben bemerkbar macht. Die Hohlkehlen an den Stabköpfen sollen verhindern, daß der Stab an dieser Stelle reißt, was sonst bei scharfen Übergängen, zumal bei sprödem Werkstoff, der Fall sein würde.

Der Normalflachstab hat die gleiche Gebrauchs- und Meßlänge wie der Normalrundstab (s. Abb. 5). Sein Querschnitt ist inhaltsgleich dem des Normalrundstabes. Demnach ist

$$a \cdot b = \frac{\pi d^2}{4} = \frac{3,14 \cdot 2,0^2}{4} = 3,14 \text{ qcm.}$$

Bei gegebener Dicke a eines Bleches macht man die Breite $b = \dfrac{3,14}{a}$ cm. Zweckmäßig wird das Verhältnis von Dicke zu Breite zwischen $1 : 1$ und $1 : 5$ gewählt.

Reicht das zu prüfende Material zur Herstellung von Normalstäben nicht aus, so dürfen nicht willkürlich anders bemessene Versuchsstäbe angefertigt werden, da sonst, wie schon angedeutet, die Dehnungs- und Festigkeitsergebnisse unter Umständen wesentlich anders ausfallen als bei Normalstäben. Annähernd gleich sind die Ergebnisse, wenn

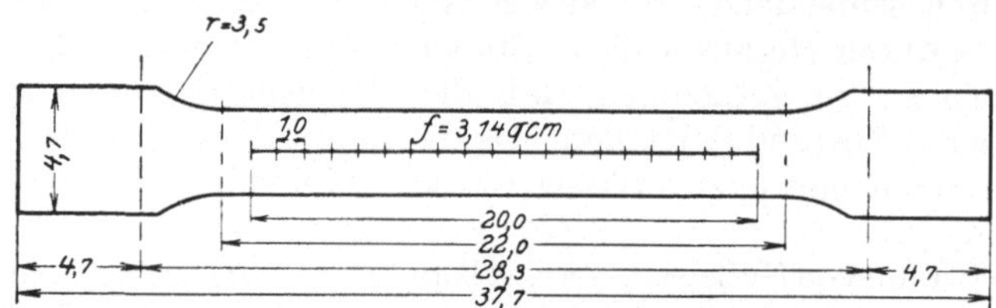

Abb. 5. Normalflachstab.

Stäbe gewählt werden, deren Abmessungen im bestimmten Verhältnis zu denen des Normalstabes stehen. Solche Stäbe heißen **Proportionalstäbe**. Es hat sich herausgestellt, daß die Festigkeitszahlen eines Werkstoffs, die aus verschieden großen Probestäben gewonnen werden, nahezu übereinstimmen, wenn das Verhältnis $n = \dfrac{l}{\sqrt{f}}$ für diese kon-

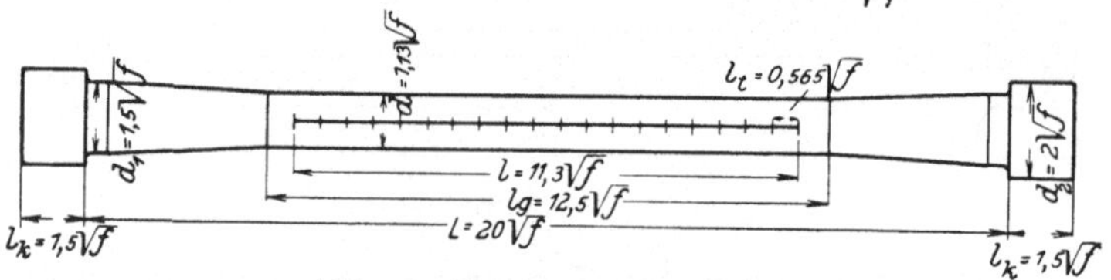

Abb. 6. Proportionalrundstab.

stant ist. Für den Normalstab ist die Meßlänge $l = 20{,}0$ cm, der Querschnitt $f = 3{,}14$ qcm und daher $n = \dfrac{20{,}0}{\sqrt{3{,}14}} = 11{,}3$.

Demgemäß wird die Meßlänge für den Proportionalstab $l = 11{,}3\,\sqrt{f}$ und die Teilungseinheit $l_t = \dfrac{11{,}3\,\sqrt{f}}{20} = 0{,}565\,\sqrt{f}$. Entsprechend findet

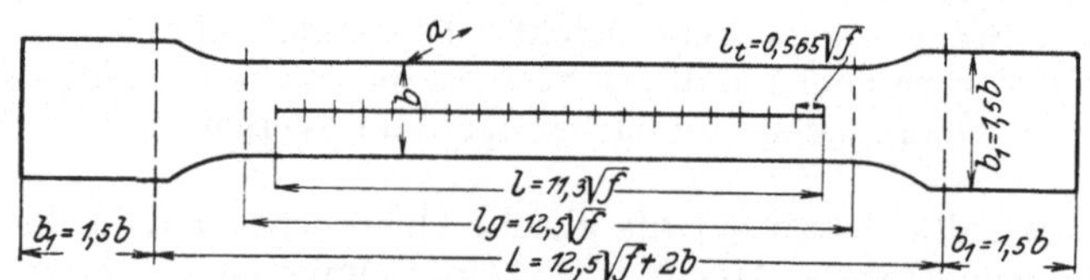

Abb. 7. Proportionalflachstab.

man die übrigen in Abb. 6 und 7 angegebenen Abmessungen der Proportionalstäbe.

Außer Normal- und Proportionalstäben werden Drähte, Seile, Riemen und Ketten auf Zugfestigkeit und Dehnung geprüft (vgl. S. 152 u. 170). Bei Drähten beträgt die freie Länge, d. i. die Länge zwischen den

Einspannvorrichtungen, etwa 30 cm und bei Seilen und Riemen tunlichst nicht unter 1 m. Ketten prüft man gewöhnlich in Abschnitten von 5 Gliedern und mißt die Dehnung von der Mitte des zweiten bis zur Mitte des vierten Glieds.

Bei Druckversuchen werden die Ergebnisse ebenfalls durch die Probenform beeinflußt. Die Druckflächen der Probestücke müssen möglichst eben und parallel sein und senkrecht zur Stabachse stehen; sie sind, soweit möglich, abzuhobeln, abzufräsen oder abzudrehen. Zur Bestimmung der Druckfestigkeit empfiehlt der Normenausschuß der deutschen Industrie tunlichst die Verwendung von würfelförmigen Proben, und zur Bestimmung der Elastizitäts- oder Dehnungszahl Prismen oder Zylinder von der Länge L gleich der dreifachen Querschnittskante oder gleich dem dreifachen Durchmesser.

Die Meßlänge l soll $^1/_3\,L$ betragen und symmetrisch zu beiden Endflächen liegen. Wenn quadratischer Querschnitt unmöglich ist, so wird die Länge L des prismatischen Körpers zur Bestimmung der Druckfestigkeit gleich $\sqrt{f}\,(f = $ Querschnittsgröße) empfohlen, weil mit wachsendem Verhältnis $\dfrac{L}{\sqrt{f}}$ die Druckfestigkeit abnimmt.

Im allgemeinen haben sich mit Rücksicht auf die üblichen Festigkeitsmaschinen Kantenlängen bzw. Durchmesser von 2 bis 3 cm als geeignet erwiesen. In Übereinstimmung mit den Stäben für Zugversuche entsprechen die bisher als Normaldruckkörper bezeichneten Proben (Zylinder, deren Höhe gleich dem Durchmesser, und Prismen, bei denen $L = \sqrt{f}$ ist) den Proportionalstäben. Eine einheitliche Würfelkantenlänge ist indessen nicht als Norm aufgestellt.

Aufgaben.

1. Ein Normalrundstab soll für den Zugversuch hergerichtet werden.

Lösung: Man versieht den Stab zunächst mit einem Kennzeichen an beiden Kopfenden und schützt ihn dadurch vor Verwechslungen mit ähnlichen Stäben. Sodann wird, da es sich um einen Normalrundstab handelt, die Teilung von 20 × 1 cm eingeritzt. Hierzu benutzt man entweder einen Teilapparat oder, was bequemer ist, eine Anlegeschablone (Ratsche, Abb. 8) und Reißnadel. Der Durchmesser des Stabes wird zweckmäßig an 3 Stellen, und zwar in der Mitte sowie an den beiden äußeren Teilstrichen, mittels Mikrometer

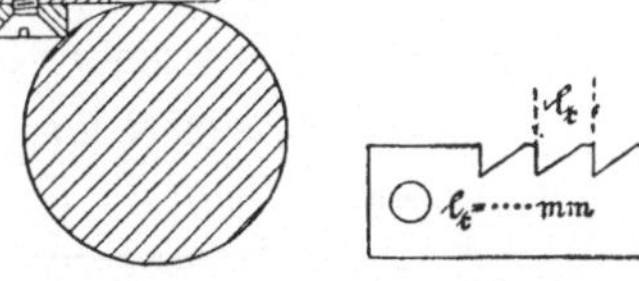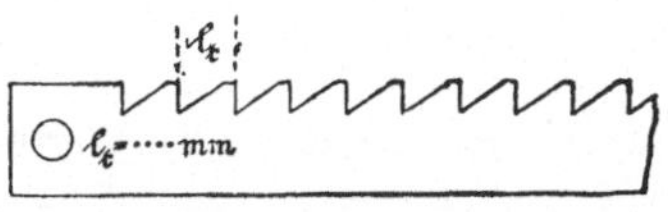

Abb. 8.
Anlegeschablone (Ratsche) zum Teilen von Stäben.

oder Schublehre in zwei zueinander senkrechten Richtungen gemessen, um für die Berechnung der Festigkeit zuverlässige Mittelwerte zu erhalten, die mindestens auf 1% genau sind. Im vorliegenden Falle genügt das Messen mittels gewöhnlicher Schublehre. Der mittlere Durchmesser an den einzelnen Meßstellen sei 2,01, 2,02, 2,01 cm. Die Reihenfolge der Messungen wird gekennzeichnet, damit später das Maß der Auswertung zugrunde gelegt werden kann, in dessen Nähe der Stab reißt.

So vorbereitet kann der Stab in die Maschine eingespannt werden. Die Einspannung muß so sein, daß sich die Belastung möglichst gleichmäßig über den Querschnitt des Stabes verteilt.

2. 5 Rundstäbe haben die folgenden Durchmesser: $d_1 = 0,801$ cm, $d_2 = 1,01$ cm, $d_3 = 0,580$ cm, $d_4 = 1,59$ cm, $d_5 = 1,70$ cm. Festzustellen sind die Meß-, Gebrauchs- und Teilintervalle.

Lösung: Nach Abb. 6 wird

$$l = 11,3 \sqrt{f},$$
$$l_g = 12,5 \sqrt{f},$$
$$l_t = 0,565 \sqrt{f}.$$

Hiernach ergeben sich die aus nachstehender Tabelle ersichtlichen Werte:

d	0,801	1,01	0,580	1,59	1,70 cm
f	0,504	0,801	0,264	1,986	2,270 qcm
$\sqrt{f}$	0,709	0,895	0,514	1,408	1,507 cm
l	8,0	10,0	6,0	16,0	18,0 cm
l_g	8,8	11,0	6,6	17,6	19,8 cm
l_t	0,4	0,5	0,3	0,8	0,9 cm

3. Ein Flacheisenstück von den angenäherten Abmessungen $3,14 \times 1,0$ qcm ist für den Zerreißversuch herzurichten.

Lösung: Unter Belassung der Walzhaut auf den Breitseiten werden die Schmalseiten gefräst und geschlichtet. Sodann zeichnet man die Kopfenden und mißt die Dicke und Breite des Stabes an 3 Stellen (Genauigkeit mindestens 1%). Die Maße für die Dicke a seien: 0,99, 1,00, 1,00 cm und für die Breite $b = 3,15$, 3,13, 3,13 cm. Die Gebrauchslänge beträgt demnach 22,0 cm und die Meßlänge 20,0 cm. Nunmehr wird der Stab auf den Schmalseiten geteilt (20×1 cm).

Beim Einspannen in die Prüfungsmaschine ist darauf zu achten, daß die Achse des Stabes in der Zugachse der Maschine liegt, da er sonst einseitig beansprucht wird.

4. Für 5 Flachstäbe sollen die proportionalen Maße l, l_g und l_t sowie das ungefähre Verhältnis $a : b$ bestimmt werden. Die Abmessungen der Stäbe sind: $a_1 = 0,300$, $b_1 = 3,83$ cm, $a_2 = 0,590$, $b_2 = 1,32$ cm, $a_3 = 0,510$, $b_3 = 2,22$ cm, $a_4 = 0,600$, $b_4 = 1,60$ cm, $a_5 = 0,450$, $b_5 = 0,99$ cm.

Lösung: Unter Benutzung der Beziehungen

$$l = 11,3 \sqrt{f},$$
$$l_g = 12,5 \sqrt{f},$$
$$l_t = 0,565 \sqrt{f}$$

erhält man die folgenden Werte:

$a \cdot b$	$0,3 \cdot 3,83$	$0,59 \cdot 1,32$	$0,51 \cdot 2,22$	$0,6 \cdot 1,6$	$0,45 \cdot 0,99$ qcm
f	1,15	0,78	1,13	0,96	0,45 qcm
$\sqrt{f}$	1,07	0,88	1,06	0,98	0,67 cm
l	12	10	12	11	8 cm
l_g	13,2	11	13,2	12,1	8,8 cm
l_t	0,6	0,5	0,6	0,55	0,4 cm
$\dfrac{a}{b}$	$\dfrac{1}{13}$	$\dfrac{1}{2}$	$\dfrac{1}{4}$	$\dfrac{1}{3}$	$\dfrac{1}{2}$

5. Ein auf Druck zu prüfender Weißmetallzylinder von etwa 2,8 cm Durchmesser und 2,8 cm Höhe ist zu messen.

Lösung: Da der Zylinder keine Teilung erhält, sind nur die Höhe und der Durchmesser an 3 verschiedenen Stellen zu bestimmen. Die Höhe wird an 3 Punkten des Kreisumfangs und der Durchmesser in der Mitte und an den Enden gemessen. Die ermittelten Maße seien für $h = 2,806$, $2,803$ und $2,805$ cm, für $d = 2,807$, $2,807$ und $2,808$ cm. Die Druckfläche ergibt sich hieraus zu $6,20$ qcm.

c) Maschinen für Zug- und Druckversuche.

Prüfmaschinen bestehen im wesentlichen aus 3 Hauptteilen: 1. dem Krafterzeuger, 2. der Kraftmeßvorrichtung und 3. dem Maschinengestell.

1. Krafterzeuger.

Die Erzeugung der Kraft wird entweder hydraulisch oder mechanisch bewirkt. Für große Kraftleistungen verwendet man nur hydraulischen Antrieb. Diese Antriebsart zeichnet sich durch leichte Regulierbarkeit, ruhigen Gang und geringe Abnutzung der Maschine aus. Der einfachste hydraulische Antrieb erfolgt durch eine Handpumpe. Eine zwei- oder mehrstufige Handpumpe ist in Abb. 9 dargestellt; durch Veränderung des Kolbenquerschnitts läßt sich der Druck bis auf 200 at steigern. Bei größeren Anlagen ist der motorische Antrieb üblich. Zur Erhaltung eines konstanten Druckes an der Verbrauchsstelle wird zwischen Pumpe und Prüfmaschine ein hydraulischer Akkumulator geschaltet. Man unterscheidet Gewichts-, Dampf- und Luftdruckakkumulatoren, je nachdem Gewichte, hochgespannter Dampf oder komprimierte Luft auf den Kolben des Preßzylinders drücken (vgl. Abb. 10).

Abb. 9.
Handpumpe von Mohr & Federhaff.

Die Pumpe wird hierbei automatisch ein- bzw. ausgeschaltet, sobald der Preßzylinder nahezu geleert oder gefüllt ist.

Man benutzt Luftdruckakkumulatoren, wenn es sich nur um eine Prüfmaschine handelt, dagegen Dampf- oder Gewichtsakkumulatoren, sobald mehrere Maschinen gleichzeitig im Betriebe sind.

Ist ein gewisser Flüssigkeitsdruck vorhanden, der aber nicht für alle Versuche ausreicht, so wendet man zur Erhöhung des Druckes einen Multiplikator an (Abb. 11). Dieser besteht im wesentlichen aus einem Niederdruck- und einem Hochdruckzylinder. Die Kolbenstange des erstgenannten dient als Preßkolben im Hochdruckzylinder. Läßt man nun vermittels eines Dreiweghahns die Flüssigkeit, z. B. Wasserleitungswasser, unter den Niederdruckkolben, so wird der im Preßzylinder

Abb. 10. Hydraulischer Gewichtsakkumulator von Mohr & Federhaff.

erzeugte Druck gleich dem ursprünglichen Flüssigkeitsdruck, multipliziert mit dem Verhältnis der beiden Kolbenflächen. Nach Verbrauch des Preßwassers wird die Hochdruckleitung von der Prüfmaschine abgesperrt und mit der Niederdruck-
leitung verbunden, während der Nie-
derdruckzylinder entleert und gleichzeitig der Preßzylinder gefüllt wird.

Der mechanische Antrieb, der bis
zu 100 t benutzt werden kann, erfolgt
meistens durch Schraubenmutter und
Schraubenspindel, wobei Hand- oder
Motorbetrieb in Frage kommen. Über
100 t hinaus pflegt man hydraulischen
Antrieb zu benutzen.

2. Kraftmessung.

Es gibt im wesentlichen 3 Arten
von Kraftmeßvorrichtungen:

α) Wagen verschiedener Bauart
(Hebel-, Neigungs- und Federwagen),

β) hydraulische Kolben mit Messung des Flüssigkeitsdruckes und

γ) Meßdosen mit Messung des
Flüssigkeitsdruckes.

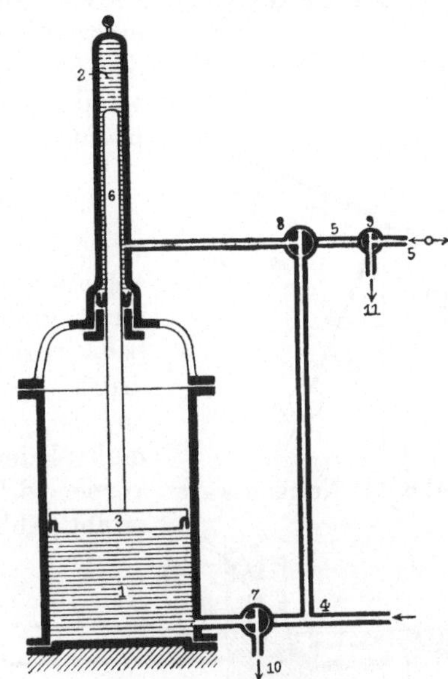

Abb. 11. Multiplikator.

α) Wagen.

Die Hebelwage. An dem kürzeren Arm eines ungleicharmigen Hebels hängt der Probekörper, während am längeren Arm die
auf die Probe wirkende Kraft durch Aufsatzgewichte gemessen wird.
Die Belastung kann hierbei nur stufen-
weise gesteigert werden (Abb. 12; vgl. auch
Abb. 23, 24).

Eine besondere Art dieser Wagen ist die
Laufgewichtswage, bei der ein konstantes
Gewicht am längeren Hebelarm verschoben
wird, um der am kürzeren Arm wirkenden
Kraft das Gleichgewicht zu halten (Abb. 13;
vgl. auch Abb. 27).

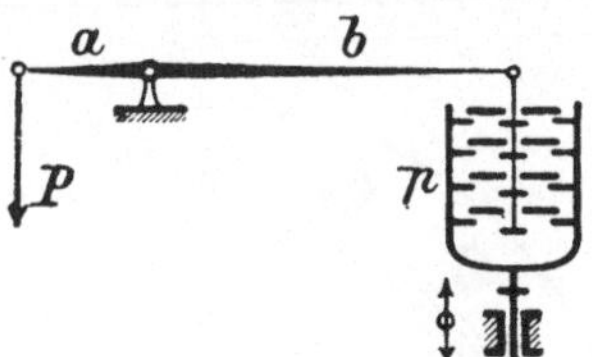

Abb. 12. Hebelwage.

Die Neigungswage. Am kürzeren Arm
eines rechtwinkeligen Hebels wirkt die zu
messende Kraft P. Der längere Arm (Pendel)
trägt ein Gewicht p. Das Pendel hält dieser
das Gleichgewicht. Der auf einer vertikalen

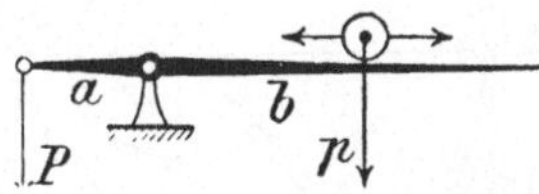

Abb. 13. Laufgewichtswage.

Geraden gemessene Ausschlag des in der Verlängerung des kürzeren
Hebelarmes angebrachten Neigungszeigers (bei der Pohlmeyermaschine)
ist ein Maß für die Belastung des Probekörpers (Abb. 14). Es ist

$$P = \text{const. } n.$$

Wird der Ausschlag auf das Zifferblatt eines geeichten Zeigerwerks übertragen, so läßt sich die Belastung unmittelbar ablesen (vgl. auch Abb. 25, Pohlmeyermaschine).

Die Federwage. Die elastische Zusammendrückung bzw. Streckung einer Feder dient hier als Kraftmaß. Diese Art der Messung ist nur bei kleineren Kräften anwendbar und kommt deshalb für die Metallprüfung selten in Frage.

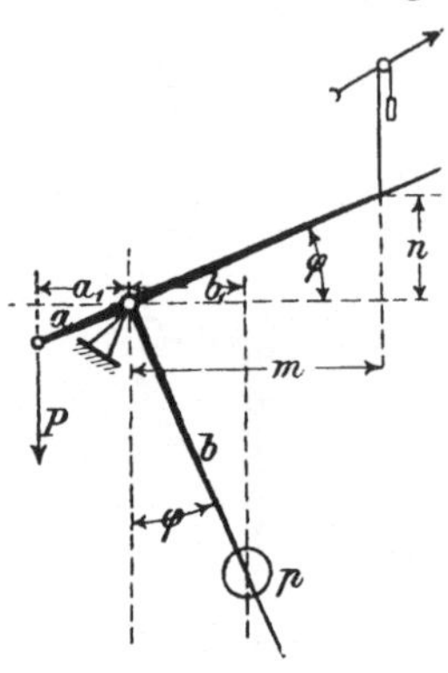

Abb. 14. Neigungswage.

β) Kraftmessung durch hydraulische Kolben.

Ein an den Arbeitszylinder der Prüfmaschine angeschlossenes Federmanometer gibt den unter dem Kolben wirkenden Flüssigkeitsdruck pro Quadratzentimeter an, der, mit der Kolbenfläche multipliziert, den auf den Probekörper wirkenden Gesamtdruck ergibt (Abb. 15). Zu berücksich-

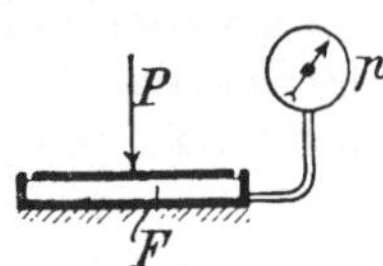

Abb. 15. Kraftmessung mittels Manometers.

tigen ist, daß der durch die etwa vorhandene Dichtungsmanschette des Kolbens hervorgerufene Reibungswiderstand von der Manometerablesung abzuziehen ist. Es ist zweckmäßig, zur Kontrolle ein zweites Manometer anzubringen, an dem sich etwaige Veränderungen des Gebrauchsmanometers sofort erkennen lassen.

Bei Maschinen mit eingeschliffenem Kolben werden statt der Federmanometer häufig Quecksilbersäulen mit Übersetzungskolben benutzt.

γ) Meßdosen.

Der wesentliche Unterschied zwischen dem hydraulischen Kolben und der Meßdose besteht darin, daß die zu messende Kraft auf die in einem sehr niedrigen Zylinder (Dose) durch eine Membran abgeschlossene Flüssigkeit drückt und durch deren erhöhte Pressung ein Federmanometer mit tunlichst niedrigem Flüssigkeitsbedarf betätigt wird. Obgleich also die Meß-

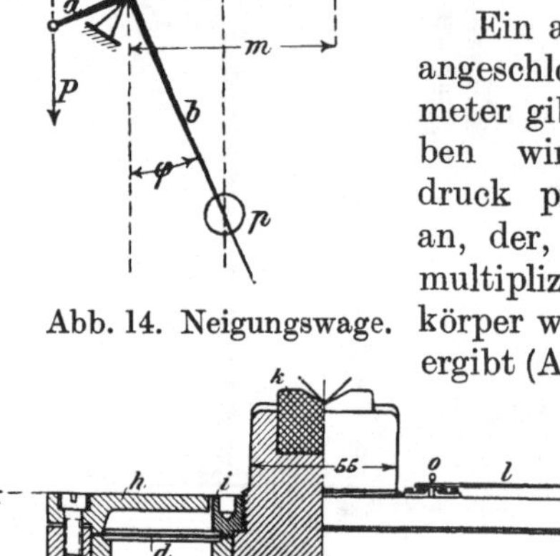

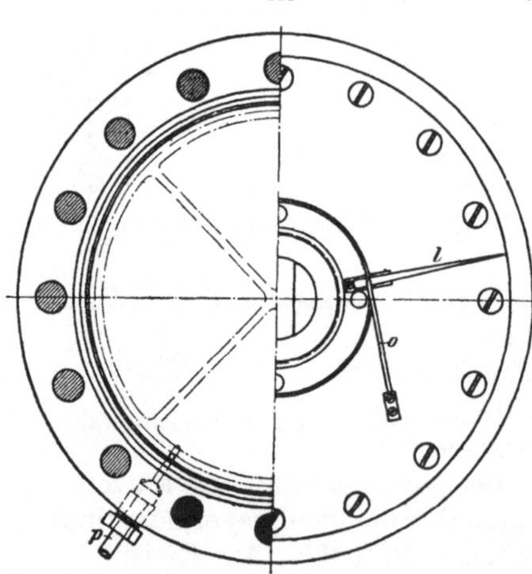

Abb. 16. Meßdose Martens für 10000 kg.

dose zu den hydraulisch wirkenden

Meßvorrichtungen gehört, ist sie doch bei jeder beliebig angetriebenen Prüfmaschine anwendbar.

Eine Meßdose nach Martens zeigt Abb. 16. Sie besteht aus einem starkwandigen zylindrischen Gehäuse a, das durch einen kolbenartigen Deckel b geschlossen ist. Der sehr kleine zwischen Gehäuseboden und Deckelfläche befindliche Raum ist mit Wasser oder Glyzerin gefüllt und oben durch eine Membran aus weichem, 0,2 mm starkem Messingblech überdeckt, so daß der Deckel auf der Membrane aufsitzt. Der zu messende Druck wirkt auf den Deckel und wird durch ihn und die

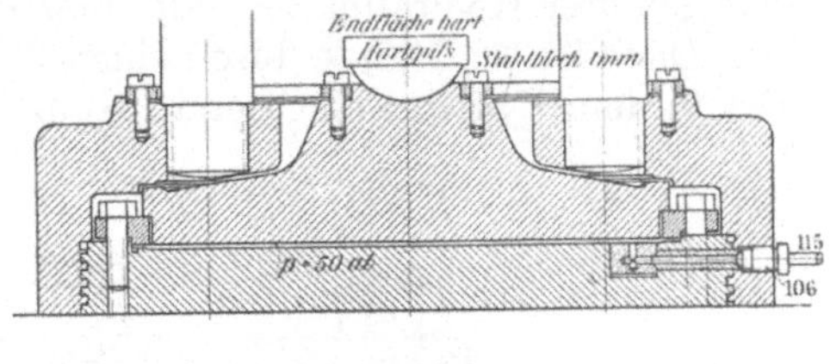

Abb. 17. Meßdose Martens für 40000 kg.

Membran auf die Flüssigkeit übertragen. Da nun die Meßdose mit einem Manometer in Verbindung steht, so kann die Kraft aus der Manometeranzeige und der Kolbenfläche errechnet oder, falls Kreisgrade aufgetragen sind, aus einer Eichtabelle abgelesen werden. Zur Führung und Zentrierung des Deckels dienen 2 Stahlblechscheiben d, die zwischen Ringen eingeklemmt sind. Das Spiel des Dosendeckels beträgt im ganzen 0,4 mm und wird durch den vorspringenden Rand begrenzt. Der Raum unter der Membran muß luftleer sein. Ist dies nicht der Fall, so wird infolge des sehr elastischen Luftpolsters der Hub des Meßdosenkolbens und damit zugleich der Hub der Membran unzulässig groß, so daß Spannungen in die Membran hineinkommen, welche die Richtigkeit

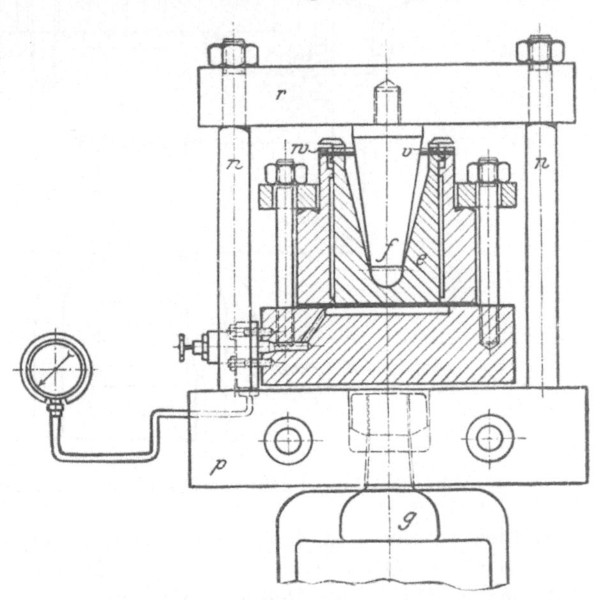

Abb. 18. Meßdose Losenhausen.

der Kraftmessung beeinflussen. Deshalb wird die Luft aus dem Wasser durch Auskochen und Auspumpen entfernt. (Vgl. Fußnote S. 25.)

Eine im Prinzip gleiche Meßdose für höhere Leistungen (40 000 kg) ist in Abb. 17 dargestellt. Die eigentliche Meßdose besteht aus zwei an den Rändern verlöteten Messingplatten von 0,2 mm Dicke, die in den Hohlraum zwischen Dosenkörper und Deckel eingelegt werden.

Etwas anderer Bauart ist die Losenhausensche Meßdose (Abb. 18). In dem Bodenstück der Dose befindet sich ein mit Flüssigkeit gefüllter Hohlraum, der mit einer Paragummimembran überspannt ist. Diese ist am Rande durch einen Zylinder und Schrauben befestigt. Der in dem Zylinder eingesetzte Kolben e ruht auf der Membran. Der

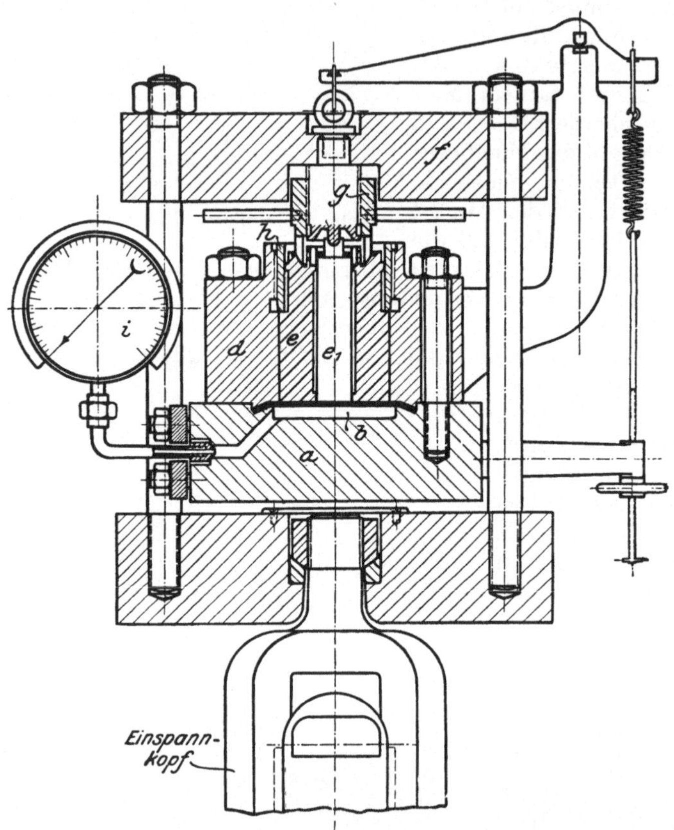

Abb. 19. Doppelmeßdose Losenhausen für 5000 bzw. 50 000 kg.

Kolben nimmt den Kugelzapfen f auf, der seinerseits das gesamte Gewicht der Querstücke r und p, der Zugstangen n und des Einspannkopfes g trägt. Die Meßdose wird nun so eingestellt, daß im unbelasteten Zustand, aber unter Berücksichtigung des Eigengewichtes, die beiden Ringe w und v in einer Ebene liegen. Das Manometer ist mit Skalenteilung versehen und geeicht. Die Kraftmeßgenauigkeit ist bei unmittelbarer Ablesung bei 100 kg-Maschinen 0,5 kg, bei 250 kg-Maschinen 1 kg, bei 500 kg-Maschinen 2 kg, bei 1000 bis 1500 kg-Maschinen 5 kg, bei 3000 bis 4000 kg-Maschinen 10 kg, bei größeren Maschinen je $^1/_{500}$ der Höchstlast. Da außerdem die Hälfte dieser Ablesungen noch geschätzt werden kann, so ist die Kraftmessung mittels dieser Meßdose sehr genau.

Neuartig ist die Doppelmeßdose in Abb. 19. Durch Umschaltung kann der Meßbereich der Dose von 50 t auf 5 t verändert werden. Das Bodenstück a, der Hohlraum b und der äußere Zylinder d sind wie bei der einfachen Meßdose angeordnet. In dem Kolben e wird ein kleinerer Kolben e_1 geführt, dessen Querschnitt $^1/_{10}$ des großen Kolbens beträgt und der ebenfalls auf der Membran ruht. Der obere Einspannkopf hängt mittels Zugstangen am Querstück f, das je nach der Einstellung der beiden Muttern g und h die Belastung von f auf den kleinen Kolben allein oder auf beide Kolben zusammen überträgt.

Im ersten Fall ist der maximale Druck 5000 kg und die Ablesegenauigkeit 10 kg; im zweiten Fall 50 000 bzw. 100 kg.

3. Maschinengestell.

Das Gestell ist das Verbindungsglied zwischen Krafterzeuger und Kraftmesser. Je nach seiner Ausbildung unterscheidet man stehende und liegende Maschinen.

Die stehenden Maschinen sind insofern vorzuziehen, als sich bei ihnen der Einfluß des Gewichtes der Einspannvorrichtungen sowie der Probe auf die Kraftmessung leicht beseitigen läßt. Indessen sind die liegenden Maschinen, bei denen die Proben wagerecht eingespannt sind, deshalb nicht unbedingt als mangelhaft zu bezeichnen, weil der erwähnte Einfluß des Gewichtes durch zweckentsprechende Unterstützung der Einspannvorrichtungen hinlänglich beseitigt werden kann. Zudem eignen sich die liegenden Maschinen zur Prüfung längerer Proben.

Von den hauptsächlich für Zug- und Druckversuche gebräuchlichen Prüfmaschinen werden nachstehend nur typische Beispiele, insbesondere deutsche Maschinen, besprochen.

Die Werdermaschine (P_{max} = 100 000 kg).

Diese Maschine ist eine der ältesten Prüfmaschinen. Sie ist liegend angeordnet und gestattet nach entsprechendem Umbau der zur Auf-

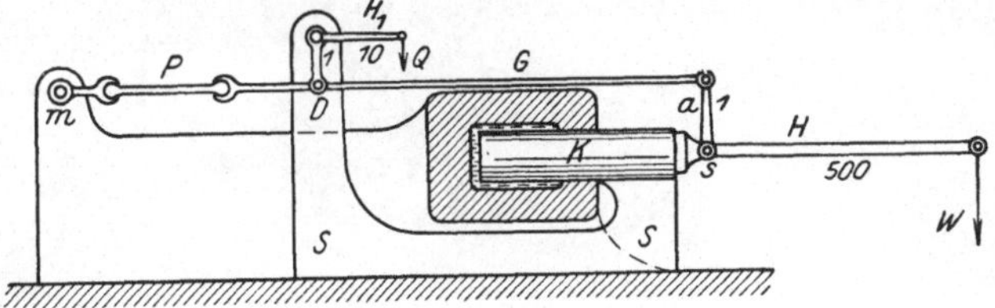

Abb. 20. Schema der Werdermaschine.

nahme der Probe dienenden Einspannteile die Ausführung von Biege-, Knick-, Dreh-, Scher- und Lochversuchen. Die größte Versuchslänge für Zugversuche beträgt 9,5 m. Abb. 20 veranschaulicht die Bauart und das Prinzip der Kraftmeßvorrichtung der hydraulisch angetriebenen Maschine. Durch Herausschieben des Kolbens K aus dem mit dem

Maschinengestell verbundenen Zylinder wird die Kraft durch eine als Winkelhebel $H-s-a$ ausgebildete Wage und das Gestänge G auf den bei m am Maschinengestell festgelegten Probestab P übertragen. Der Winkelhebel ist bei s mit einer Schneide gegen die vordere Stahlfläche

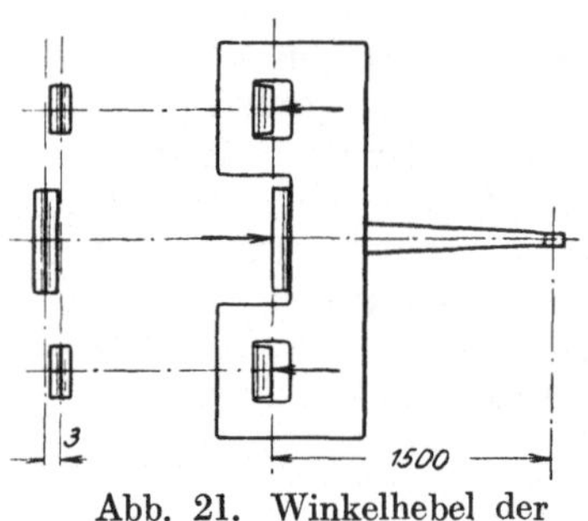

Abb. 21. Winkelhebel der Werdermaschine.

des Kolbens gestützt und an diesem im stabilen Gleichgewicht so aufgehängt, daß seine Drehachse mit der Schneide s in einer Geraden liegt. Der Kolben lagert auf dem Schlitten S, an dem das Gestänge in Ringen frei aufgehängt ist. Hebel und Gestänge folgen deshalb den Bewegungen des Kolbens, bis sich der Probestab P fest in die Einspannvorrichtung eingelegt hat und nun die an dem längeren Arm des Winkelhebels hängende Schale W anhebt. Da das Übersetzungsverhältnis $1:500$ beträgt, so entspricht z. B. ein Aufsatzgewicht von 2 kg einer Kraftwirkung von 1000 kg. Die praktische Ausführung des Winkelhebels bedingte, den kürzeren, nur 3 mm langen

Abb. 22. Werdermaschine für 100000 kg.

Hebelarm a zu zerlegen, d. h. statt einer Endschneide zwei in derselben Wagerechten liegende Schneiden anzuordnen. Diese liegen seitlich von der mittleren, den Stützpunkt des Winkelhebels bildenden, Schneiden (s. Abb. 21).

Die Kraftmessung geht in der Weise vor sich, daß zunächst die Wagschale W einer dem Probestab zu erteilenden Spannung entsprechend durch Aufsatzgewichte belastet und dann der hydraulische Druck im Zylinder so weit gesteigert wird, bis der längere Hebelarm in die wagrechte Lage gebracht ist. H_1 stellt den längeren Arm einer Kontrollwage dar, deren Übersetzungsverhältnis 1 : 10 beträgt. Die praktische Ausführung der Maschine zeigt Abb. 22. Aus ihr ist die Anordnung der wesentlichsten Bestandteile zu erkennen, so z. B. die auf dem Maschinengestell ruhenden und auswechselbaren Zwischenstücke, die es ermöglichen, die Maschine für verschiedene Versuchslängen herzurichten, und ferner verschiedene zur Maschine gehörige Einspannteile.

Die Martensmaschine.

Im Gegensatz zu der in der Verwendung sehr vielseitigen Werdermaschine ist diese Maschine gewissermaßen eine Spezialmaschine für Zugversuche. Wegen ihrer Empfindlichkeit und großen Genauigkeit in der Kraftanzeige eignet sie sich vornehmlich für Zugversuche mit Feinmessungen und wird deshalb auch zum Eichen von Kontrollstäben benutzt. Die Kraftleistung reicht bis 50 000 kg. Das Schema der Maschine ist aus Abb. 23 ersichtlich. Ein hydraulischer Kolben wird durch Preßwasser abwärts getrieben und überträgt diese Kraftäußerung durch den Probestab P auf den kurzen Arm eines ungleicharmigen Hebels (1 : 250), der durch die am Ende des längeren Armes wirkenden Aufsatzgewichte S (Scheiben) im Gleichgewicht ge-

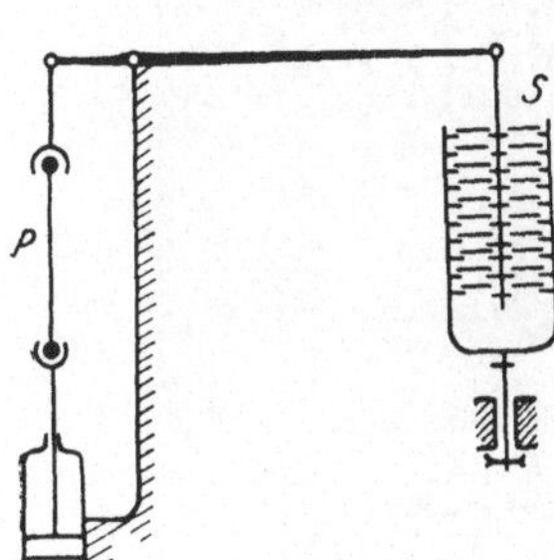

Abb. 23. Schema der Martensmaschine.

halten wird. Die Kräfte werden also gewissermaßen ausgewogen. Vorhanden sind 9 Scheiben zu je 4 kg ($P = 1000$ kg) und 5 Scheiben zu je 40 kg ($P = 10\,000$ kg). Für Zwischenstufen von $P = 5$ bis 1000 kg stehen entsprechend kleinere Aufsatzgewichte zur Verfügung, die wie die größeren stoßfrei zur Wirkung gebracht werden.

Die Bauart der Maschine ist in Abb. 24 wiedergegeben. Auf der rechten Seite des Maschinengestells befinden sich die Aufsatzgewichte (Scheiben), während die linke Seite eine Vorrichtung enthält (im Schema nicht gezeichnet), die es ermöglicht, mittels Meßdose und Manometer die auftretenden Kräfte zu messen. Die Kraftsteigerung wird von dem auf dem Lichtbilde zu erkennenden Steuerkörper aus geregelt, an den Hochdruckleitung, Wasserleitung und Abflußleitung angeschlossen sind. Je nach Bedarf wird die Hochdruckleitung oder die einfache Wasserleitung verwendet.

Die Pohlmeyermaschine.

Diese Maschinenart wird für Kräfte bis 25 000, 50 000 und 100 000 kg gebaut und kann für Zug-, Druck-, Biege-, Scher- und Lochversuche benutzt werden. Wegen der einfachen Bedienung ist die Maschine für die Praxis sehr geeignet. Der Antrieb ist, wie aus Abb. 25 ersichtlich, hydraulisch. Die Kraftübertragung erfolgt durch den auf dem Kolben ruhenden Tisch und das Gestell *6* auf das obere Querhaupt und die

Abb. 24. Martensmaschine für 50000 kg.

Zugprobe *z*, deren unteres Ende mittels des unteren Querhauptes und des Gestänges *11* an dem Hebelsystem *15, 17, 19, 20* angreift. Durch das Pendel der Neigungswage wird der wirkenden Kraft das Gleichgewicht gehalten (vgl. Abb. 14), deren Größe auf dem Zifferblatt des Zeigerwerks *40, 25* sehr genau ablesbar ist. In dem Augenblick, wo die Streckgrenze der Probe erreicht ist, bleibt der Zeiger bei unver-

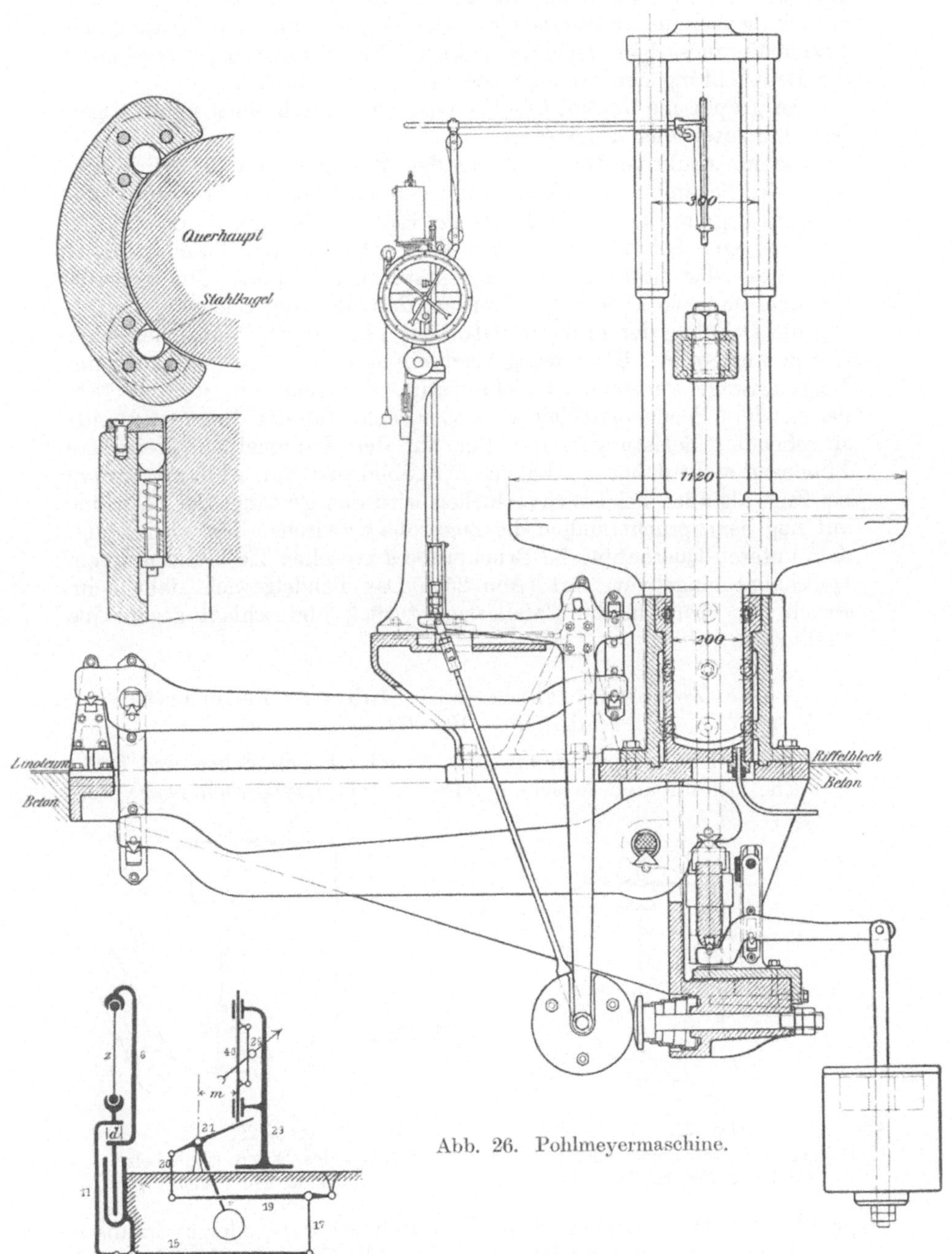

Abb. 26. Pohlmeyermaschine.

Abb. 25.
Schema der Pohlmeyermaschine.

änderter Druckwasserzuführung kurze Zeit stehen oder geht etwas zurück, wobei die treibende Kraft des Wassers nur zur Leistung der Formänderungsarbeit verbraucht wird. Ein Schleppzeiger erleichtert die Beobachtung der Streckgrenze und der Höchstlast.

Der graphische Verlauf des Versuchs wird durch einen selbsttätigen Schaulinienzeichner aufgetragen.

Die konstruktive Durchbildung der Maschine und die Wirkungsweise des Schaulinienzeichners zeigt Abb. 26. An dem Probestab sind an den Begrenzungen der Meßlänge Halter mit Rollen angebracht, über die eine Schnur zu der mit Papier bespannten Trommel führt und diese der Stabverlängerung entsprechend dreht. Die Schreibtrommel kann so angetrieben werden, daß der aufgezeichnete Linienzug die Dehnung der Probe in natürlicher, in doppelter oder vierfacher Größe wiedergibt. Gleichzeitig zeigt ein mit der Führungsstange der Neigungswage verbundener Schreibstift, der sich mit zu- oder abnehmendem Pendelausschlag hebt oder senkt, die den Dehnungen entsprechenden Belastungen an. Der auf der Trommel aufgezeichnete Linienzug stellt daher das übliche Schaubild dar (vgl. Abb. 2). Sowohl bei Zug- als auch bei Druckversuchen wird das Gestänge der Maschine auf Zug beansprucht, indem die Zugprobe z zwischen dem oberen und dem unteren Querhaupt, die Druckprobe d zwischen Tisch und unterem Querhaupt eingebaut wird (Abb. 25). Das Pendelgewicht fällt beim Bruch der Probe in die Anfangslage zurück und schlägt gegen eine Prellfeder.

Die Zerreißmaschine von Mohr & Federhaff
(bis $P = 100\,000$ kg).

Die Kraftmessung dieser für Zug-, Druck-, Biege-, Scher- und Drehversuche benutzbaren Maschine wird mittels Laufgewichtswage aus-

<table>
<tr>
<td>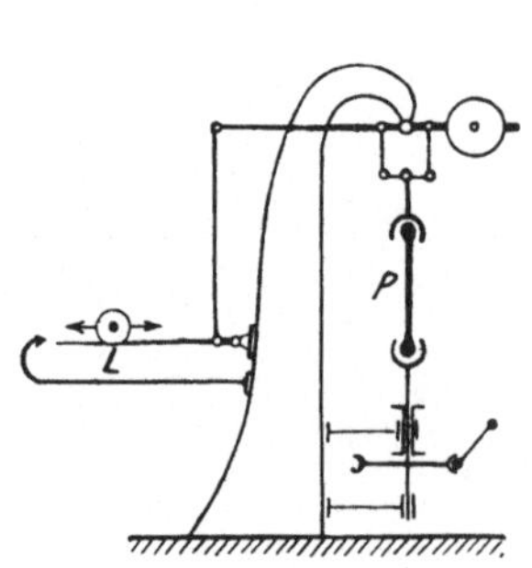</td>
<td>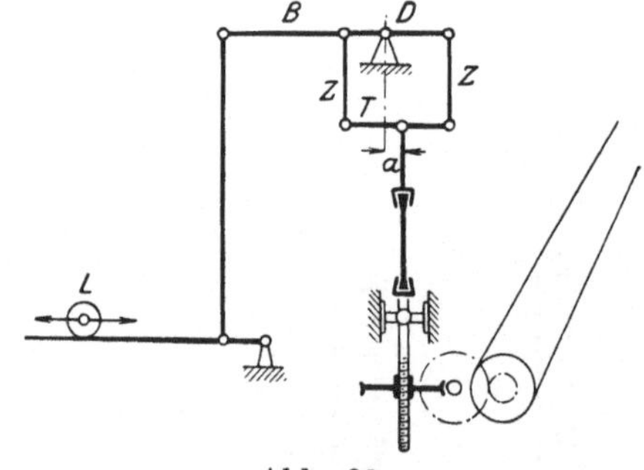</td>
</tr>
<tr>
<td align="center">Abb. 27.
Schema der Zerreißmaschine
(Mohr & Federhaff).</td>
<td align="center">Abb. 28.
Schema des Differentialhebels
(Mohr & Federhaff).</td>
</tr>
</table>

geübt. Der Antrieb erfolgt entweder durch Schraube oder hydraulisch und durch Hand oder Kraftbetrieb. In Abb. 27 ist eine Maschine mit Handbetrieb und Laufgewichtswage schematisch dargestellt. Die Zugwirkung wird durch den Probestab P auf die Hebelwage übertragen

Abb. 29. Zerreißmaschine von Mohr & Federhaff für 3000 bis 10000 kg (mit Laufgewichtswage, Universalspannköpfen und Handantrieb).

und durch Verschiebung eines Laufgewichts L gemessen. Um die Handlichkeit zu wahren, darf das Laufgewicht nicht zu schwer werden, wie

Abb. 30. Reibungsvorgelege zur Zerreißmaschine von Mohr & Federhaff.

Abb. 31. Zerreißmaschine von Mohr & Federhaff für 20000 bis 50000 kg (mit Meßdose, Schnellspannköpfen und selbsttätigem Schaubildzeichner).

auch sein Hebelarm aus praktischen Gründen nicht zu lang sein darf. Deshalb ist der andere Hebelarm sehr kurz gestaltet, was durch Anwendung eines Differentialhebels erreicht ist (Abb. 28). Die Kraft greift in der Mitte einer Traverse T an, deren Enden durch zwei Stangen Z an dem oberen Wagebalken B, und zwar beiderseitig vom Drehpunkt D, angeordnet sind. Läge dieser genau in der Mitte zwischen den Stangen, so würde er in der Kraftrichtung liegen. Tatsächlich ist er um das Maß a aus der Mitte nach links verschoben, so daß die Kraft in sehr kleinem Abstand vom Drehpunkt wirkt. Dieser Abstand kann je nach der Lage des Drehpunkts sehr klein gemacht werden. Die Bauart der Maschine ist aus Abb. 29 ersichtlich. Zur Ausbalancierung des Wägegewichtes ist auf der rechten Seite ein Gegengewicht angebracht. Beim mechanischen Antrieb wird durch Stirnradübersetzung eine Schnecke gedreht, die auf ein Schneckenrad wirkt. Dieses ist mit einer Gewinde enthaltenden Stahlbüchse versehen, in der eine gegen Verdrehung gesicherte Stahlspindel läuft. Diese wird durch das Schneckenrad auf- oder abwärts bewegt. Am Kopfe der Spindel befindet sich die Einspannvorrichtung für den Probestab. Wenn der Antrieb durch Transmission erfolgt, so wird zwischen dieser und der Antriebsscheibe ein Reibungsvorgelege angeordnet, das die Einstellung der Belastungsgeschwindigkeit innerhalb bestimmter Grenzen ermöglicht (Abb. 30).

Ein selbsttätiger Schaubildzeichner veranschaulicht die Beziehungen zwischen Belastung und Dehnung des Stabes. Dies geschieht dadurch, daß die Dehnung in eine Drehung der mit Papier bespannten Trommel und gleichzeitig die mit zunehmender Kraft stetig fortschreitende Bewegung des Laufgewichts in eine Bewegung des Schreibstifts parallel zur Trommelachse übersetzt werden.

Die in Abb. 31 dargestellte Zerreißmaschine hat Riemenantrieb. Als Kraftmesser dient eine Meßdose, die mit je 2 Gebrauchs- und Kontrollmanometern ausgerüstet ist. Außerdem ist ein Schaubildzeichner vorgesehen.

Die Zerreißmaschine von Losenhausen.

Abb. 32 veranschaulicht eine ähnliche, jedoch mit Doppelmeßdose (vgl. S. 16) versehene Maschine. Sie ist für elektrischen und Handantrieb eingerichtet und hat ein auf ihrer Grundplatte befestigtes Reibungsvorgelege.

Die vorbeschriebenen Maschinen von Mohr und Federhaff und Losenhausen sind teils mit Hebelwagen, teils mit Meßdosen ausgerüstet. Für das Messen großer Kräfte hat sich die Meßdose besser bewährt als die Hebelwage[1]).

---

[1]) Aus langjähriger Erfahrung schreibt Martens 1914: „Die Benutzung der Hebelwage in der Probiermaschine bietet keineswegs die vollkommenste Lösung der Aufgabe, große Kräfte zu messen. Die völlige und dauernde Sicherung der Hebellängen macht erhebliche Schwierigkeiten, weil große Kräfte die Anwendung vieler und langer Schneiden erfordern; die Schläge und Stöße beim Bruch der Probekörper beeinflussen die Schneidenschärfe und die Schneidenlagerung. Die Ausmessung der wirklichen Hebellängen ist selten unmittelbar durchführbar, und man ist in vielen Fällen auf mittelbare Meßverfahren angewiesen, deren Genauigkeit keineswegs unzweifelhaft feststeht. Die Belastung der Schneiden wird bei großen Kräften so stark, daß man zu großen Materialbeanspruchungen greifen muß. In der Maschine treten z. B. bei 100 t Höchstlast Beanspruchungen bis 290 kg auf 1 mm Schneidenlänge auf und noch größer sind sie bei anderen Maschinen. Lange und stark belastete Schneiden sind aber sehr schwer gerade und vollkommen scharf zu erhalten. — Verwickelt gebauten Hebelwagen sollte man nach den Erfahrungen des Materialprüfungsamtes mit Mißtrauen begegnen und sie ständig unter Nachprüfung halten."

Zu den Vorzügen der Meßdosen rechnen ihre gedrängte Bauart und die rasche Anzeige der auf die Probe wirkenden Kraft. Den Vorzügen stehen jedoch auch begründete Mängel gegenüber. So ist z. B. nach Baumann die Größe der Kraft nicht ohne weiteres aus den Abmessungen der Meßdose bestimmbar, weil ein unbekannter Teil des zwischen Deckel und Boden befindlichen Hohlraumes, von der Membran überdeckt, seine Kraft auf den Deckel absetzt. Ferner sind die Meßdosen selbst bei guter Führung des Deckels gegen schräggerichtete Beanspruchung empfindlich. Die geringste Undichtigkeit an der Meßdose selbst sowie an den Rohranschlüssen und dem Anschluß des Manometers, die unter Umständen beim Versuch eintritt und unbemerkt bleiben kann, oder exzentrische Belastungen der Dose beeinträchtigen die Kraftmessung. Deshalb hält man Meßdosen mit Metallmembran und sehr kleinen Hüben (wenige Millimeter) des Kolbens (Deckels) für Prüfmaschinen im Betriebe nicht für geeignet, besonders bei Versuchen mit starken Schlägen. Meßdosen mit großen Hüben (mehrere

Die hydraulische Prüfmaschine, Patent Schiller.

Die Maschine, für Kraftleistungen bis zu 35 000 kg gebaut, ist in erster
Linie für praktische Werkstattuntersuchungen bestimmt. Sie hat ge-

Abb. 32. Zerreißmaschine von Losenhausen mit Doppelmeßdose.

Millimeter) sind weniger empfindlich. Jedoch darf auch hier nicht übersehen
werden, daß die Anspannung der Membran die Kraftanzeige nachteilig beeinflussen kann und auch das Federmanometer kein unveränderliches Meß-
instrument ist. Aus diesem Grunde wird die Meßdose zweckmäßig mit 2 Manometern ausgerüstet, von denen das eine nur zur Kontrolle des Gebrauchsmanometers benutzt und beim Versuch abgesperrt wird. Alles in allem läßt
sich sagen, daß die Meßdose ein außerordentlich wertvoller Kraftmesser ist,
der aber große Erfahrung des Versuchausführenden und sorgfältigste Wartung
erfordert. Wie andere Meßvorrichtungen, kann demnach auch die Meßdose
der Eichung und häufigen Nachprüfung nicht entraten. Vornehmlich ist darauf
zu achten, daß der Deckel an seiner Spielbegrenzungsfläche nicht zur Auflage
kommt, da sonst erhebliche Fehler entstehen.

ringen Raumbedarf und ist in der Konstruktion einfach (vgl. Abb. 33).
Die Maschine besteht im wesentlichen aus der hydraulischen Presse,
der Pumpe, den Manometern, den Kraftübertragungsorganen und dem
kastenförmigen Fuß. Der dicht eingeschliffene Kolben gleitet nahezu
reibungsfrei im Preßzylinder. Im zusammengeschobenen Zustande bilden
Zylinder und Preßkolben
außen eine Zylinder-
fläche; hierdurch ist es
möglich, auch Ringzer-
reißproben vorzuneh-
men. Die Maschine ist
für Handbetrieb ein-
gerichtet. Eine hydrau-
lische Hochdruckpumpe
liefert die Preßflüssigkeit
(Mineralöl). Die Pumpe
ist mit einem Doppel-
differentialkolben aus-
gerüstet, so daß der Preßkolben beim Leerlauf der
Maschine sehr schnell
aufwärts bewegt werden
kann. Zum Ablesen der
Kraft dienen 2 bzw.
3 Präzisionsmanometer
mit verschiedenen Meß-
bereichen. Die Manome-
ter mit niederen Meß-
bereichen werden selbst-
tätig abgesperrt, sobald
der Druck ihren Meß-
bereich übersteigt. In
dem Augenblick, wo die
Höchstlast erreicht ist,
werden die Manometer-
zeiger selbsttätig festgestellt. Diese Einrichtung
hat außerdem den Vor-
zug, daß auch die Streck-
grenze durch Stehen-
bleiben des Manometer-
zeigers angezeigt wird.

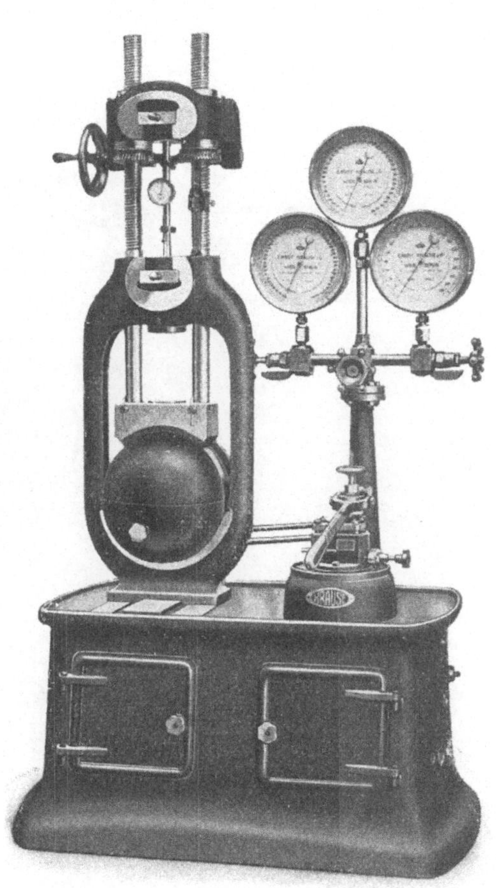

Abb. 33. Hydraulische Prüfmaschine.
Patent Schiller.

Der Zugversuch geht in der Weise vor sich, daß der unter dem
Kolben wirkende Flüssigkeitsdruck durch 2 auf einem Sattelstück
aufgebaute Säulen auf ein Querhaupt übertragen wird, das die
obere Einspannvorrichtung trägt. Der andere Einspannkopf ist im
unteren Querhaupt gelagert, das den um den Zylinder geführten
Bügel abschließt.

Maschinen für kleine Kräfte.

Zur Ausübung kleinerer Kräfte sind vielfach besondere Maschinen gebaut. So stellt z. B. Abb. 34 eine für Zugkräfte von 250—400 kg benutzbare Maschine dar, die sich zur Untersuchung von Drähten, Bändern u. a. eignet.

Abb. 34. Zerreißmaschine von Mohr & Federhaff für 250 bis 400 kg.

Für gleiche Zwecke ist die Maschine von Schopper in Abb. 35 verwendbar. Außerdem eignet sie sich zur Ermittlung der Zugfestigkeit und Dehnung von Pappen, Preßspänen, Hartpappen usw. Die Beanspruchung reicht bis 1500 kg. Der Antrieb geschieht entweder hydraulisch, elektrisch oder durch Handrad. Die Kraft wird durch den Pendelausschlag einer Neigungswage (Nr. 7 der schematischen Darstellung) gemessen.

Der kurze Hebel der Wage trägt ein Radsegment, an dem mittels
Gallscher Kette die obere Einspannklaue aufgehängt ist. Der lange
Hebelarm 7 zeigt an der Bogenskala 2 die jeweilige Belastung an und
wird in dem Augenblick des Zerreißens durch Sperrklinken festgehalten.
Die Anzeige der Dehnung des Probestreifens erfolgt durch den Schleppzeiger 13 auf der Bogenskala 14,
der beim Zerreißen ebenfalls stehen
bleibt. Der Vorgang hierbei ist folgender: Die untere Einspannklaue sitzt nicht
unmittelbar auf der Antriebsspindel 5,
sondern steht mit ihr durch den kurzen
Hebelarm des Winkelhebels 9 und dessen
Drehpunkt in Verbindung. Wird die
Spindel 5 durch Kurbel 3 und Mutter 4
abwärts bewegt, so nimmt der Winkelhebel 9 sowohl den Probestreifen 2 als
auch die Zahnstange 12 mit. Diese überträgt mit Hilfe des Zahnsegmentes 13
die Bewegung auf den Dehnungszeiger 13,
der sich um denselben Zapfen dreht, um
den auch die Neigungswage 7 drehbar
ist. Zerreißt die Probe, so fällt die untere
Klaue infolge ihres Eigengewichts in
axialer Richtung, bis das untere Ende
der mit ihr verbundenen Stange auf den

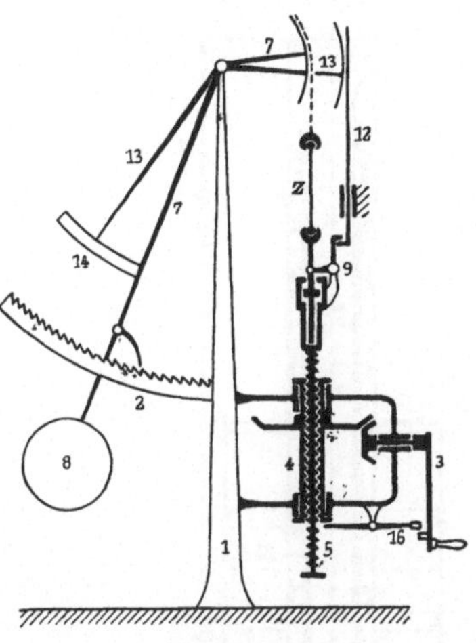

Abb. 35.
Schema der Schoppermaschine.

Spindelkopf aufstößt. Dadurch wird die Nase des Winkelhebels 9 gedreht, so daß die Zahnstange nicht mehr von ihr mitgenommen wird.

Aufgaben.

6. Die Einrichtung einer Akkumulatorenanlage ist in großen Zügen zu skizzieren:
a) mit Gewichtsakkumulator,
b) mit Dampfakkumulator.
Lösung: Zu a: Die Antriebsmaschine (Dampfmaschine oder Elektromotor)
treibt die Pumpe, die das Wasser aus einem Behälter entnimmt und in den Akkumulator drückt. Zu gleicher Zeit wirkt die
Pumpe unmittelbar auf die Rohrleitung
(vgl. Abb. 36 und 37).
Zu b: Vgl. Abb. 38. Der erforderliche Druck wird durch einen unter
Dampf stehenden Kolben C ausgeübt.
In der Abbildung befindet sich der
Dampfzylinder B über dem Druckzylin-
der, in welchen der Tauchkolben D geführt ist. Der Dampfscheibenkolben C
bildet das eine Ende des Druckkolbens D.
Durch die Öffnung F tritt der Dampf

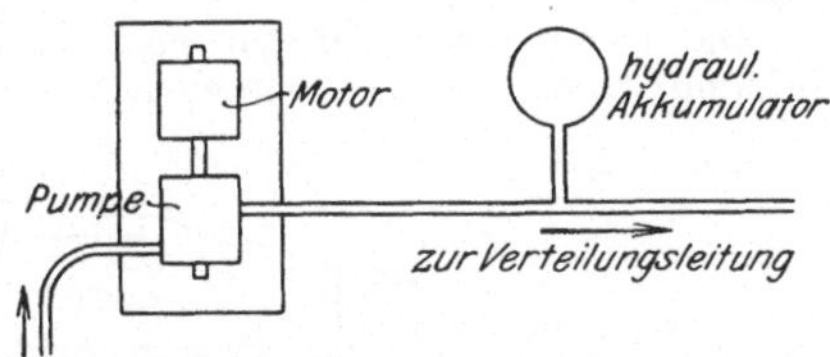

Abb. 36. Schema einer Pumpenanlage
mit hydraulischem Akkumulator.

ein und durch G wieder aus, wobei er auf C wirkt. Sinkt der Kolben unter das
Abströmrohr G, so treibt der Dampf eine Dampfpumpe, die auf die Leitung arbeitet.
Abb. 39 veranschaulicht das Schema einer Pumpenanlage mit Dampfakkumulator.
7. Die wesentlichsten Vorzüge und Nachteile der Gewichts- und der Dampfakkumulatoren sind zu erläutern.

Lösung: Der Gewichtsakkumulator arbeitet gleichmäßig auf die Rohrleitung, was für konstanten Druck erfordernde Messungen sehr wertvoll ist. Der Druck läßt sich nur durch Vermehrung des Belastungsgewichts steigern, was im all-

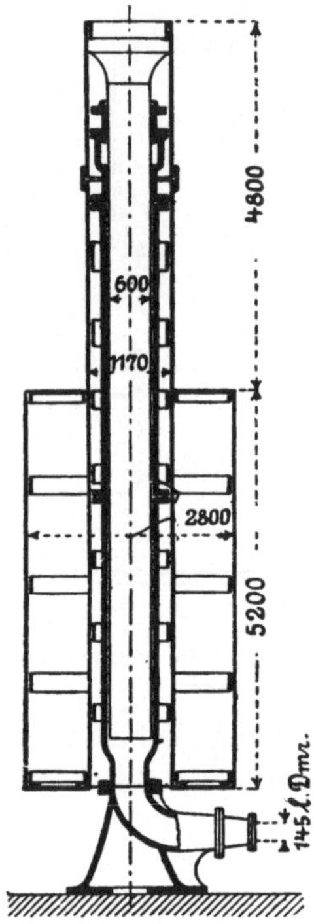

Abb. 37. Hydraulischer
Gewichtsakkumulator.

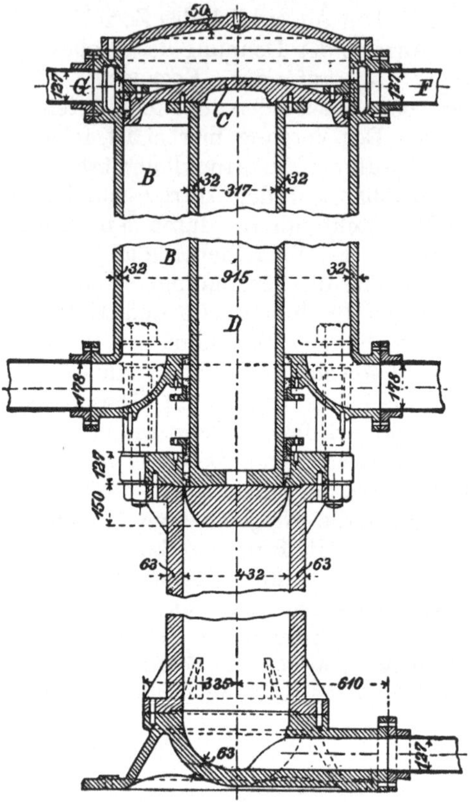

Abb. 38.
Hydraulischer Dampfakkumulator.

gemeinen mit Schwierigkeiten verbunden ist. Zudem verursachen große Gewichts-massen ungefüge Bauart.

Die Dampfakkumulatoren sind erheblich leichter gebaut als die Gewichts-akkumulatoren. Sie beanspruchen keine Führungsgerüste und geringere Funda-

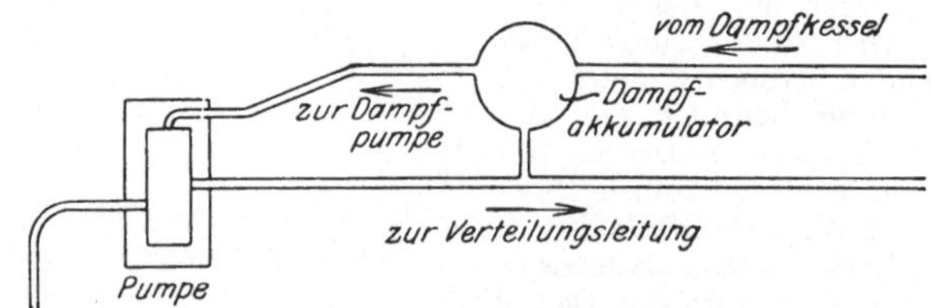

Abb. 39. Schema einer Pumpenanlage mit Dampfakkumulator.

mente. Infolge der Verminderung der Massen werden die Einflüsse der Beschleuni-gungswiderstände beim Pumpenbetrieb kleiner. Außerdem wirkt der Dampf-akkumulator bei der Pumpe als Windkessel. Nachteilig dagegen ist die Abhängig-keit der Dampfakkumulatoren von der Dampfanlage, da der Flüssigkeitsdruck alle Schwankungen des Dampfdruckes mitmacht. Versagt der Dampfkessel, so muß die Versuchstätigkeit eingestellt werden.

8. Welches sind die Vorzüge und Nachteile des mechanischen und des hydraulischen Antriebs von Prüfmaschinen?

Lösung: Beide Antriebsarten wirken stetig und stoßfrei. Die Belastung kann bei mechanischem Antrieb beliebig lange und mit gleicher Kraft auf den Stab wirken, im Gegensatz zum hydraulischen Antrieb, bei dem schadhaft gewordene Dichtungen Spannungsabfall hervorrufen. Bei Handbetrieb ist der mechanische Antrieb vorzuziehen. Für große Kraftleistungen dagegen ist der hydraulische Antrieb vorteilhafter, weil sich die Konstruktion hierbei einfacher gestaltet.

9. Die bei der Neigungswage der Pohlmeyermaschine vorhandene Beziehung $P = \text{const.}\; n$ ist herzuleiten.

Lösung: Vgl. Abb. 14. Die Kraft P dreht den Winkelhebel $a—b$ so weit, bis das Moment des Gewichts p gleich demjenigen der Kraft P wird. Dann ist

$$P \cdot a_1 = p \cdot b_1; \quad P = p \cdot \frac{b_1}{a_1},$$

$$a_1 = a \cdot \cos \varphi, \quad b_1 = b \cdot \sin \varphi,$$

$$P = p \cdot \frac{b \cdot \sin \varphi}{a \cdot \cos \varphi} = p \cdot \frac{b}{a} \cdot \operatorname{tg} \varphi.$$

Nun ist aber auch $\operatorname{tg} \varphi = \dfrac{n}{m}$ und somit

$$P = p \cdot \frac{b}{a} \cdot \frac{n}{m} = n \cdot \left(\frac{p \cdot b}{m \cdot a}\right) = \text{const.}\; n\,.$$

10. Worin bestehen die Vorzüge und Nachteile der Hebelwagen?

Lösung: Durch großes Übersetzungsverhältnis wird die Kraftmessung mittels verhältnismäßig kleiner Gewichte ermöglicht. Je nach der Konstruktion der Wage verwendet man Auflage- oder Laufgewichte. Ein Nachteil der Hebelwagen liegt in der Abnutzbarkeit ihrer Schneiden. Infolge ihrer hohen Belastung ist es nicht ausgeschlossen, daß Verdrückungen der Schneiden die Genauigkeit der Kraftanzeige nachteilig beeinflussen. Damit die Hebelarme möglichst wenig durchbiegen, müssen sie sehr kräftig gebaut sein, was wiederum das Gewicht der Maschinen vergrößert. Eine Belastung der Schneiden von 4000 kg/qcm ist nach Martens als zulässig zu erachten. (Vergl. S. 25, Fußnote.)

d) Meßeinrichtungen.

Die Abmessungen der Probekörper werden mittels Strichmaßen (Maßstäbe) oder Endmaßen (Schublehren, Mikrometerschrauben) bestimmt.

Die Hilfsmittel zum Feststellen der während des Versuchs auftretenden Formänderungen richten sich nach der Art des Messens (Grob- und Feinmessungen).

Grobmeßapparate.

Zu Grobmessungen benutzt man im allgemeinen den Anlegemaßstab, der eine Genauigkeit bis $^1/_{10}$ mm gewährt (Abb. 40). Er ist ein mit Millimeterteilung versehener und an einer Holzleiste H befestigter Papiermaßstab. Er wird mittels Schneide S an der Probe angesetzt und durch eine Klemme gehalten. Seine Nullmarke deckt sich mit der Ablesemarke am Probestab. Dehnt sich dieser, so verändert sie ihre

Lage zur Nullmarke. Die in $^1/_{10}$ mm geschätzte Verschiebung λ entspricht der Verlängerung des Stabes. Da die von der Schneide und der Nullmarke begrenzte Meßlänge l bekannt ist, so läßt sich die Dehnung $\varepsilon = \dfrac{\lambda}{l}$ errechnen. Wird statt des Millimetermaßstabes ein in Prozente der Meßlänge geteilter Maßstab, d. h. ein Prozentmaßstab benutzt, so erhält man den Wert $100\,\varepsilon$ unmittelbar.

Der Schleppmaßstab (Abb. 41) wird gewöhnlich zum Messen größerer Formänderungen angewendet, z. B. bei Riemen und Seilen. Er besteht aus 2 dünnen, schmalen Holzleisten, von denen die eine einen Maßstab, die andere eine Strichmarke (Ablesemarke a) trägt. Die beiden Leisten werden mittels Nadel oder Klebewachs an den Begrenzungsmarken der Meßlänge befestigt und die Verschiebung λ der Strichmarke am Maßstab abgelesen.

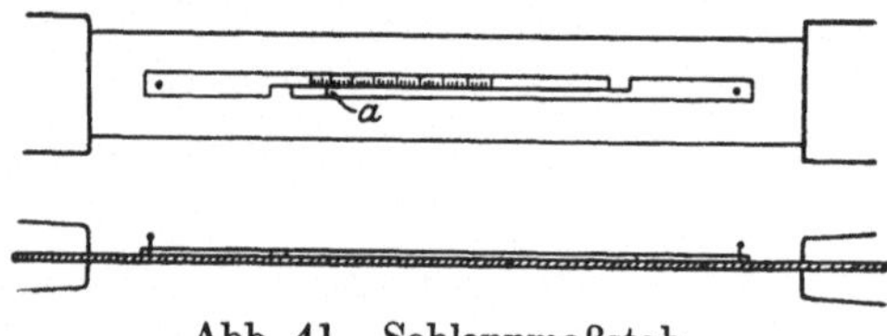

Abb. 40. Anlegemaßstab.

Abb. 41. Schleppmaßstab.

Feinmeßapparate.

Sind sehr kleine Formänderungen zu bestimmen, so werden Feinmeßapparate verwendet. Am gebräuchlichsten sind die Zeiger und die Spiegelapparate.

Zeigerapparate.

Bei dem Bauschingerschen Rollenapparat wird die Verlängerung oder Verkürzung der Probe in eine Kreisbewegung eines Zeigers umgewandelt. Die zu messende Längsbewegung wird durch die Stange s (Abb. 42) auf die Hartgummirollen R oder r übertragen, die mit dem Zeiger Z verbunden sind. Der als Maß für die Längenänderung dienende Zeigerausschlag wird um so größer, d. h. die Messung um so empfindlicher, je länger der Zeiger ist.

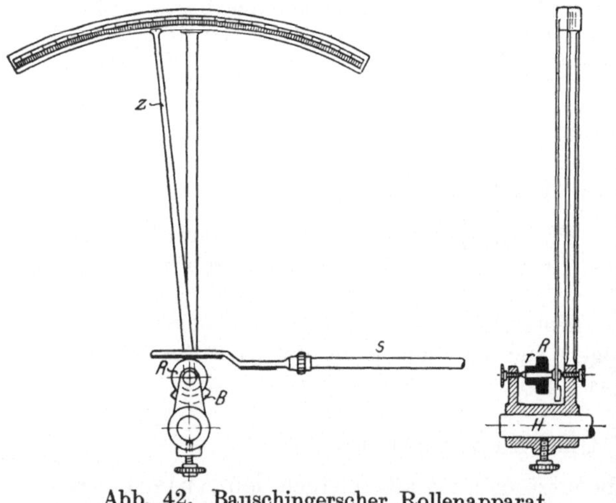

Abb. 42. Bauschingerscher Rollenapparat.

Diesem Apparat gleicht im Prinzip der Martenssche Tellerapparat, der sich sehr bequem an den Proben anbringen läßt. Er besteht

(Abb. 43) aus einer auf Spitzen gelagerten Spindel a, die an einem Ende eine Rolle r trägt, durch die mittels der Latte m oder eines Schnurzugs die Formänderung der Probe auf den Zeiger z am anderen Ende der Spindel übertragen wird. Das Ganze ist in ein mit Glasdeckel versehenes Messinggehäuse eingeschlossen.

Eine Verbesserung dieser Konstruktion bietet der in neuerer Zeit von Leuner gebaute Meßapparat, der sich sehr schnell Eingang verschafft hat (Abb. 44), sowie die sog. Meßuhren von Carl Zeiß, Jena (Abb. 45).

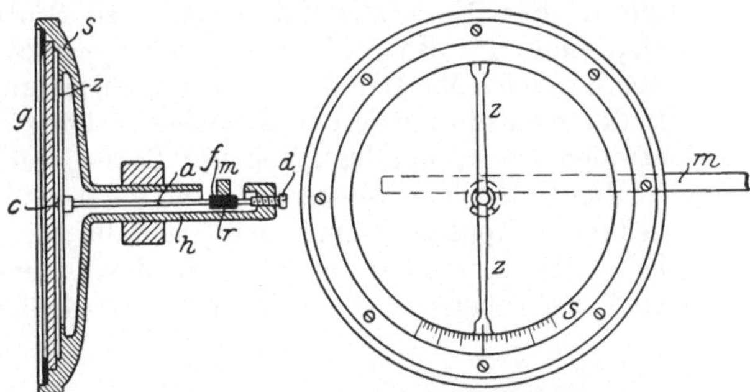

Abb. 43. Tellerapparat nach Martens.

Abb. 46 stellt die Versuchsanordnung einer auf Druck beanspruchten Betonsäule dar, an der ein Bauschingerscher Rollenapparat angesetzt ist. An der zu prüfenden Säule sind 2 Ringe 2 und 3 durch je 4 Klemmschrauben im Abstand l_e voneinander befestigt. Durch die seitlich angebrachte Stange 5, die sich nach oben verschiebt, wird der über ihr befindliche Hebel um seine Achse 6 gedreht. Dadurch nimmt das Kreissegment das mit dem Zeiger verbundene Röllchen 7 mit und bewirkt den an dem Gradbogen 8 abzulesenden Ausschlag. Die Empfindlichkeit eines solchen Apparates ergibt sich aus dem Übersetzungsverhältnis. Ist dieses z. B. $1/_{300}$, d. h. 1 mm Zusammendrückung entspricht 300 mm auf der Bogenskala, so ist, da beim Ablesen $1/_{10}$ mm noch geschätzt werden können, die Empfindlich-

Abb. 44.
Leunerapparat mit selbsttätiger Ausschaltevorrichtung bei Überschreitung des Meßbereiches.

keit $^1/_{3000}$ mm. Durch Vergrößerung des Übersetzungsverhältnisses läßt
sich die Empfindlichkeit erhöhen. Sie beträgt z. B. bei Apparaten,
die in der Materialprüfungsanstalt zu Stuttgart gebraucht werden,
$^1/_{6000}$ mm. Die Bauschingerschen Apparate werden dabei an 2 gegenüberliegenden Mantellinien der Druckkörper angebracht. Auf diese Weise
findet man die mittlere Zusammendrückung der Säule und schaltet so
etwaige Ungleichmäßigkeiten der Beanspruchung aus.

Der unter dem Namen Kennedy - Martensscher Dehnungsmesser
bekannte Apparat eignet sich ebenfalls für feinere Messungen. Wie
beim Martensschen Apparat (s. dort) werden zur Begrenzung der
Meßlänge einerseits die Schneiden der Meßfedern, andererseits rhom-

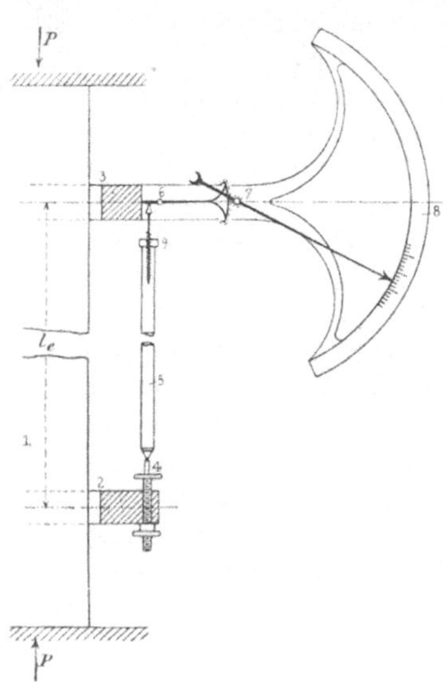

Abb. 45. Meßuhr von Carl Zeiss,
Jena. (Schuchardt & Schütte.)

Abb. 46. Anwendung des
Bauschingerschen Rollenapparates.

bische Stahlprismen verwandt, in deren Achse sich aber statt des
Spiegels Zeiger befinden, deren Ausschläge auf Gradbögen abgelesen
werden. Je nach dem Übersetzungsverhältnis können $^1/_{2500}-^1/_{5000}$ cm
geschätzt werden.

Spiegelapparate.

Diese werden für mancherlei Feinmeßzwecke, vornehmlich auf
dem Gebiete der elastischen Formänderung, benutzt, wozu Zeiger-
apparate sich nicht eignen oder nicht genau genug sind. Die Funktion
des Zeigers wird durch einen Lichtstrahl ausgeübt. Die Grundlage
der Spiegelapparate bilden neben den mechanischen Einrichtungen
optische, Spiegel und Fernrohr, wobei Drehungen der Spiegel mittels
gespiegelter Maßstäbe festgestellt werden (Gauß - Poggendorfsche
Spiegelablesung). Die Wirkungsweise zeigt Abb. 47, die das Schema
des Martensschen Spiegelapparates darstellt. An dem zu prüfenden
Stab wird die Meßlänge l begrenzt einerseits durch die Schneide einer

Meßfeder f, die mittels Federklemme gegen den Stab gedrückt wird, andererseits durch eine Schneide eines Stahlprismas r, von rhombischem Querschnitt, dessen zweite Schneide in eine Nute der Meßfeder eingreift. In der Verlängerung dieser Schneide sitzt der Spiegel, dem gegenüber eine in Millimeter geteilte Skala so angeordnet ist, daß sie von der Spiegelnormalen bei Drehung des Spiegels stets getroffen wird.

Dehnt sich der Stab innerhalb der Meßlänge l unter dem Einfluß der Kraft P um λ, so macht die innere Schneide des Stahlprismas die Bewegung mit und bewirkt, daß Prisma und Spiegel sich um die Achse o drehen. Diese Bewegung wird durch ein neben der Skala stehendes Fernrohr beobachtet als Verschiebung des Spiegelbildes der Skalen gegen das Fadenkreuz des Fernrohres.

Vor Beginn der Dehnung des Probestabes ist die Nullmarke der Skala auf den wagerechten Faden des Kreuzes eingestellt. Wird nun der Stab um λ gedehnt und der Spiegel demgemäß um den Winkel α gedreht, so erscheint ein Skalenteil im Fadenkreuz des Fernrohrs, der um die Strecke a über der Nullmarke liegt und infolge der reflektierenden Wirkung des Spiegels (Einfallswinkel = Ausfallswinkel) dem Winkel 2α entspricht. Es ist nun

$$\lambda = r \cdot \sin \alpha,$$

$$a = A \cdot \operatorname{tg} 2\alpha.$$

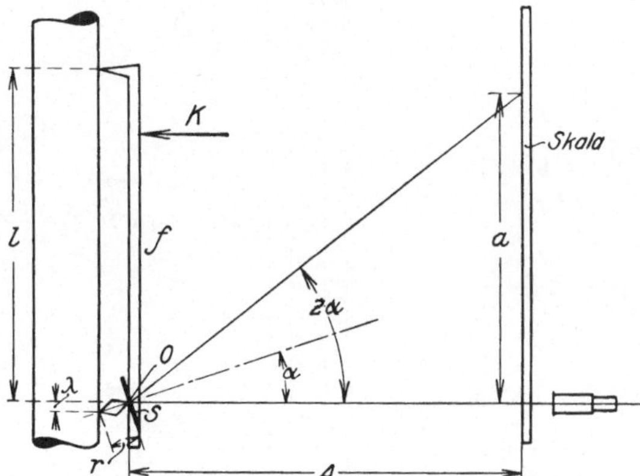

Abb. 47. Schema des Martensschen Spiegelapparates.

Das Übersetzungsverhältnis der Längenänderung zum Skalenausschlag ist

$$n = \frac{\lambda}{a} = \frac{r \cdot \sin \alpha}{A \cdot \operatorname{tg} 2\alpha}.$$

Da für kleine Winkel

$$\operatorname{tg} \alpha = \sin \alpha = \alpha \quad \text{(Winkel im Bogenmaß gemessen)}$$

gesetzt werden kann, so ist

$$n = \frac{\lambda}{a} = \frac{r \cdot \alpha}{A \cdot 2\alpha} = \frac{r}{2A}.$$

Für die Schneidenbreite $r = 4\,\text{mm}$ und $A = 1000\,\text{mm}$ ist

$$n = \frac{4}{2 \cdot 1000} = \frac{1}{500},$$ d. h. die Dehnung des Stabes innerhalb der Meßlänge um $1/500$ mm ruft einen Skalenausschlag von 1 mm hervor. Da sich $1/10$ mm auf der Skala schätzen lassen, so beträgt die Meßgenauigkeit $1/5000$ mm. Sie kann proportional mit Vergrößerung des Skalenabstandes vergrößert werden, d. h. bei 2 m Skalenentfernung würde sie $1/10000$ mm betragen.

Bei Ausführung von Versuchen rüstet man den Probestab auf zwei gegenüberliegenden Mantellinien mit je einem Spiegelapparat aus, wodurch der Einfluß etwaiger Krümmung des Stabes oder nichtachsialer Stablage, die aber nach Möglichkeit vermieden werden soll, ausgeglichen wird. In solchem Falle wird die Ablesung auf der konkaven Seite eines gekrümmten Stabes um so viel größer, als die Ablesung an einem sonst gleichartigen geraden Stabe wie die Ablesung an der konvexen Seite

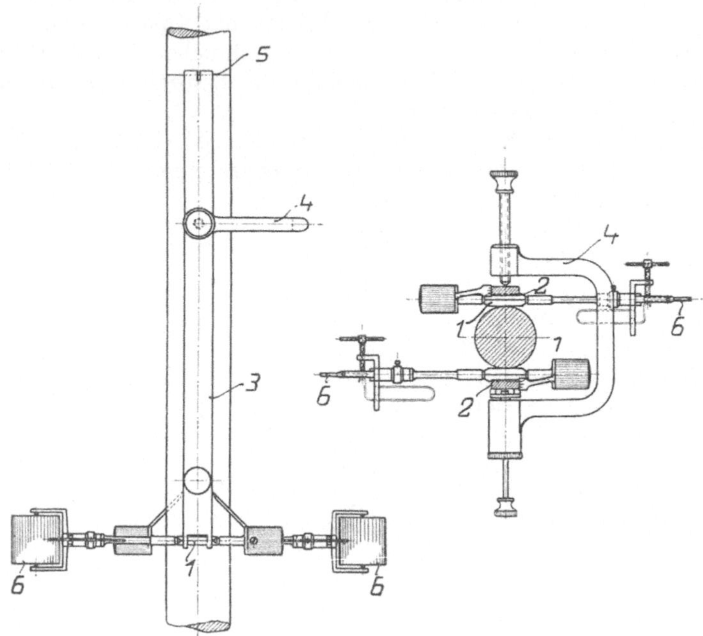

Abb. 48. Anordnung des Martensschen Spiegelapparates.

zu klein wird. a wird deshalb als Mittelwert der beiden Ablesungen angegeben. Daher ist

$$\lambda = \frac{a_1 + a_2}{2} \cdot n = (a_1 + a_2) \cdot \frac{r}{4\,A}.$$

Die praktische Ausbildung des Apparates zeigt Abb. 48. In der Verlängerung der Achse des Stahlprismas 1 sitzt der Spiegel 6 in einem Rahmen, der um die Horizontalachse drehbar ist. Der Spiegel selbst ist um eine Vertikalachse mittels einer Schraube in Spitzen drehbar. Dieser Schraube wirkt eine Feder entgegen. Die Schneiden 2 der Stahlprismen werden durch 2 mit Schneiden 5 versehene Meßfedern 3 mittels Bügelklammer 4 an den Stab angedrückt. Der am Handgriff angebrachte Zeiger dient zur Einstellung der richtigen Lage der Schneiden zur Längsachse des Probestabes. Die Anbringung von Fernrohr und Skala zeigt Abb. 49.

Die Schneidenkanten der Spiegelapparate sollen genau parallel sein. Nicht minder große Sorgfalt erfordert das Ausmessen der Schneidenbreite, da hiervon der Abstand der Skalen von den Spiegeln abhängt, den das Übersetzungsverhältnis 1 : 500 bedingt. Außerdem sind noch folgende Fehlerquellen der Apparate nach Möglichkeit auszuschalten:

1. Die Formel $\lambda = \dfrac{r \cdot a}{2A}$ ist nur für sehr kleine Ausschlagwinkel hinreichend genau; für größere müssen Reduktionen vorgenommen werden. Um deshalb durchweg mit den zu vernachlässigenden Fehlern kleiner Winkel arbeiten zu können, stellt man mit Hilfe des Zeigers am Handgriff die Schneide um ungefähr den halben beim Zugversuch zu erwartenden Ausschlag a schräg zurück, so daß nun infolge der kleineren Drehung um die Mittellage der Fehler der Dehnungsanzeige derartig vermindert wird, daß er praktisch nicht von Belang ist, s. Abb. 50. Hierin ist m der Schnittpunkt des auf der Spiegelmitte errichteten Lotes mit der Skala bei wagerechter Schneidenstellung (Mittelstellung), p der Schnittpunkt des Lichtstrahls mit der Skala in der Anfangs- und q in der Endstellung des Spiegels. Vgl. Aufgabe 11.

Über die Größe des systematischen Fehlers hat Jensch in Anlehnung an frühere Arbeiten sehr eingehende

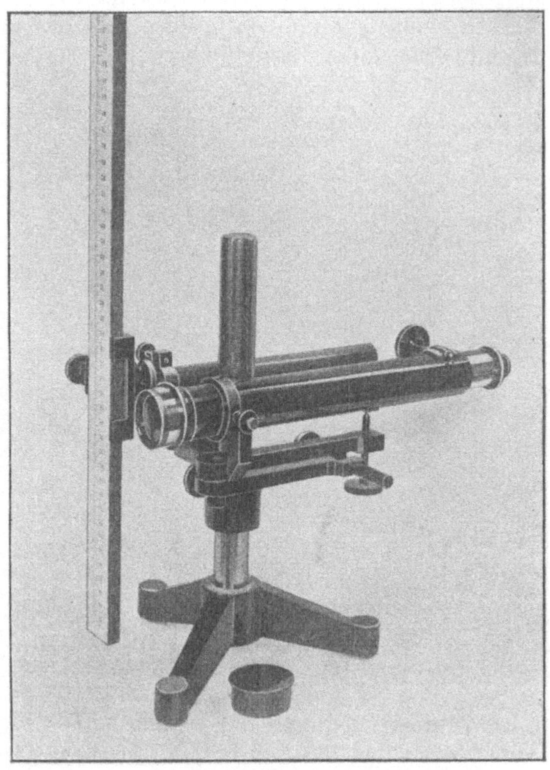

Abb. 49. Ablesefernrohr und Skala.

Untersuchungen angestellt. Er unterscheidet hauptsächlich zwei Fehlerquellen: Die eine beruht auf der Vernachlässigung der trigonometrischen Beziehungen. Die andere rührt daher, daß bei Verlängerung bzw. Verkürzung der Meßlänge die Meßfeder um ihren Stützpunkt am Stabe schwingt, wodurch auch eine Drehung der Schneide hervorgerufen wird, die nicht von der Dehnung des Stabes herrührt.

Da jedoch die hierdurch entstehenden Fehler 0,3% nicht überschreiten, so sind sie für praktische Untersuchungen bedeutungslos.

Ein weiterer Fehler der Dehnungsanzeige liegt darin, daß der Spiegel sich nicht um die Drehachse o (vgl. Abb. 47), sondern um die Achse des rhombischen Schneidenkörpers dreht. Dadurch wird, wie Martens gezeigt hat, die Ablesung etwas zu groß, was aber ebenfalls so unbedeutend ist, daß es praktische Versuche nicht beeinträchtigt.

2. Beim Einstellen des Abstandes A muß die Spiegeldicke berücksichtigt werden, und zwar ist A um die optische Dicke $2/_3\,\delta$, von der spiegelnden Fläche des Glases an gerechnet, zu vergrößern.

Der Vorsorge halber sei der mit der Ausführung von Feinmessungen noch nicht oder wenig vertraute Versuchstechniker auf einige andere bei Benutzung der Spiegelapparate zu beachtende Gesichtspunkte hingewiesen:

Die Meßfedern müssen in gleicher Höhe an der Probe und an zwei gegenüberliegenden Mantellinien sitzen, da sonst die erforderliche Parallelität der Spiegelapparate nicht erreicht wird.

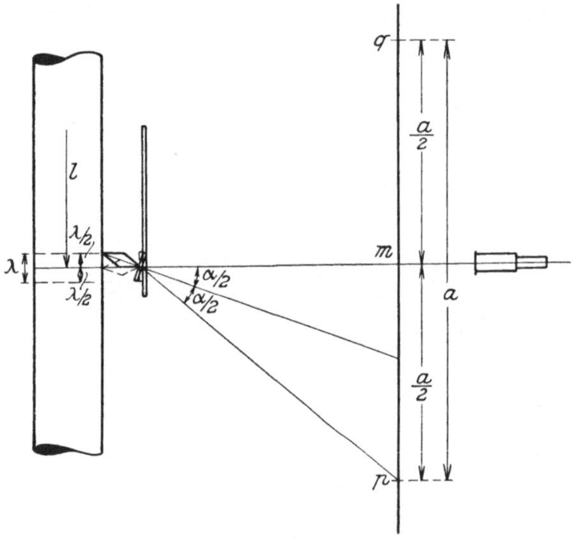

Die Spiegel sollen bei Beginn des Versuchs möglichst nicht aus dem Rahmen herausragen.

Unter Zuhilfenahme der am Spiegelzeiger und der seitlich an den Meßfedern befindlichen Strichmarken sind die Schneidenkörper aus der wagerechten Lage beim Zugversuch etwas zurück- und beim Druckversuch etwas vorzudrehen.

Die Fernrohre sind möglichst wagerecht zu stellen, wozu das Ausrichten nach Augenmaß genügt.

Abb. 50. Erläuterungsskizze zum Martensschen Spiegelapparat (Zurückstellung der Schneide).

Sind diese Bedingungen erfüllt, so stellt man das Fernrohr durch Verschieben des Okularrohrs so auf den Spiegel ein, daß das Fadenkreuz auf Mitte Spiegel steht. Sodann werden die Skalen senkrecht zur Fernrohrachse und parallel zu dem Probestab angebracht. Hat man die ungefähre Lage der Spiegelbilder der Skalen im Raum erkannt, so dreht man erforderlichenfalls den Stab, bis die Skalenbilder von den zugehörigen Fernrohrachsen gleichweit entfernt sind. Die weitere Bewegung der Skalenbilder bis in das Gesichtsfeld der Fernrohre bewirkt man durch Verstellen der Spiegel (Drehen der Schrauben).

Nunmehr werden die Fernrohre durch Verschieben der Okularrohre auf doppelte Entfernung $2\,A$ (Spiegelbild der Skalen) eingestellt. Zum Einstellen des Skalenabstandes A bedient man sich einer Meßlatte, deren Länge dem errechneten Abstande entspricht. Dann wird der Spiegel um die Horizontalachse gekippt, bis der wagerechte Faden des Fernrohrkreuzes mit der Nullmarke der Skala zusammenfällt.

Zur Erzielung einwandfreier Ergebnisse ist die Versuchseinrichtung nach Möglichkeit vor Sonnenbestrahlung und starkem Luftzug zu schützen, da sonst Stab und Meßfedern ungleichmäßig erwärmt bzw. abgekühlt werden. Aus diesem Grunde ist es ratsam, mit dem Versuch erst dann zu beginnen, wenn die Nullablesungen einige Minuten konstant geblieben sind.

Als Vorläufer der vorstehend beschriebenen Meßeinrichtung, die sich durch große Handlichkeit auszeichnet, gilt der Bauschingersche Spiegelapparat. Gewisser Vorzüge wegen wird dieser auch heute noch viel verwendet. Abgesehen von Form und Größe stimmen die Apparate im Prinzip überein. Nur hat der Bauschingersche Apparat statt der Stahlprismen Hartgummirollen (Abb. 51).

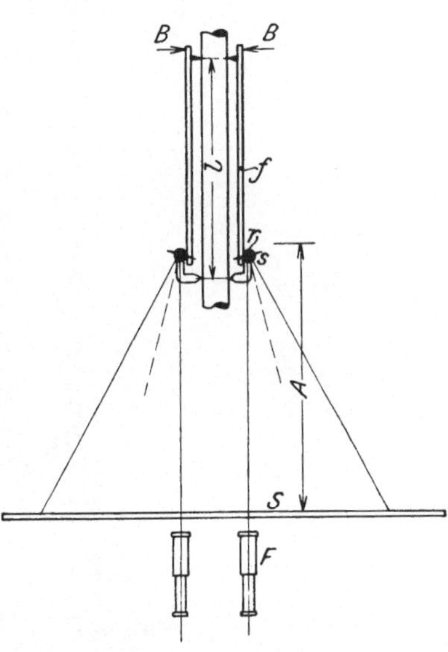

Die Rollen r werden in einem Bügel geführt, der mit Schneiden die Meßlänge einerseits begrenzt, während die zweite Begrenzung durch die Schneiden der Meßfedern f erfolgt. Diese werden bei B durch eine Federklemme gegen die Rollen gedrückt. Dehnt sich der Probestab auf die Meßlänge l um λ, so werden die Rollen und damit die auf ihrer Achse befindlichen Spiegel um den $\sphericalangle \alpha$ gedreht, was, wie beim Martensapparat, ein Maß für die Dehnung ergibt. (Vgl. Abb. 53.) Es ist dann $\lambda = \alpha \cdot r$, wobei λ als Teil des abgerollten Kreisumfangs der Meßwalzen gemessen wird. Das Übersetzungsverhältnis ist

$$n = \frac{\lambda}{a} = \frac{\alpha \cdot r}{A \cdot \operatorname{tg} 2\,\alpha} = \frac{r}{A} \frac{\alpha}{\operatorname{tg} 2\,\alpha}.$$

Für kleine Winkel ist $\dfrac{\alpha}{\operatorname{tg} 2\,\alpha} \sim \dfrac{1}{2}$. Somit wird

$$n = \frac{\lambda}{a} = \frac{r}{2\,A}.$$

Abb. 51. Schema des Bauschingerschen Spiegelapparates.

Die Gleichung gibt genau richtige Werte, wenn man den Ausschlag im Bogenmaß bestimmt. Es müssen dann statt der geraden Skalen kreisbogenförmige Maßstäbe verwandt werden, deren Mittelpunkte in den Spiegelmitten liegen.

Bei Benutzung gerader Maßstäbe entstehen mit wachsendem Ausschlag α Fehler, die aber etwas kleiner sind als beim Martensapparat. Auch diese lassen sich dadurch verringern, daß man die Spiegel bei Beginn des Versuchs um die Hälfte des zu erwartenden größten Ausschlags entgegengesetzt ihrer Drehrichtung verstellt. Der Gesamtdrehungswinkel übersteigt im allgemeinen nicht 4°. Daher würde der größte Fehler bei 2° nicht mehr als 0,17% betragen.

Bei dem Bauschingerschen Apparat ist darauf zu achten, daß die zwischen Meßfeder und Rolle vorhandene Reibung groß genug ist, um die Rolle zu drehen. Werden die Versuche sehr schnell durchgeführt, so besteht die Gefahr, daß die Meßfedern gleiten und dadurch die Zuverlässigkeit der Versuchsergebnisse beeinträchtigen.

In Abb. 52 ist ein Bauschingerspiegelapparat dargestellt, wie er in der Materialprüfungsanstalt Stuttgart gebaut und gebraucht wird. Um bei dünnen Probestäben die gegenseitige Berührung der Spiegel zu verhindern, sind diese gegeneinander versetzt.

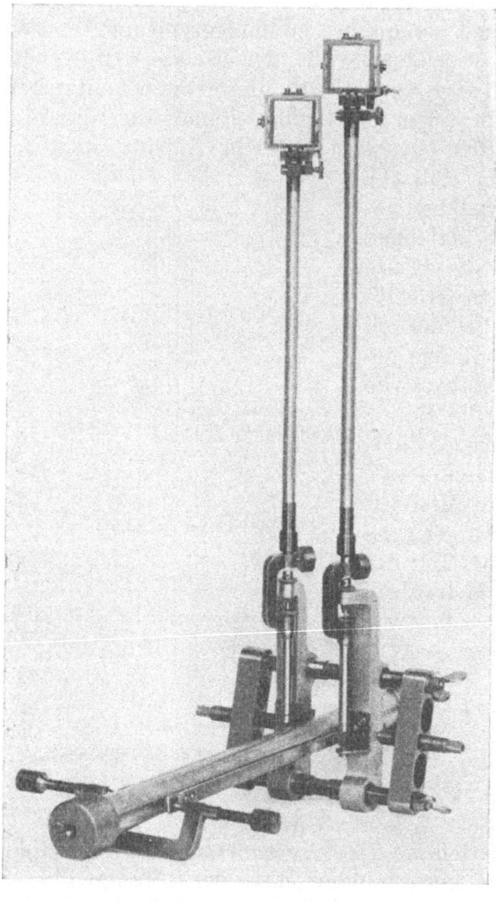

Der Vorzug des Martensapparates besteht in seiner Leichtigkeit und Zierlichkeit, denen zufolge er auch für die Prüfung kleiner Proben benutzbar ist. Dagegen erfordert seine Bedienung etwas mehr Übung als der Apparat von Bauschinger.

Aufgaben.

11. Das Übersetzungsverhältnis des Martensschen Spiegelapparates

$$n' = \frac{\lambda}{a} = \frac{r \cdot \sin\alpha}{A \cdot \mathrm{tg}\, 2\,\alpha}$$

ist für kleine Winkel zu $n = \dfrac{r}{2\,A}$ genommen worden. Wie groß sind die prozentualen Fehler bei Winkeln bis zu $15°$? Die Fehler sind zeichnerisch darzustellen. Zugleich sind die den Ausschlagwinkeln α entsprechenden Ablesungen a für $r = 4$ mm ($A = 1000$) aufzuzeichnen (vgl. Abb. 53).

Lösung: Da $\lambda = n \cdot a$ ist, so findet man den prozentualen Fehler für λ, wenn der bei Berechung des Übersetzungsverhältnisses n gemachte Fehler bestimmt wird. Dieser prozentuale Fehler ist $\dfrac{n' - n}{n} \cdot 100$,

Abb. 52. Anordnung des Bauschingerschen Spiegelapparates.

worin $n'\left(=\dfrac{r \cdot \sin 2\alpha}{A \cdot \mathrm{tg}\,\alpha}\right)$ das wirkliche, $n\left(=\dfrac{r}{2\,A}\right)$ das angenäherte Übersetzungsverhältnis ist. Da er negative Werte ergibt, so sind die wahren Werte von λ kleiner als die mit der angenäherten Formel für n erhaltenen.

Es ergäbe sich z. B. bei $10°$ Ausschlag ein Wert $a = 364,0$ mm. Dem entspräche nach der angenäherten Formel

$$\lambda = \frac{1}{2} \cdot \frac{r}{A} \cdot a$$

$$= \frac{1}{2} \cdot \frac{4}{1000} \cdot 364 = \frac{1}{500} \cdot 364 = 0{,}728 \text{ mm}.$$

Der prozentuale Fehler ist nach umstehender Tabelle $-4{,}58\%$, also der wirkliche Fehler

$$\frac{0{,}728 \cdot 4{,}58}{100} = 0{,}033 \text{ mm} .$$

Demnach ist die tatsächliche Verlängerung

$$\lambda = 0{,}728 - 0{,}033 = 0{,}695 \text{ mm}.$$

12. Das Übersetzungsverhältnis n für den Bauschinger-Spiegelapparat ist abzuleiten. Außerdem ist der Fehler zu bestimmen, der bei Benutzung eines geraden statt des kreisförmigen Maßstabes für a entsteht.

Lösung: Der Verlängerung λ der Meßlänge entspricht ein Abrollwinkel α der Hartgummirolle (s. Abb. 54). Es besteht daher mit Rücksicht auf die Spiegelreflektion bei der kreisförmigen Skala die Beziehung

$$\frac{\lambda}{r} = \frac{\frac{a'}{2}}{A}$$

oder $\quad n' = \dfrac{\lambda}{a'} = \dfrac{r}{2\,A}$,

bei der geraden Skala

$$n = \frac{\lambda}{a} = \frac{r}{2\,A} .$$

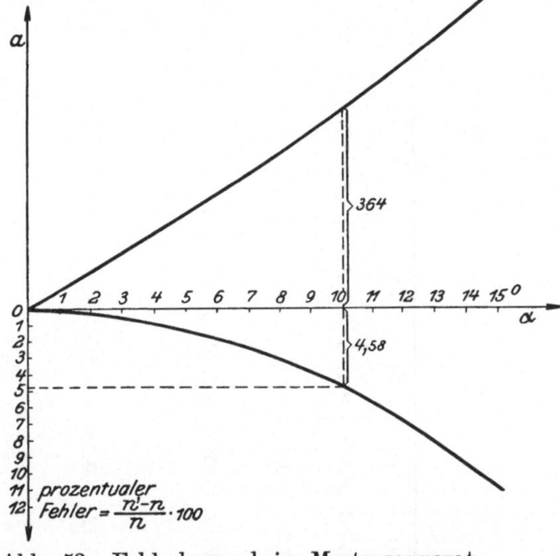

Abb. 53. Fehlerkurve beim Martensapparat.

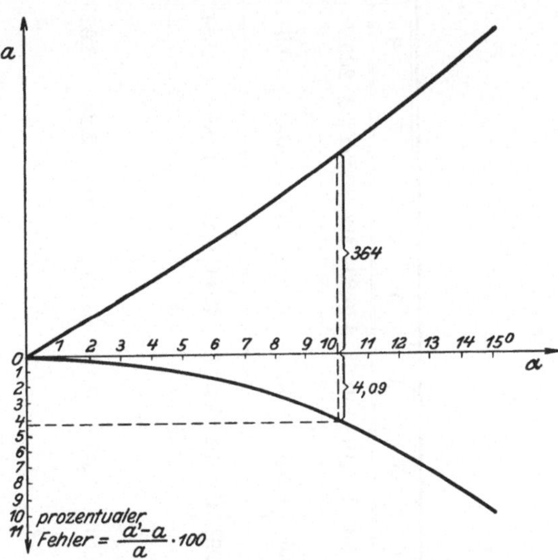

Abb. 55.
Fehlerkurve beim Bauschingerapparat.

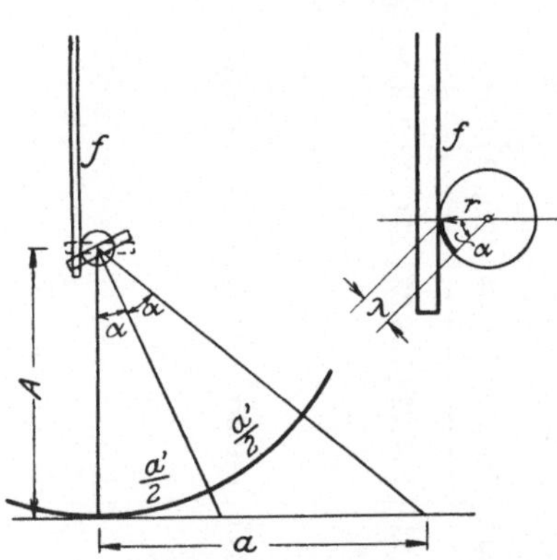

Abb. 54. Schema des
Bauschingerschen Spiegelapparats.

Hierbei ist für den geraden Maßstab $a = A \cdot \operatorname{tg} 2\,\alpha$, während das Bogenmaß

$$a' = A \cdot 2\,\alpha \cdot \frac{\pi}{180}$$

ist. Der prozentuale Fehler, bezogen auf die Ablesung am geraden Maßstab, ist

$$\frac{a' - a}{a} \cdot 100 .$$

In der folgenden Tabelle ist $A = 1000$ mm angenommen (vgl. Abb. 55).

α in °	1	2	3	4	5	6	7	8	9	10	11	12	13	14	15
$a = A\,\mathrm{tg}\,2\,\alpha$	34,92	69,93	105,10	140,54	176,33	212,56	249,33	286,75	324,92	363,97	404,03	445,23	487,73	531,71	577,35
$n = \dfrac{1}{2}\cdot\dfrac{r}{A}$	0,5	0,5	0,5	0,5	0,5	0,5	0,5	0,5	0,5	0,5	0,5	0,5	0,5	0,5	$0,5\cdot\dfrac{r}{A}$
$n' = \dfrac{\sin\alpha}{\mathrm{tg}\,2\,\alpha}\dfrac{r}{A}$	0.4998	0,4991	0,4979	0,4963	0,4943	0,4918	0,4888	0,4854	0,4814	0,4771	0,4723	0,4670	0,4612	0,4550	$0,4483\cdot\dfrac{r}{A}$
Prozentualer Fehler $\dfrac{n'-n}{n}\cdot 100$	−0,04	−0,18	−0,42	−0,75	−1,15	−1,64	−2,24	−2,92	−3,72	−4,58	−5,54	−6,60	−7,76	−9,00	−10,34

α in °	1	2	3	4	5	6	7	8	9	10	11	12	13	14	15
$a = A\,\mathrm{tg}\,2\,\alpha$	34,92	69,93	105,10	140,54	176,33	212,56	249,33	286,75	324,92	363,97	404,03	445,23	487,73	531,71	577,35
$a' = A\,\dfrac{2\,\alpha\,\pi}{180}$	34,91	69,81	104,72	139,63	174,53	209,44	244,34	279,25	314,16	349,07	383,98	418,88	453,79	488,70	523,60
Prozentualer Fehler $\dfrac{a'-a}{a}\cdot 100$	−0,03	−0,17	−0,36	−0,66	−1,03	−1,49	−2,00	−2,62	−3,31	−4,09	−4,96	−5,92	−6,96	−8,09	−9,31

Bei $\alpha = 10°$ ist der Ausschlag $a = 364$ mm. Tatsächlich ist $a' = 349$ mm und der Fehler $-4,09\%$. Die Verlängerung λ erhält man aus

$$\lambda = \frac{a \cdot r}{2\,A} = \frac{364 \cdot 3}{2 \cdot 1000} = 0,546 \text{ mm},$$

wenn $r = 3$ mm gewählt war.

Der Fehler ist $= \dfrac{0,546 \cdot 4,09}{100} = 0,022$ mm und somit die tatsächliche Verlängerung

$$\lambda = 0,546 - 0,022 = 0,524 \text{ mm},$$

was sich auch direkt aus $\dfrac{349 \cdot 3}{2 \cdot 1000}$ ergibt.

e) Ausführung und Auswertung von Zug- und Druckversuchen.

1. Zugversuche.

Es sollen zunächst die Versuche mit Normal- und Proportionalstäben behandelt werden. Man unterscheidet Versuche mit Grob- und mit Feinmessungen. Jene beschränken sich auf die Bestimmung der Bruchgrenze, während bei diesen auch das elastische Verhalten der Stäbe festgestellt wird.

Versuch mit Grobmessung.

Nachdem die Abmessungen des Stabes ermittelt (s. Aufgaben S. 9) und die Teilungsmarken angebracht sind, wird der Stab in die Prüfmaschine eingespannt. Für den Rundstab werden Einspannungen verwendet, wie sie z. B. in Abb. 56, 57, 58 dargestellt sind. Hierbei ist der Stabkopf in Kugelschalen gelagert, damit die Längsachse des Stabes in die Zugachse der Maschine eingestellt werden kann. Dies ist um so notwendiger, weil wiederholt beobachtet worden ist, daß sich der Stab nicht selbsttätig

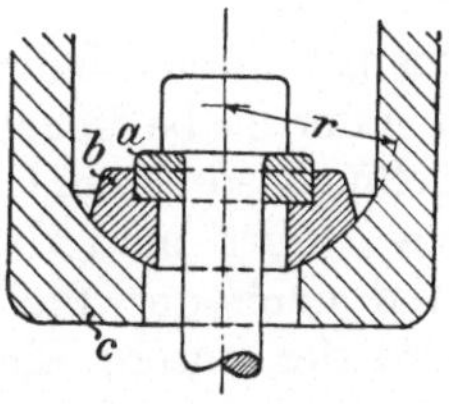

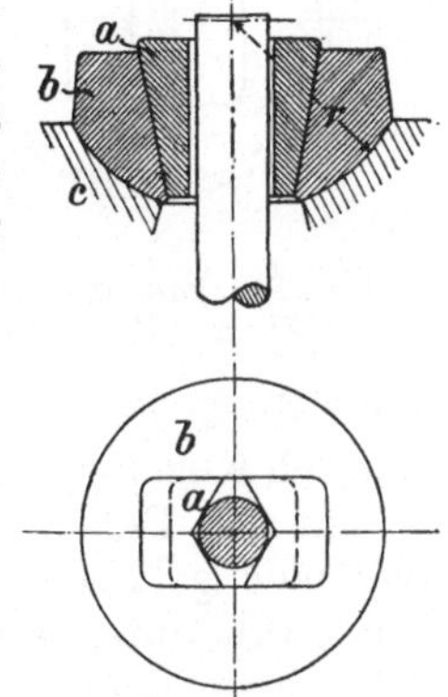

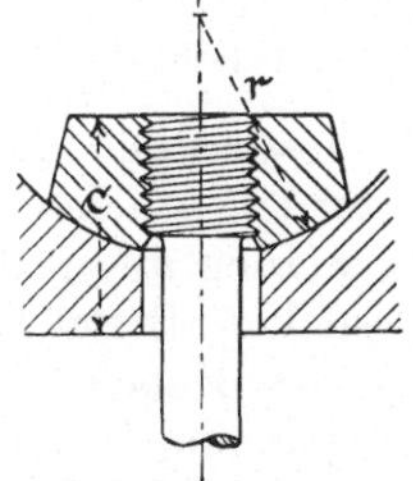

Abb. 56. Einspannung mittels Kopf und Kugelschalen.

Abb. 57. Einspannung mittels Gewinde und Kugelschalen.

Abb. 58. Einspannung mittels Beißkeilen und Kugelschalen.

unter der Belastung einstellt, da die Reibung an den Kugelflächen zu groß ist. Ungenaue Einstellung des Stabes hat eine zusätzliche Biegungsbeanspruchung zur Folge. Hierauf ist es zurückzuführen, daß bei spröden Werkstoffen die Zugfestigkeit häufig zu niedrig ausfällt.

Für Flachstäbe hat sich die in Abb. 59 dargestellte Einspannung bewährt, wobei die Stabköpfe zwischen Beißkeilen gehalten werden.

Das Bestreben bei der Konstruktion von Einspannköpfen geht dahin, das Einspannen möglichst einfach zu gestalten und die Vorrichtung für alle in Betracht kommenden Formen der Stabköpfe benutzbar zu machen. Abb. 60 zeigt einen Schnellspannkopf, der diesen Bedingungen genügt. Er besitzt doppelte Einspannöffnungen; die Einspannköpfe sind um ihre Aufhängebolzen drehbar angeordnet und haben auf der einen Seite Einspannöffnungen für Rund- und Flachstäbe ohne Schultern, auf der anderen solche für Stäbe mit Schultern. Nach dem Schwenken werden die Einspannköpfe

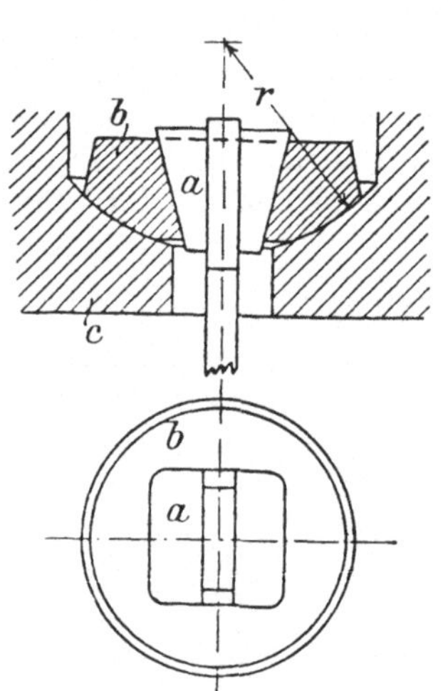

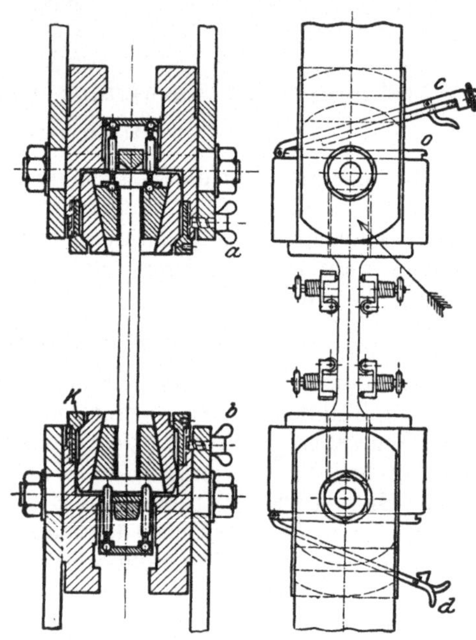

Abb. 59. Einspannung von Flachstäben mittels Beißkeilen.

Abb. 60. Schnellspannkopf, Bauart Losenhausen.

durch die Steckstifte a und b festgestellt. In den Einspannköpfen befinden sich Kugelbüchsen, die zur eigentlichen Aufnahme der Stäbe dienen.

Mit den Hebeln c und d werden die in den Kugelbüchsen sitzenden Beißkeile gehoben oder gesenkt. Beim Einspannen führt man den Probestab unter Anhebung des Hebels c von unten nach der Pfeilrichtung in den oberen Einspannkopf. Hierauf wird der untere Einspannkopf hochgekurbelt und der Hebel d angehoben.

Der Universalspannkopf, Abb. 61, gestattet ebenfalls die Einspannung von Rund- und Flachstäben mit und ohne Kopf.

Abb. 62 stellt einen Schnellspannkopf für kleine Maschinen dar. Hierbei werden die Keile, welche in den Führungen des Spannkopfs gleiten, zum Auswechseln der Proben durch Fingerdruck gelüftet und durch Federn selbsttätig geschlossen, ohne aus ihrer Führung im Spannkopf gelöst zu werden, so daß die Probe in kürzester Zeit ausgewechselt und genau eingestellt werden kann.

Vor Beginn des Versuchs wird der Stab in die Achse der Maschine eingestellt und zunächst durch eine kleine Last beansprucht. Es ist dies die sog. Nullast, von der aus die Dehnungsmessung beginnt. Beim einfachen Zugversuch wird ein Millimeteranlegemaßstab oder ein Prozentmaßstab (s. S. 32) so am Probestab angebracht, daß eine seiner Teilmarken mit der Nullmarke des Millimeter- bzw. Prozentmaßstabes zusammenfällt. Die Dehnung wird gewöhnlich ohne Fernrohr abgelesen. Beim Ablesen bemühe sich der Versuchausführende, stets senkrecht zur Stabachse zu blicken, da sonst parallaktische Fehler entstehen. Die Belastung wird nun stufenweise gesteigert, wobei man zunächst größere und später kleinere Laststufen wählt. Durch überschlägliche Rechnung findet man geeignete Laststufen. (Vgl. Beispiel S. 50.)

Angenommen, es handelt sich um Flußeisen, so ist erfahrungsgemäß ungefähr eine Bruchfestigkeit von 4000 kg/qcm zu erwarten. Demnach ist $P_B = 4000 \cdot 3{,}14 = 12\,560$ kg. Die Streckgrenze liegt schät-

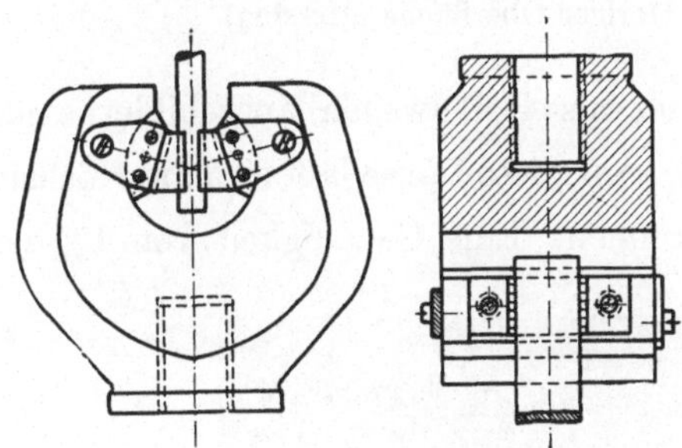

Abb. 61.
Universalspannkopf von Mohr & Federhaff
für Rund- und Flachstäbe ohne Schultern.

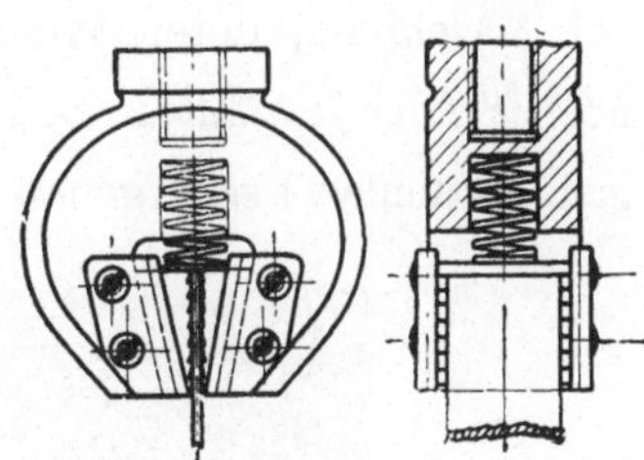

Abb. 62. Schnellspannkopf von
Mohr & Federhaff für Maschinen
bis 1500 kg Zugkraft.

zungsweise bei $^{50}/_{100}\,12\,560 = 6280$ kg. Von der Nullast ab pflegt man die Belastung um $\sim \dfrac{P_B}{12} = \dfrac{12\,560}{12} \sim 1000$ kg zu steigern, bis man in der Nähe der errechneten Streckgrenze eine Dehnung von etwa 0,1% feststellt. Nun wählt man kleinere Laststufen, etwa $\dfrac{P_B}{40}$. Nachdem vielleicht verschiedene Steigerungen keine wesentliche Änderung der Dehnung hervorgebracht haben, tritt plötzlich bei weiterer Steigerung der Belastung ein erheblicher Dehnungszuwachs von etwa 1,3% ein. Die Streckgrenze wurde hier überschritten. Dies äußert sich auch dadurch, daß die blanke Oberfläche des Stabes eine Veränderung erfährt. Bei Flußeisen wird sie matt und später krispelig[1]), bei Messing knitterig. Abb. 63 und 64. Von unbearbeiteten Stäben springt Walzzunder ab, der wegen seiner größeren Sprödigkeit den Dehnungen des Eisens nicht folgen kann.

An sehr blanken Stäben bilden sich die sog. Fließfiguren, Linien, die etwa unter 45° gegen die Stabachse geneigt sind. An diesen Figuren

---

[1]) Als krispelig ist die Oberfläche bezeichnet, auf der sich feine Narben und Taubildung zeigen.

erkennt man auch die Stelle, wo das Fließen seinen Ausgang genommen hat. Es beginnt gewöhnlich an den Stabköpfen und verbreitet sich allmählich über den ganzen Stab [vgl. Abb. 65 und 66[1])].

Die Dehnung nimmt weiter rasch zu. Der Anlagemaßstab wird, da er von nun an überflüssig, abgenommen, und die Laststufen werden

Abb. 63. Stab mit krispeliger Oberfläche (Flußeisen).

Abb. 64. Stab mit knitteriger Oberfläche (Messing).

bei Maschinen, deren Kraftmesser als Hebelwagen ausgebildet sind, noch kleiner gewählt, z. B. $\frac{P_B}{200}$ kg. Auf diese Weise läßt sich die Höchstlast (Bruchlast) sehr genau bestimmen. Eine Genauigkeit von 1% ist

Abb. 65. Fließfiguren eines blanken Flachstabes.

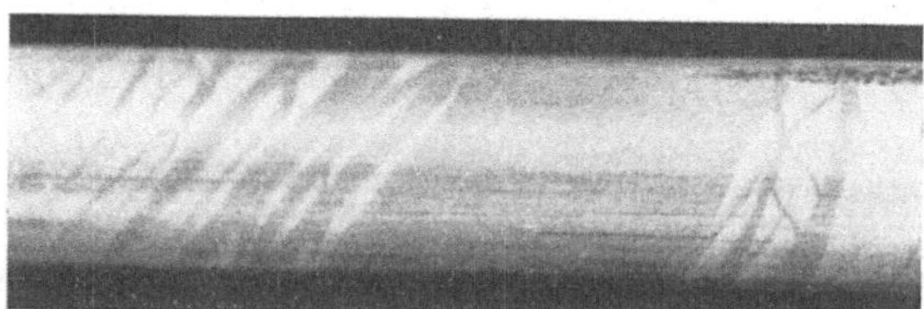

Abb. 66. Fließfiguren eines Rundstabes.

mindestens einzuhalten. Ist die Bruchlast erreicht, so sinkt der Wagehebel ab. Bei andersartig ausgebildeten Kraftmessern bleibt der Zeiger der Ablesungsvorrichtung einen Augenblick stehen und geht danach zurück. Der Stab schnürt entsprechend seiner Zähigkeit an einer,

---

[1]) Die Fließfiguren lassen erkennen, daß die Spannungsverteilung im Innern der Probestäbe nicht gleichmäßig ist. Zeigen sich Fließfiguren an Konstruktionsteilen eines Bauwerks oder einer Maschine, so sind sie gewissermaßen Warnungszeichen, die darauf hindeuten, daß die betreffenden Teile zu hoch beansprucht werden und dementsprechend zur Vermeidung von Unfällen und sonstigem Schaden zu verstärken sind.

seltener an mehreren Stellen ein, reißt aber erst, wenn die Zähigkeit überwunden ist. Die dieser Last entsprechende Zerreißspannung σ_Z, die, auf den ursprünglichen Querschnitt bezogen, kleiner ist als die Bruchspannung, wird im allgemeinen nicht bestimmt. Die Bruchfläche ist

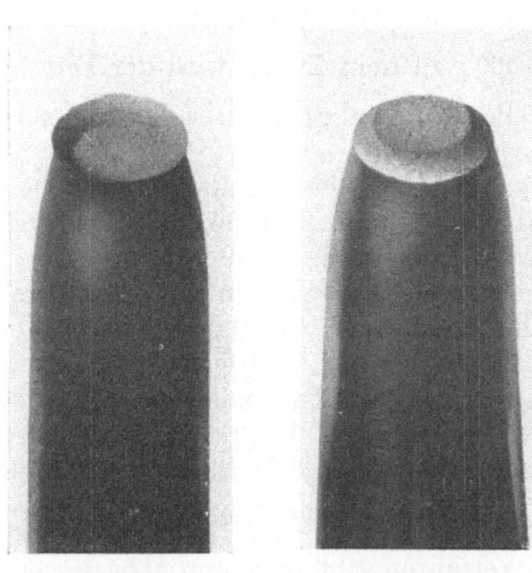

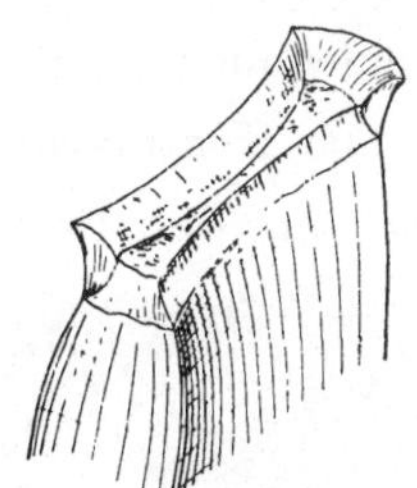

Abb. 68.
Flachstabbruchfläche.

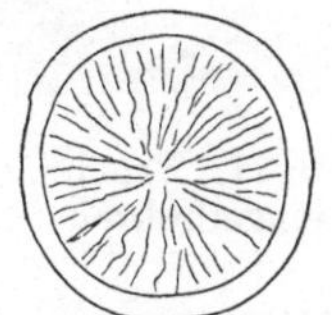

Abb. 67.
Trichterförmige Bruchbildung.

Abb. 69. Bruchfläche
ohne Fehlstelle.

charakteristisch für den Werkstoff und daher für seine Beurteilung von Bedeutung. Zähe Werkstoffe (Blei) ziehen sich nahezu zu einer Spitze aus, spröde Werkstoffe (Gußeisen, Stahl) haben meistens ebene Bruchflächen. Das Gefüge der Bruchfläche ist grobkörnig (Gußeisen) oder feinkörnig (Stahl). Flußeisen hat kurzschuppiges oder feinschuppiges Gefüge. Manche Werkstoffe haben keine ausgeprägte Gefügeform (Glas). Der Bruch beginnt in der Mitte des Querschnitts, während die äußeren Fasern, vorausgesetzt, daß es sich um zähen Stoff handelt, noch gezogen werden und so die Trichterbildung herbeiführen. Abb. 67 und 68. Bei strahlenförmiger Brucherscheinung gehen die Strahlen gewöhnlich von der Mitte, andernfalls von einer Fehlstelle aus (vgl. Abb. 69 und 70). Außergewöhnliche Bruchflächenbildungen deuten auf Ungleichförmigkeit im Werkstoff. Daß bei Zugversuchen nicht nur axiale, sondern auch radiale Spannungen auftreten, läßt Abb. 71 erkennen. Sie stellt die Bruchfläche eines eingedrehten Stabes dar. Auf der blanken Drehfläche sind schräg nach innen verlaufende Fließfiguren entstanden, ein Zeichen

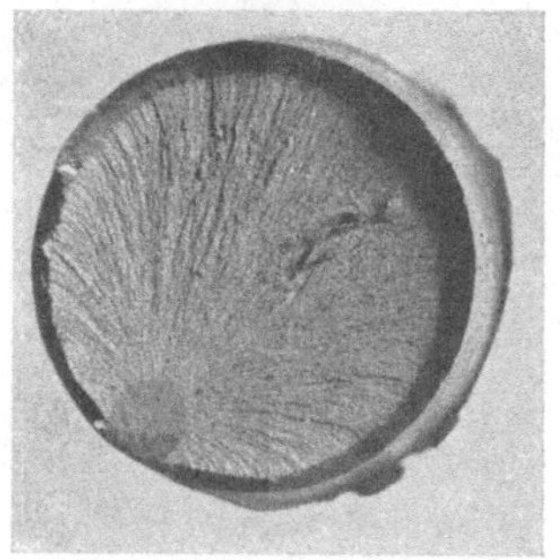

Abb. 70.
Bruchfläche mit Fehlstelle.

dafür, daß starke radiale Kräfte selbst außerhalb der Bruchfläche ausgeübt wurden.

Bei dem geschilderten Versuch werden rechnerisch ermittelt die Streckgrenze $\sigma_S = \dfrac{P_S}{f}$, die Bruchgrenze $\sigma_B = \dfrac{P_B}{f}$, ferner $\dfrac{\sigma_S}{\sigma_B} \cdot 100$, die Bruchdehnung δ und die auf den ursprünglichen Stabquerschnitt bezogene Kontraktion $q = \dfrac{f - f_1}{f} \cdot 100$; zu dem Zweck wird der Durchmesser an der Einschnürungsstelle des Stabes mittels Mikrometerschraube gemessen.

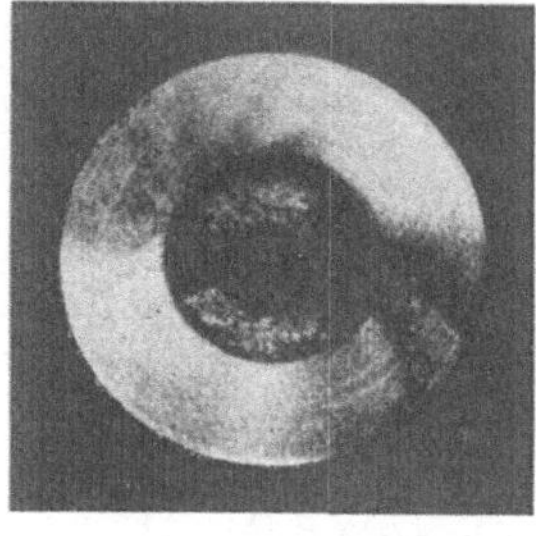

Abb. 71. Bruchfläche eines eingedrehten Stabes.

Die prozentuale Bruchdehnung δ ist neben der Zugfestigkeit ein Maß für die Güte des Materials. Je größer die Dehnung, um so zäher ist das Material. Sie wird in der Praxis gewöhnlich so bestimmt, daß man die Meßlänge, die vor dem Versuch 20,0 cm betrug, nach dem Versuch, in diesem Fall vielleicht $= 24{,}4$ cm, feststellt, indem man die Bruchflächen der zerrissenen Probe gegeneinander legt und

$$\delta = \frac{24{,}4 - 20{,}0}{20{,}0} \cdot 100 = 22\% \text{ errechnet.}$$

Dies Verfahren gibt nur dann nahezu richtige Werte, wenn die Bruchstelle innerhalb des mittleren Drittels der Meßlänge liegt. Sobald sie außerhalb desselben liegt, können Fehler von mehreren Prozent entstehen. Dies erklärt sich daraus, daß sich das Teilungsintervall t im mittleren Stabteil stärker dehnt als in der Nähe des Stabkopfes, weil hier infolge der Einspannung Reibungswiderstände auftreten, die der Dehnung entgegen wirken. Denkt man sich

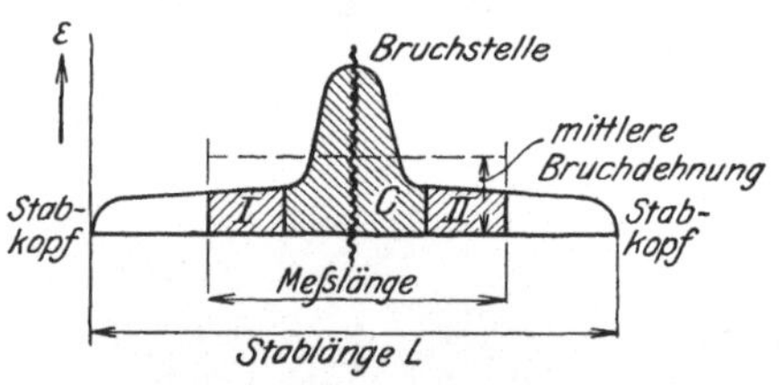

Abb. 72. Dehnungskurve.
(Bruch in der Stabmitte.)

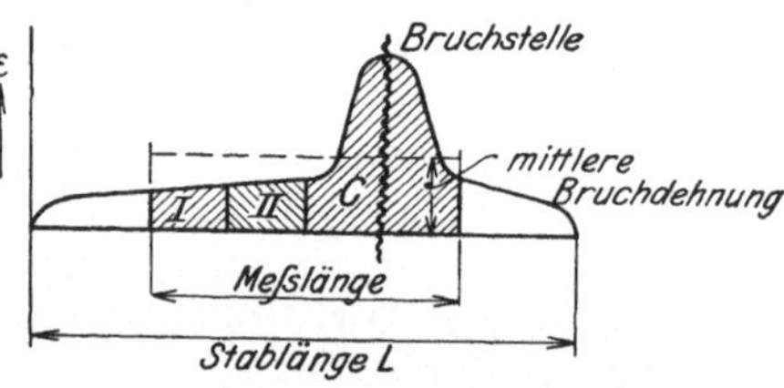

Abb. 73. Dehnungskurve.
(Bruch außerhalb der Stabmitte.)

die Dehnungen ε der Stabelemente $\varDelta L$ als Ordinaten über den Abszissen L aufgetragen, so erhält man Abb. 72, wenn der Stab in der Mitte, und Abb. 73, wenn er außerhalb der Mitte gerissen ist. Die große Ausbuchtung an der Bruchstelle erklärt sich durch die hier entstandene starke Querschnittsverminderung und die damit zusammenhängende stärkere Dehnung.

In der graphischen Darstellung stellt die mittlere Ordinate über der Meßlänge die Bruchdehnung dar. Diese Ordinate ist in Abb. 72 größer als in Abb. 73, da der Inhalt der schraffierten Fläche in Abb. 72 größer als derjenige in Abb. 73 ist, obgleich die Ordinaten an der Bruchstelle gleich sind. Dies ergibt sich aus folgender Überlegung: Unterteilt man die beiden schraffierten Flächen in 3 Abschnitte, von denen die beiden an der Bruchstelle liegenden und mit C bezeichneten inhaltsgleich sind, so ist in Abb. 72 *Fl. I = Fl. II*, während in Abb. 73 *Fl. II > Fl. I* ist. Da aber auch die Abschnitte *II* in beiden Abbildungen gleich sind, so folgt, daß *Fl. I* in Abb. 73 kleiner ist als *Fl. I* in Abb. 72, wodurch der Gesamtinhalt der schraffierten Fläche in Abb. 73 kleiner wird als der in Abb. 72.

Diese Verringerung der Bruchdehnung wurde, wie bereits erwähnt, dadurch hervorgerufen, daß der Bruch nicht in der Mitte erfolgte. Um dennoch vergleichbare Ergebnisse zu erzielen, berechnet man die Bruchdehnung in der Weise, daß man sich die Bruchstelle in die Mitte der Meßlänge verlegt denkt. Dieses Verfahren gründet sich darauf, daß die Dehnungen symmetrisch zur Bruchstelle gleich groß sind (vgl. Abb. 72). Da die Meßlänge 20 Teilintervalle hat, so denkt man sich zur Bestimmung der Dehnung die Teilstriche 0 bis 20, von einem Ende der Meßlänge ausgehend, bezeichnet.

Die Dehnung wird einmal über 10, das andere Mal über 20 Teilintervalle gemessen. Im ersten Falle mißt man von der Bruchstelle aus 5 Intervalle auf beiden Seiten ab, also wenn der Stab zwischen dem 4. und 5. Intervall gerissen ist (Abb. 74), von 5 bis 10 auf der einen Seite und von 5 bis 0 auf der anderen Seite. Als Ausgangspunkt wird Teilstrich 5 gewählt als der der Bruchstelle am nächsten liegende Teilstrich. Man hat hierbei eine Strecke gemessen, die vor der Dehnung beim Normalstab 10 cm betrug. Wenn sich jetzt eine Länge von 12,97 cm ergibt, so ist die Dehnung $\delta_{5,65} = 29,7\%$.

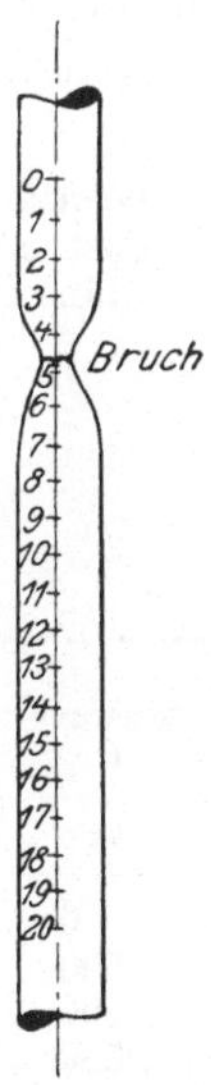

Im zweiten Fall werden je 10 Teile nach beiden Seiten von der Bruchstelle ab gemessen. Da jedoch nach der Nullseite zu nur 5 Teile vorhanden sind, so werden die fehlenden Teile von der anderen Seite entnommen, und zwar die der fehlenden symmetrischen Teile 10—15. Die Messung erstreckt sich demnach über folgende Strecken:

Teilstrich 5—15 (10 Intervalle unterhalb des Bruches),
Teilstrich 0—5 (5 Intervalle oberhalb des Bruches),
Teilstrich 10—15 (5 Intervalle unterhalb des Bruches).

Beträgt die Summe 24,65 cm, so ist die Dehnung

$$\delta_{11,3} = \frac{24,65 - 20,0}{20,0} \cdot 100 = 23,3\%,$$

also um 6,4% geringer als die auf nur 5 Teilintervalle bezogene Dehnung. Dies erklärt sich dadurch, daß die sehr große Dehnung an der Bruchstelle das Ergebnis stark beeinflußt. Die Bezeichnungen $\delta_{5,65}$ und $\delta_{11,3}$ sind entsprechend gewählt für die 10 und 20 Intervalle ($5,65\sqrt{f}$ und $11,3\sqrt{f}$) der Proportionalteilung. Praktisch wird die Messung in der Weise durchgeführt, daß man zunächst von der dicht neben dem Teil-

Abb. 74. Erläuterungsfig. zur Dehnungsbestimmung.

strich *5* liegenden Bruchfläche bis zum Teilstrich *15* mißt. Sodann wird von der Bruchfläche bis zur Marke Null und von *10—15* gemessen.

Vergleicht man die 3 für die Dehnung erhaltenen Werte, so gibt die gewöhnliche Messung vom Bruch bis zu den beiden Endmarken $\delta = 22\%$, die Zehnteilung, gemessen 5 Intervalle links und rechts vom Bruch, $\delta_{5,65} = 29,7\%$ und die Zwanzigteilung $\delta_{11,3} = 23,3\%$ Dehnung. Die in der Praxis übliche Meßmethode ergibt zu kleine Werte. Ferner ersieht man, daß die Dehnungswerte sehr von der Meßlänge abhängen, und daß auch dann Fehler entstehen, wenn die Stabköpfe zu nahe an die Grenzen der Meßlängen heranreichen. Aus all diesen Gründen ist die Form der Normal- und Proportionalstäbe gewählt.

Beispiel: Zugversuch mit einem Normalrundstab (Grobmessung).

Protokoll.

Werkstoff: Flußeisen.
Zustand: Anlieferung.
Abmessungen: Gesamtlänge $L = 41,0$ cm.
             Durchmesser $d = 2,01$ cm.
             Querschnitt $f = 3,18$ qcm.
             Gebrauchslänge $l_g = 22,0$ cm.
             Teilungslänge $l = 11,3 \sqrt{f} = 11,3 \sqrt{3,18} = 20,0$ cm.
             Teilungsintervall $l_t = \dfrac{l}{20} = 1,0$ cm.

Belastung P	Spannung $\sigma = \dfrac{P}{f}$	Dehnung für 10 cm Meßlänge	Bemerkungen
kg	kg/qcm	%	
0	0	0	
500	157	0	
1500	472	0	
2500	786	0	
3500	1100	0	
4500	1415	0	Der Durchmesser an der Bruchstelle
5500	1730	0	des Stabes ist $= 1,395$ cm und demnach
6500	2040	0,1	der verminderte Querschnitt $f_1 = 1,53$ qcm.
6750	2120	0,1	
S 6780	2140	Fließen	
7500	2360	1,3	
—	—	—	
B 13690	4320	Bruch	

Nach vorstehendem Protokoll liegt die Streckgrenze bei $P_S = 6780$ kg, die Bruchgrenze bei $P_B = 13\,690$ kg. Demnach ist

$$\sigma_S = \frac{6780}{3,18} = 2140 \text{ kg/qcm}; \qquad \sigma_B = \frac{13\,690}{3,18} = 4320 \text{ kg/qcm};$$

$$\frac{\sigma_S}{\sigma_B} \cdot 100 = 50\,\%; \qquad q = 100 \left(\frac{f - f_1}{f}\right) = 100 \cdot \left(\frac{3,18 - 1,53}{3,18}\right) = 52\,\%.$$

Der Stab riß zwischen den Teilstrichen *10* und *11*.

Ausgemessen wurden demnach folgende Längen:

      9 *Intervalle* von 11 ab nach der einen Seite . 11,23 cm
      hierzu Strecke 10—11 . . . . 1,12 cm
      10 Intervalle nach der anderen Seite . . . . . 12,30 cm
                        zusammen   24,65 cm

Mithin ist die prozentuale Dehnung nach dem Bruch

$$\delta_{11,3} = \frac{24,65 - 20,0}{20,0} \cdot 100 = 23,3\%.$$

Mitunter ist es wünschenswert, das Arbeitsvermögen eines Werkstoffs zu bestimmen. Dies soll in dem folgenden Beispiel durchgeführt werden.

Beispiel: Zugversuch mit einem Normalrundstab.

Protokoll.

Werkstoff: Flußeisen.
Zustand: Geglüht.
Abmessungen: Durchmesser $d = 2,00$ cm.
              Querschnitt $f = 3,14$ qcm.
              Gebrauchslänge $l_g = 22,0$ cm.
              Teilungslänge $l = 20,0$ cm.
              Meßlänge $l_m = 15$ cm.
              Teilungsintervall $l_t = 1,0$ cm.
              Kraftmeßvorrichtung: Neigungswage.

| Belastung | Spannung | Längenänderungen | | $\lambda = \sum \Delta \Lambda$ | $\varepsilon = \dfrac{\lambda}{l_m}$ | Bemerkungen |
| | $\sigma = \dfrac{P}{f}$ | Ablesungen Λ | $\Delta \Lambda$ | | | |
t	kg/qcm	cm · 10^{-2}	cm · 10^{-2}	cm · 10^{-2}	10^{-3}	
0	0	0	0	0	0	
1	318	1	1	1	1	
2	637	1	0	1	1	
3	955	1	0	1	1	
4	1274	1	0	1	1	
5	1592	2	1	2	1	
6	1910	2	0	2	1	
7	2229	2	0	2	1	
8	2548	2	0	2	1	
S 8,44	2688	30	28	30	20	Der Zeiger der
9	2865	41	11	41	27	Kraftanzeige
10	3183	63	22	63	42	sinkt ab.
11	3500	99	36	99	66	
12	3820	151	52	151	100	
B 12,9	4107	413	262	413	276	

Oberfläche des Stabes nach dem Bruch: Matt, krispelig.
Form der Bruchfläche: Trichterartig.
Farbe der Bruchfläche: Mattgrau.
Gefüge der Bruchfläche: Kern kurzschuppig, am Rande feinschuppig, glänzend.
Dehnung nach dem Bruch:

$$\delta_{5,65} = 36,4\%,$$
$$\delta_{11,3} = 30,1\%,$$
$$\delta \quad = 29,4\%.$$

Querschnittsverminderung: $q = 35\%$.
Bestimmung des Arbeitsvermögens: Man zeichnet das Diagramm der Belastungskurve auf und verfährt wie auf S. 6 u. 52 angegeben (Abb. 75).
Man erhält für Rechteck I $= 2688 \cdot 0,276 = 742$
                      II $= \ \ 814 \cdot 0,234 = 190$
                 III $= \ \ 605 \cdot 0,176 = \underline{107}$
                             $A = 1039$ cmkg/ccm.
Daraus
Daraus erhält man unter Berücksichtigung des spezifischen Gewichts 7,85 den Wert $A = 132$ cmkg/g.

4*

Versuch mit Feinmessung.

Zunächst sind die folgenden Vorbereitungen zu treffen: Feststellung der Stababmessungen, Anbringung der Teilungsintervalle (s. Aufgabe S. 9) und Einspannen des Stabes in die Maschine.

Bedienung und Handhabung der Martensschen Spiegelapparate werden durch die Einhaltung der von Memmler gegebenen Richtlinien wesentlich erleichtert:

Ansetzen der beiden Meßfedern an zwei gegenüberliegenden Mantellinien des Stabes und Anbringung der Federklemme.

Einsetzen der Spiegelapparate, wobei die Federn nacheinander senkrecht zur Stabachse vom Stabe abzuheben sind, und Ausrichten der Apparate (s. S. 38).

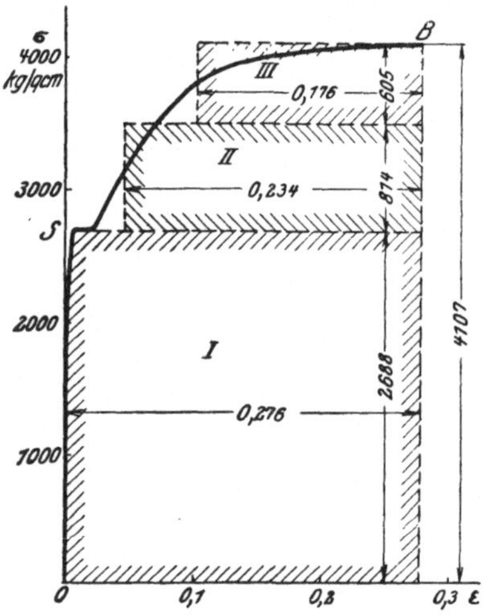

Einstellen der Fernrohrfadenkreuze auf die Mitte der Spiegel und Ansetzen der Millimeterskalen unter Berücksichtigung der etwa bis zur Streckgrenze zu erwartenden Dehnung.

Stab so weit drehen, bis die Spiegelbilder der Skalen symmetrisch zu den Fernrohren stehen.

Belastung des Stabes mit der Nullast, um seine Bewegung im Raume zu verhindern.

Durch Drehen der an den Spiegelapparaten befindlichen Stellschrauben die Skalenbilder in das Gesichtsfeld der Fernrohre bringen.

Einstellung des vorgeschriebenen Skalenabstandes von den Spiegeln mittels Meßlatte.

Abb. 75. Bestimmung des Arbeitsvermögens.

Durch Kippen der Spiegel um die Längsachse die Nullmarken der Skalen auf den Ablesefaden des Fadenkreuzes im Fernrohr einstellen.

Die Übersetzung der Spiegelapparate ist 1 : 500, d. h. eine Zunahme der Skalenablesung um 1 mm entspricht $^1/_{500}$ mm $= ^1/_{5000}$ cm Dehnung des Stabes. Da $^1/_{10}$ mm geschätzt wird, so entspricht die Ableseeinheit $^1/_{50000}$ cm.

Schätzungsweise Berechnung der Bruchlast $\sigma_B \cdot f$ und der Streckgrenze $\sigma_S \cdot f$. In dem folgenden Beispiel sei $\sigma_B = 4000$ kg/qcm geschätzt, dann ist $P_B = 4000 \cdot f$ kg. Die Größe der Laststufen wählt man zweckmäßig $\sim \dfrac{P_b}{12}$ bis zur Proportionalitätsgrenze. Sodann weiteres Steigern der Belastung in kleineren Stufen bis zur S-Grenze, die mit den Spiegelapparaten sehr genau festzustellen ist. Da hier bei gleichbleibender Last eine Zeit lang Wandern der Skalenbilder eintritt, so nimmt man die Spiegel nach Erreichen der S-Grenze ab. Sodann wird die Last allmählich bis zum Bruch des Stabes gesteigert.

Beispiel: Zugversuch mit einem Normalrundstab (Feinmessung).

Protokoll.

Werkstoff: Flußeisen.
Zustand: Geglüht.
Abmessungen: Gesamtlänge $L = 40$ cm.
      Durchmesser $d = 2,00$ cm.
      Querschnitt $f = 3,14$ qcm.
      Gebrauchslänge $l_g = 22,0$ cm.
      Teilungslänge $l = 11,3 \sqrt{f} = 11,3 \sqrt{3,14} = 20,0$ cm.
      Meßlänge zwischen den Schneiden der Meßfeder $l_m = 10$ cm.
      Teilungsintervall $l_t = 1,0$ cm.

| Belastung | | Fernrohr-ablesungen | | Summe der Ab-lesungen ΣA | Zu-nahme ΔA | $\lambda = \Sigma \Delta A$ | $\varepsilon = \dfrac{\lambda}{l_m}$ | $\Delta \varepsilon$ | $\alpha = \dfrac{\Delta \varepsilon}{\Delta \sigma}$ | $E = \dfrac{1}{\alpha}$ |
Gesamt P kg	Span-nung $\sigma = \dfrac{P}{f}$ kg/qcm	links $\dfrac{1}{50000}$ cm	rechts $\dfrac{1}{50000}$ cm	$\dfrac{1}{100\,000}$ cm	$\dfrac{1}{100\,000}$ cm	$\dfrac{1}{100\,000}$ cm	$\dfrac{1}{1\,000\,000}$	$\dfrac{1}{1\,000\,000}$	$\dfrac{1}{1\,000\,000\,000}$	
0	—	—	—	—	—	—	—	—	—	
1000	318	0	0	0	0	0	0	0	0	
2000	637	75	84	159	159	159	159	159	500	
3000	955	150	167	317	158	317	317	158	497	
4000	1274	225	252	477	160	477	477	160	500	
P 5000	1592	301	336	637	160	637	637	160	500	2 000 000
6000	1911	390	418	808	171	808	808	171	506	
7000	2229	470	504	974	166	974	974	166	508	
8000	2548	551	602	1153	179	1153	1153	179	518	
8500	2707	597	655	1252	99	1252	1252	99	492	
S 8800	2820	Ablesungen gehen ständig vor; Stab fließt								
B 14600	4570	Bruch								

Aus dem Protokoll geht hervor, daß

$$\sigma_S = 2820 \text{ kg/qcm}, \qquad \sigma_B = 4570 \text{ kg/qcm}.$$

Demnach ist

$$\frac{\sigma_S}{\sigma_B} \cdot 100 = 60\%.$$

Nach Feststellung des Durchmessers an der Bruchstelle ergibt sich:

$$q = \frac{f - f_1}{f} \cdot 100 = 59\%.$$

Der Stab ist bei Teilstrich 7 gerissen. Zur Ermittlung von $\delta_{5,65}$ wurden die folgenden Entfernungen in Millimeter gemessen:

   5 Intervalle von 7 ab nach der einen Seite . .   63,2
   5 Intervalle von 7 ab nach der anderen Seite . <u>71,2</u>
                     134,4

Entsprechend für $\delta_{11,3}$:

   7 Intervalle von 7 ab nach der einen Seite . .   87,5
   hierzu die Intervalle 14—17   35,4
   10 Intervalle von 7 ab nach der anderen Seite . <u>130,8</u>
                     253,7

während die unmittelbare Entfernungsmessung der Endmarken der Teilungslänge 253,3 mm ergab. Hiernach ist

$$\delta_{5,65} = 34,1\%, \qquad \delta_{11,3} = 26,8\%, \qquad \delta = 26,7\%.$$

Die Bestimmung der Dehnungszahl α bzw. des Elastizitätsmoduls E erfolgt aus dem Mittelwert des Dehnungszuwachses und dem Mittelwert des Spannungszuwachses unterhalb der Proportionalitätsgrenze.

Es ist der mittlere Dehnungszuwachs für $1000\ \text{kg} = \dfrac{160}{1\,000\,000}$ cm, der dem Mittelwert der Spannungszunahme 319 kg/qcm entspricht. Bei einer Meßlänge von 10 cm erhält man demnach

$$\alpha = \frac{\varepsilon}{\sigma} = \frac{160}{319 \cdot 10^6} = 0{,}5 \cdot 10^{-6}$$ und daraus den Elastizitätsmodul $E = \dfrac{1}{\alpha} = \sim 2\,000\,000$.

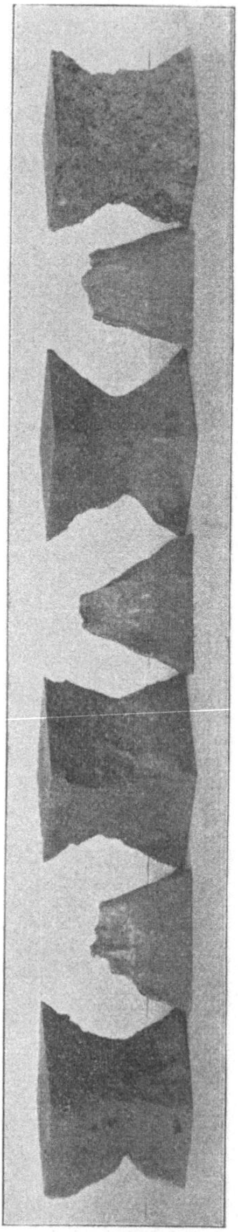

2. Druckversuche.

Die gleichmäßige Anlage der Druckflächen ist Vorbedingung. Die beiden Endflächen des Probekörpers müssen deshalb eben und parallel

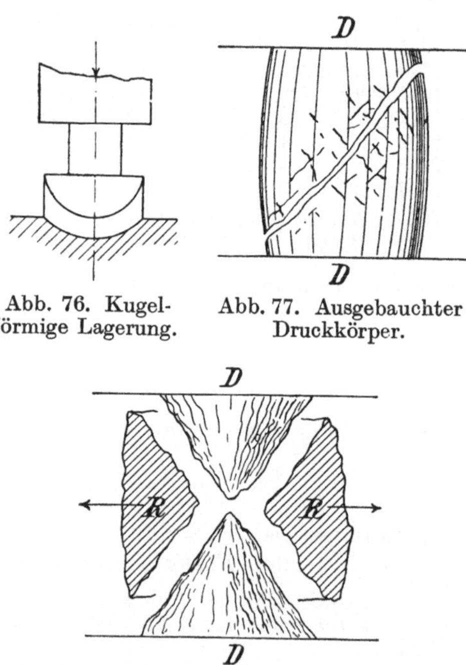

Abb. 76. Kugelförmige Lagerung.

Abb. 77. Ausgebauchter Druckkörper.

Abb. 78. Druckprobe mit Kegel und Ringbildung.

Abb. 79. Druckproben mit Pyramidenbildung.

sein sowie senkrecht zur Zylinderachse bzw. den Würfelkanten der Probe stehen. Außerdem muß die Achse des Körpers mit der Maschinenachse zusammenfallen, da dieser sonst ungleichmäßig gedrückt wird. Man wählt die kugelförmige Lagerung, um eine genaue Anpassung an die Endflächen des Probekörpers zu erreichen. (S. Abb. 76.)

Im allgemeinen mißt man bei Werkstoffen mit großem Formänderungsvermögen die Zusammendrückung nur bis zur Quetschgrenze. Spröde Werkstoffe dagegen, bei denen Quetsch- und Bruchgrenze nahezu zusammenfallen, prüft man bis zur Zerstörung.

Bei Feinmessungen müssen die Meßlängenbegrenzungen genügend weit von den Druckplatten entfernt sein, damit sich der Einfluß der Reibung an den Auflagerflächen auf das Versuchsergebnis möglichst verringert. Infolge dieser Reibung werden Körper aus sehr formänderungsfähigen Werkstoffen ausbauchen, da sie der Ausweichung an den Endflächen entgegenwirkt.

Der in Abb 77 dargestellte Bruch sowie die in der Mantelfläche unter etwa 45° zur Körperachse entstandenen Risse sind dadurch zu erklären, daß die Probe nicht genau zentrisch in die Maschine eingelegt oder das Material nicht gleichmäßig war. Bei spröden, zylindrischen Körpern bilden sich Druckkegel und bei würfelförmigen Druckpyramiden (vgl. Abb. 78 und 79).

Druckversuch mit Grobmessung.

Nach dem Ausmessen der Probe wird diese in die Maschine eingebaut. Die Fußplatte der Maschine enthält gewöhnlich zum Mittelpunkt konzentrische Kreise, die das zentrische Aufstellen der Probe erleichtern. Auch hier beginnen die Messungen von der Nullast ab. Zuvor errechnet man schätzungsweise $P_B = \sigma_B \cdot f$ sowie σ_S und nimmt Stufen zu $\sim \dfrac{P_B}{12}$.

Zur Messung der Längenänderungen benutzt man gewöhnlich einen Bauschingerrollenapparat, der die relative Bewegung der beiden Maschinenquerhäupter angibt. Die Zusammendrückung der Probe äußert sich hierbei als Weg des Preßkolbens.

Beispiel: Druckversuch mit einem Zylinder (Grobmessung).

Protokoll.

Werkstoff: Weißmetall.
Zustand: Anlieferung.
Abmessungen: Höhe $h = 2{,}81$ cm.
              Durchmesser $d = 2{,}81$ cm.
              Querschnitt $f = 6{,}20$ qcm.
              Gebrauchslänge $l_g =$ Höhe.
              Meßlänge $l =$ Höhe.

Belastung $-P$	Spannung $-\sigma = -\dfrac{P}{f}$	Ablesung A am Maßstab	Verkürzungen ΔA	Gesamtverkürzung $-\lambda = \sum \Delta A$	Dehnung $-\varepsilon = -\dfrac{\lambda}{l}$	$\alpha = \dfrac{-\varepsilon}{-\sigma}$
kg	kg/qcm	cm $\cdot 10^{-2}$	cm $\cdot 10^{-2}$	cm $\cdot 10^{-2}$	10^{-2}	10^{-5}
1 000	162	923	—	—	—	—
2 000	323	918	5	5	1,78	5,5
3 000	484	914	4	9	3,2	6,6
4 000	645	908	6	15	5,3	8,5
5 000	806	902	6	21	7,5	9,3
6 000	968	900	2	23	8,2	8,5
7 000	1129	864	36	59	21,0	18,6
8 000	1290	826	38	97	34,5	26,7
9 000	1452	784	42	139	44,9	30,9

Belastung $-P$	Spannung $-\sigma = -\dfrac{P}{f}$	Ablesung A am Maßstab	Verkürzungen $\varDelta A$	Gesamtverkürzung $-\lambda = \sum \varDelta A$	Dehnung $-\varepsilon = -\dfrac{\lambda}{l}$	$\alpha = \dfrac{-\varepsilon}{-\sigma}$
kg	kg/qcm	cm $\cdot 10^{-2}$	cm $\cdot 10^{-2}$	cm $\cdot 10^{-2}$	10^{-2}	10^{-5}
10 000	1613	733	51	180	64,2	39,7
11 000	1774	678	55	235	83,6	47,2
S 12 000	1935	619	59	294	104,5	54,1
14 000	2258	470	149	443	157,5	69,8
16 000	2581	233	237	680	242,0	93,7
18 000	2903	23	210	890	317,0	109,0
20 000	Höchstlast	—	—	—	—	—

Aufgaben.

13. Ein Normalstab aus Messing soll unter Grobmessung auf Zug geprüft werden.

Protokoll.

Werkstoff: Messing.
Zustand: Anlieferung.
Abmessungen: Durchmesser $d = 2,00$ cm.
     Querschnitt $f = 3,14$ qcm.
     Gebrauchslänge $l_g = 22,0$ cm.
     Teilungslänge $l = 20,0$ cm.
     Teilungsintervall $l_t = 1,0$ cm.

Belastung P kg	Dehnung für 10 cm Meßlänge %	Bemerkungen
0	0	
1 000	0,1	
2 000	0,2	
4 000	0,3	Streckgrenze nicht deutlich aus-
5 000	0,4	geprägt, wird bei 5300 kg ange-
S 5 300	0,5	setzt, weil die graphisch auf-
5 600	0,6	getragenen Ergebnisse erkennen
5 900	0,8	lassen, daß die Dehnung von dieser
6 200	1,1	Laststufe an stärker zunimmt als
6 500	1,4	bisher.
6 800	1,7	
7 100	2,2	
B 10 500	Bruch	

Der Versuch ergibt folgende Werte:

$$P_s = 5\,300 \text{ kg}; \quad \sigma_s = 1590 \text{ kg/qcm};$$
$$P_B = 10\,500 \text{ kg}; \quad \sigma_B = 3340 \text{ kg/qcm};$$

$$\frac{\sigma_s}{\sigma_B}\,100 = 48\%\,.$$

Mittlere Entfernung der Bruchstelle von der nächsten Endmarke $= 9,5$ cm. Bruchdehnungen sind $\delta_{5,65} = 11,7$, $\delta_{11,3} = 11,5$, $\delta = 11,5$. Die Querschnittsverminderung (Kontraktion) ergab sich durch Ausmessen zu $q = 16\%$.

14. Die Festigkeitseigenschaften von Thomasstahl sind an einer Stange von 65 mm $\varnothing$ zu bestimmen. Zu dem Zweck ist an drei verschiedenen Querschnittsstellen je ein Flachstab als Zerreißprobe zu entnehmen (s. Abb. 7).

Protokoll.

Werkstoff: Thomasstahl.
Zustand: Anlieferung.
Abmessungen: Dicke $d = 0,705$ cm.
     Breite $b = 1,59$ cm.
     Querschnitt $f = 1,12$ qcm.

Gebrauchslänge $lg = 12{,}5$ cm.
Teilungslänge $l = 12{,}0$ cm.
Teilungsintervall $l_t = 0{,}6$ cm.

Belastung P kg	Dehnung für 10 cm Meßlänge %	Bemerkungen
0	0	
500	0	
1000	0	
1500	0	
2000	0	
2500	0,1	
3000	0,1	
3500	0,1	
4000	0,2	
S 4475	Fließen	Stab dehnt stark. Streckgrenze
4900	1,5	deutlich ausgeprägt.
B 7800	Bruch	

Man erhält hieraus folgende Werte:

$$P_S = 4475 \text{ kg}; \quad \sigma_S = 3990 \text{ kg/qcm};$$
$$P_B = 7800 \text{ kg}; \quad \sigma_B = 6960 \text{ kg/qcm};$$

$$\frac{\sigma_S}{\sigma_B} 100 = 57\% .$$

Mittlere Entfernung der Bruchstelle von der nächsten Endmarke $= 5{,}0$ cm. Bruchdehnungen: $\delta_{5,65} = 17{,}4\%$, $\delta_{11,3} = 15{,}3\%$ und $\delta = 15{,}3\%$. Die Querschnittsverminderung ergab sich zu 21%.

15. Die Druckfestigkeit von Eichenholz soll in der Faserrichtung und senkrecht dazu ermittelt werden.

Protokoll.

1. Druck in Faserrichtung.
Werkstoff: Eichenholz.
Zustand: Lufttrocken.
Abmessungen: Höhe $h = 4{,}00$ cm.
                   Kanten $a \cdot b = 3{,}85 \cdot 3{,}93$ qcm.
                   Querschnitt $f = 15{,}13$ qcm.
                   Mittlere Jahrringbreite $= 0{,}152$ cm.
                   Raumgewicht $= 0{,}629$.

Belastung P kg	Zusammendrückung gemessen mit Rollenapparat $\frac{1}{5000}$ cm	Zunahme der Verkürzung $\frac{1}{5000}$ cm	Bemerkungen
400	19	—	Nullast
800	40	21	
1200	59	19	
1600	76	17	
2000	90	14	Die Gesamtbruchlast ist
2400	105	15	4340 kg und somit
2800	119	14	$\sigma_B = 287$ kg/qcm.
3200	138	19	
3600	174	36	
4000	242	68	
B 4340	Bruch	—	

2. Druck senkrecht zur Faserrichtung.
Werkstoff: Eichenholz.
Zustand: Lufttrocken.
Abmessungen: Höhe $h = 3,94$ cm.
      Kanten $a \cdot b = 3,87 \cdot 4,01$ qcm.
      Querschnitt $f = 15,52$ qcm.
      Mittlere Jahrringbreite $= 0,164$ cm.
      Raumgewicht $= 0,635$.

Belastung P	Zusammendrückung gemessen mit Rollenapparat		Bemerkungen
	$\frac{1}{5000}$ cm	Zunahme der Verkürzung $\frac{1}{5000}$ cm	
kg			
100	24	—	Nullast
200	52	28	
300	72	20	
400	93	21	
500	109	16	
600	126	17	
700	142	16	
800	162	10	
1000	206	44	
1200	258	52	
1300	320	62	
1400	510	90	
1500	1300	790	
B 2470	Bruch	—	

Hieraus ergeben sich folgende Werte:
$$P_S = 1490 \text{ kg}; \quad \sigma_S = 96 \text{ kg/qcm};$$
$$P_B = 2470 \text{ kg}; \quad \sigma_B = 159 \text{ kg/qcm}.$$
In gleicher Weise wurde die Druckfestigkeit der wassersatten Würfel in und senkrecht zur Faserrichtung wie folgt gefunden:
$$P_B = 3380 \text{ kg}; \quad \sigma_B = 210 \text{ kg/qcm}$$
und
$$P_S = 1090 \text{ kg}; \quad \sigma_S = 68 \text{ kg/qcm}.$$
$$P_B = 2200 \text{ kg}; \quad \sigma_B = 137 \text{ kg/qcm}.$$

16. Ein Hartaluminiumstab soll auf Druckfestigkeit geprüft werden.
Lösung: Aus dem Stab wurden 3 Zylinder entnommen, deren Durchmesser gleich ihrer Höhe war. Die Zusammendrückungen wurden mittels Bauschingerschen Rollenapparats als Verringerung des Abstandes der Maschinenquerhäupter in $^1/_{5000}$ cm gemessen. Die Ergebnisse sind in folgender Tabelle enthalten:

Probe-Nr.	Abmessungen			Quetschgrenze σ_s	Bleibende Zusammendrückung nach der Höchstspannung von 11 200 kg/qcm in Prozenten der ursprünglichen Höhe
	Höhe h	Durchmesser d	Querschnitt f		
	cm	cm	qcm	kg/qcm	
1	1,508	1,505	1,779	3090	59,1
2	1,513	1,506	1,781	3090	58,0
3	1,503	1,505	1,779	3090	58,2

f) Einflüsse auf die Festigkeitseigenschaften bei Zugversuchen.

1. Einfluß der Stabform.

a) Eindrehungen an zylindrischen Stäben beeinflussen die Zugfestigkeit in der Art, daß 2 Kraftäußerungen gegeneinanderwirken.

Der an die Eindrehungsstelle anschließende Stabteil von größerem Querschnitt verhindert die Dehnung des kleinsten Querschnittes, indem er in senkrechter Richtung zur Stabachse Zugspannungen auf die Längsfasern ausübt, die sowohl der Dehnung, als auch der Querschnittsverringerung entgegenwirken und dadurch die Festigkeit des Stabes erhöhen. Außerdem wird Ungleichförmigkeit in der Spannungsverteilung des eingedrehten Querschnitts hervorgerufen, weil die äußeren Fasern infolge des Übergangs vom größeren zum kleineren Querschnitt eine andere Beanspruchung erfahren als die inneren Fasern. Hierdurch wird die Festigkeit verringert. (Vgl. Abb. 71.)

Bei zähem Werkstoff z. B. Flußeisen, Schweißeisen, überwiegt der Einfluß der senkrecht zur Stabachse wirkenden Kräfte und erhöht so die Festigkeit. Ist der Werkstoff spröde, z. B. Gußeisen, so überwiegt der die Festigkeit verringernde Einfluß, weil infolge der Sprödigkeit zunächst die am stärksten beanspruchten Fasern zerreißen, was eine weitere Zerstörung des Stabes herbeiführt.

Die Versuche von Bach haben ergeben, daß bei zähem Werkstoff die Zugfestigkeit erst dann erheblich zunimmt, wenn das Verhältnis der Länge zum Durchmesser der Eindrehung (l/d) kleiner als 1 ist, also wenn $l < d$. Der Einfluß wächst mit der Tiefe der Eindrehung. Die Streckgrenze erhöht sich ähnlich wie die Zugfestigkeit.

b) Die Veränderung des Durchmessers der Zerreißstäbe beeinflußt die Versuchsergebnisse nicht wesentlich. Nach vorliegenden Versuchen scheint mit wachsendem Durchmesser geringe Festigkeitsabnahme stattzufinden. Dehnung und Querschnittsverminderung sind indessen unabhängig vom Durchmesser, wenn das Verhältnis l/d das gleiche bleibt.

c) Die Querschnittsform hat wesentlichen Einfluß auf die Versuchsergebnisse. Die Zugfestigkeit des runden Stabes ist nach Bach größer als die des rechteckigen und diese wieder größer als die des I-förmigen Stabes. Entsprechend unterscheiden sich die Streckgrenzen. Der Wichtigkeit halber sei noch einmal darauf hingewiesen, daß die Ergebnisse nur dann vergleichbar sind, wenn die Stäbe gleiche oder geometrisch ähnliche Formen haben. Die Meßlänge (Teilungslänge) der Probestäbe muß proportional der Quadratwurzel aus dem Querschnitt sein.

2. Einfluß der Zeit.

Die richtige Bewertung der Werkstoffuntersuchungen setzt die Kenntnis der ungefähren Versuchsdauer voraus, da diese den Versuch bei manchen Werkstoffen sehr beeinflußt. Verschiedenorts ergaben sich für schmiedbares Eisen und Gußeisen bei schnell durchgeführten Versuchen (Dauer etwa 2 Minuten) etwas höhere Zugfestigkeiten, aber kleinere Dehnung und Querschnittsverminderung, als bei längerer Versuchsdauer. In gleichem Sinn zeigen Kupfer und Bronzen Unterschiede, die verhältnismäßig gering sind. Dagegen verursachen höhere Temperatur und lange Versuchsdauer Festigkeitsunterschiede bis über 100%.

Große Abweichungen in der Zugfestigkeit ergaben sich für Zinkblech und gegossenes Zinn. Deshalb betont auch Martens ausdrücklich, daß Festigkeitsangaben für diese Metalle nahezu wertlos zur Beurteilung des Werkstoffes sind, wenn sie nicht bei gleicher Streckgeschwindigkeit gewonnen wurden und wenn diese Geschwindigkeit nicht gleichzeitig angegeben wird.

3. Einfluß der Temperatur.

Wie schon angedeutet, ist der Einfluß der Temperatur auf die Festigkeitseigenschaften sehr erheblich. Die im allgemeinen angegebenen Festigkeitszahlen gelten für etwa 20° C. Der Maschinenkonstrukteur muß indessen auch das Verhalten der verschiedenen Metalle bei höheren Temperaturen kennen. Für Flußeisen sind die Versuche von Martens und Rauh grundlegend geworden, die zum Teil in der Abb. 80 zusammengefaßt sind.

Temp. $t°$	Zugfestigkeit σ_B in kg/qcm	Bruchdehnung δ °/₀	Kontraktion q °/₀
− 20	4100	37	37
+ 20	3850	37	58
100	3950	22	51
200	5100	19	41
300	4750	23	23
400	3300	45	56
500	1900	66	78
600	1070	99	91

Hieraus ist zu ersehen, daß das Maximum der Zugfestigkeit bei 200° C liegt, dem ein Minimum der Bruchdehnung entspricht. Auffallend ist der Verlauf der Einschnürung, die bei 300° den kleinsten Wert aufweist, d. h. bei dieser Temperatur hat das Flußeisen seine geringste Zähigkeit. In der Praxis wird dieser Zustand als Blaubrüchigkeit (blaue Anlauffarbe) bezeichnet. Zugfestigkeit und Dehnung verlaufen entgegengesetzt, d. h. mit zunehmender Festigkeit nimmt die Dehnung zu und umgekehrt.

Für Stahlguß liegen Untersuchungen von Bach vor, deren Ergebnisse Abb. 81 versinnbildlicht.

Temp. $t°$	Zugfestigkeit σ_B in kg/qcm	Bruchdehnung δ °/₀	Kontraktion q °/₀
+ 20	4285	25,5	50,4
200	4502	7,7	15,9
300	4788	12,0	15,8
400	3984	15,3	24,1
500	2691	33,3	44,6
550	2071	39,5	49,2

Der Kurvenverlauf ähnelt dem des Flußeisens. Bei 300° liegt das Maximum der Zugfestigkeit und das Minimum der Einschnürung, während die Dehnung bei 200° den kleinsten Wert hat.

Wenn auch der Veröffentlichung der vorstehenden Versuchsergebnisse die chemische Zusammensetzung der Werkstoffe nicht beigefügt ist, so geben die Versuche doch immerhin für Durchschnittswerkstoffe wertvollen Anhalt.

Gußeisen erfährt ungefähr von 300° C ab eine erhebliche Festigkeitsabnahme. Bach hat bei Zugversuchen die folgenden Zahlen gefunden.

Temperatur t	$20°$	$300°$	$400°$	$500°$	$570°$ C
Zugfestigkeit σ_B	2362	2335	2177	1793	1230 kg/qcm
Verhältniszahl der Zugfestigkeiten, bezogen auf σ_B bei $20°$	1	0,99	0,92	0,76	0,52

Bei Bronzestäben stellte Bach zunächst geringes Ansteigen der Zugfestigkeit bis 100°, dann langsames Fallen bis 200° und von da ab starkes

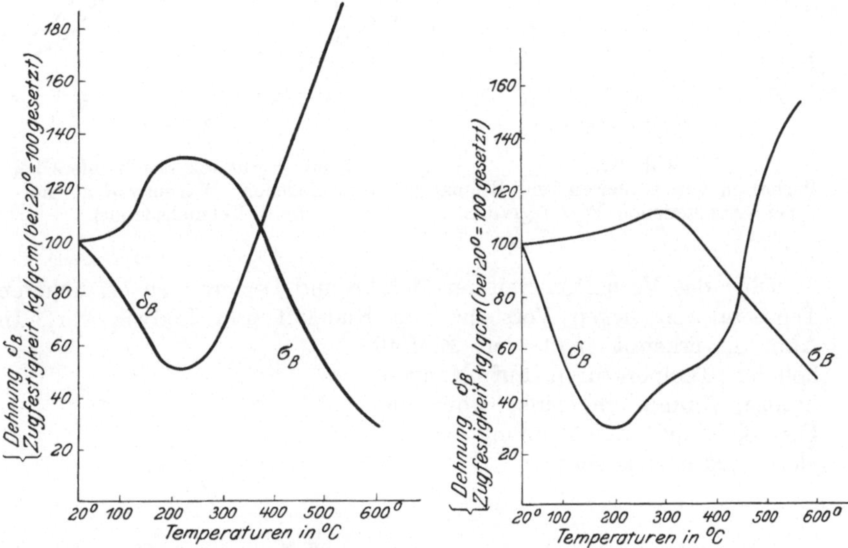

Abb. 80. Verhalten des Flußeisens bei verschiedenen Wärmegraden.   Abb. 81. Verhalten von Stahlguß bei verschiedenen Wärmegraden.

Fallen fest, während die Bruchdehnungen bis 200° langsam und von da ab sehr schnell fielen und bei 400° den Wert 0 erreichten, d. h. das vorher zähe Material war bei 400° ganz spröde geworden. Abb. 82 zeigt graphisch das Verhalten von Gußeisen und Bronze.

	$20°$	$100°$	$200°$	$300°$	$400°$	$500°$ C
Zugfestigkeit σ_B	2395	2424	2245	1368	675	441 kg/qcm
Bruchdehnung $\delta\%$	36,3	35,4	34,7	11,5	0	

Bei Kupferstäben, die der üblichen Belastungsdauer ausgesetzt sind, findet nach Rudeloff (Abb. 83), von 0° C ausgehend eine stetige und mäßige Abnahme der Zugfestigkeit bis zu ungefähr 300° statt; erst von dieser Temperatur an nehmen Zugfestigkeit, Bruchdehnung, Streckgrenze und Einschnürung rascher ab. Dagegen lassen Dauerversuche nach Stribeck (Abb. 84) erkennen, daß die Widerstandsfähigkeit schon von 200° an sehr beträchtlich sinkt. Querschnittsverminderung und -dehnung nehmen von 200° an sehr rasch ab. Daher sind kupferne Rohrleitungen für überhitzten Dampf nicht zuverlässig genug.

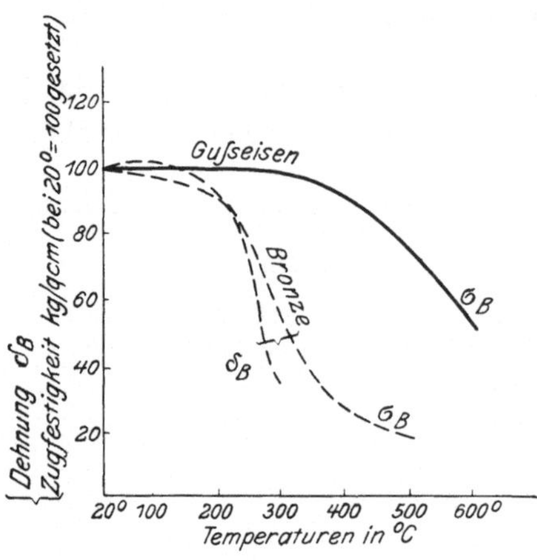

Abb. 82.
Verhalten von Gußeisen und Bronze
bei verschiedenen Wärmegraden.

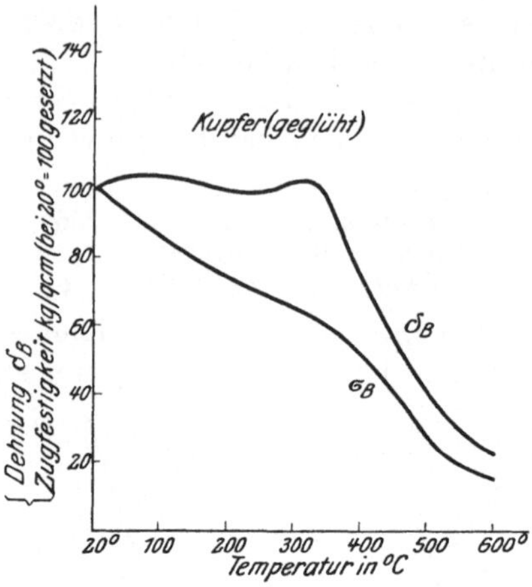

Abb. 83. Verhalten des Kupfers bei
verschiedenen Wärmegraden (normale Versuchsdauer).

Über das Verhalten weiterer Metalle und Legierungen bei höheren
Temperaturen liegen Versuche von Rudeloff und Ludwik vor. In
Abb. 85 erkennt man den Einfluß höherer Temperaturen auf Mangan-
bronze, Aluminium, Zink, wobei die Festigkeit und die Dehnung bei 20°
gleich 100 gesetzt sind.

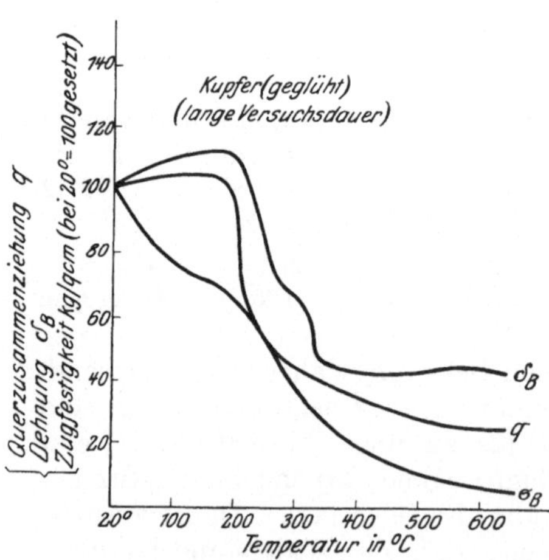

Abb 84. Verhalten des Kupfers bei
verschiedenen Wärmegraden (lange
Versuchsdauer).

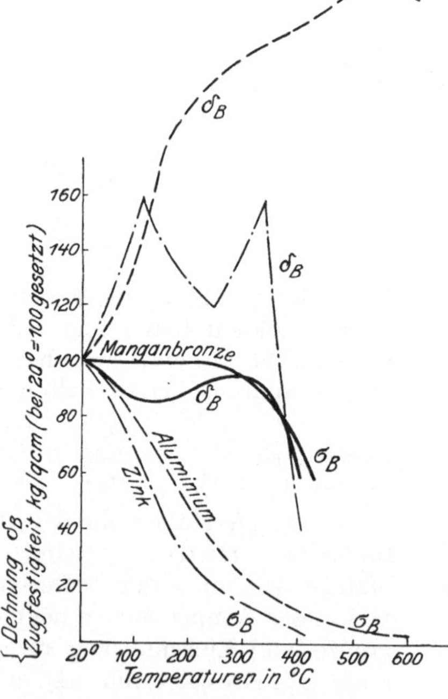

Abb. 85. Verhalten von Mangan-
bronze, Aluminium und Zink bei
verschiedenen Wärmegraden.

4. Einfluß der Bearbeitung.

a) **Kaltbearbeitung** (Hämmern, Pressen, Walzen, Ziehen) erhöht im allgemeinen die Proportionalitäts-, Streck- und Bruchgrenze, während sie eine Abnahme der Bruchdehnung und Querschnittsverminderung, d. h. der Zähigkeit des Werkstoffes zur Folge hat. Ausführliche Versuche von Bach über den Einfluß der Kaltbearbeitung bezogen sich bisher hauptsächlich auf Flußeisen, doch ist anzunehmen, daß andere Werkstoffe sich ähnlich verhalten.

Abb. 86 läßt die Erhöhung der Festigkeitszahlen durch Kaltbearbeitung im Vergleich zu denen des ausgeglühten Werkstoffes erkennen. Diese Zunahme der Werte bedeutet aber keine Verbesserung des Werkstoffs, da, wie aus der Abbildung hervorgeht, das Arbeitsvermögen nicht vergrößert, sondern verkleinert wird. Die übrigen Werte ergeben sich aus folgender Tabelle:

Werkstoff	Zugfestigkeit σ_B kg/qcm	Bruchdehnung $\delta_{5,65}$ %	Querschnittsveränderung q %	Arbeitsvermögen mkg/ccm
ausgeglüht . . .	4395	26,6	64,4	8,7
kaltgezogen . .	6589	8,8	46,4	3,3

b) **Die Wärmebehandlung** mit nachfolgender schneller oder langsamer Abkühlung zeitigt erhebliche Unterschiede der Festigkeitswerte.

Gußeisen, das langsam abgekühlt wurde, hatte größere und veränderlichere Dehnungszahlen als abgeschrecktes Gußeisen (Hartguß). So schwankten nach Bach die Werte von α bei steigender Belastung für Hartguß von $0{,}535 \cdot 10^{-6}$ bis $0{,}585 \cdot 10^{-6}$, während sie sich bei hochwertigem nicht abgeschrecktem Gußeisen von $0{,}875 \cdot 10^{-6}$ bis $1{,}834 \cdot 10^{-6}$ änderten. Stahl und Flußeisen werden durch die Art der Erwärmung und des Abkühlens stark beeinflußt. Bei Stahl ändert sich zwar die Dehnungszahl α nicht sehr stark (beim gehärteten Stahl etwas mehr als beim ungehärteten), dagegen sind die Festigkeitszahlen erheblichen Änderungen unterworfen (Abb. 87).

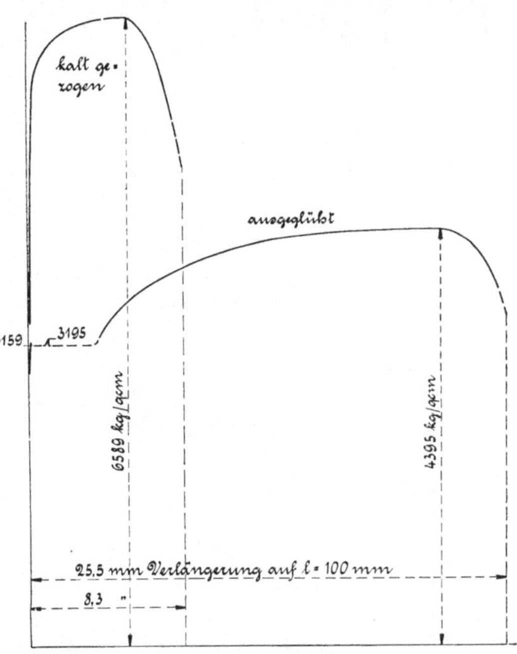

Abb. 86. Spannungskurven von kaltgezogenem und ausgeglühtem Flußeisen.

Ähnlich verhält sich Flußeisen, das in gleicher Weise behandelt wird. Bruchdehnung und Querschnittsverminderung sind beim abgeschreckten Stahl und Flußeisen kleiner als beim ausgeglühten.

Eigenartiges Verhalten zeigen Flußeisenstäbe, die durch Glühen in Einsatzpulver im äußeren Teil eine Schicht von höherem Kohlenstoffgehalt erhielten.

In Abb. 88 stellt a die Spannungskurve bei nicht eingesetztem Flußeisen und b diejenige bei eingesetztem, aber ausgeglühtem Flußeisen dar. In diesem Falle reißt der Stab unter der Belastung GG_2. Man ersieht aus den Kurven, daß der eingesetzte Stab im ausgeglühten Zustande zwar höhere Zugfestigkeit, aber kleinere Dehnung als das Kernmaterial besitzt. Daraus erklärt sich auch der frühzeitige Bruch, obgleich das Kernmaterial noch größere Dehnung ertragen hätte.

Noch ausgeprägter sind diese Verhältnisse, wenn der eingesetzte Stab

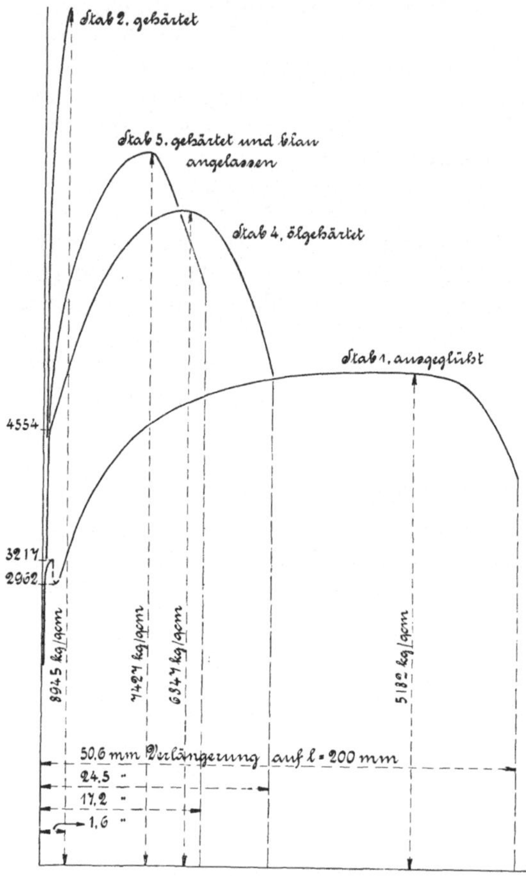

Abb. 87. Spannungskurven von verschieden behandeltem SM-Stahl.

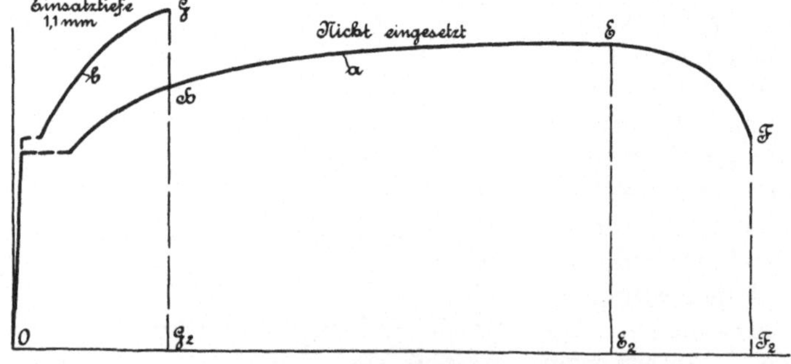

Abb. 88. Spannungskurve für ausgeglühtes, nicht eingesetztes bzw. eingesetztes Flußeisen.

gehärtet wird. Da die Dehnung der Außenschicht noch kleiner ist als im ungehärteten Zustand, reißt der Stab nach geringer Streckung ein, wodurch alsbald der vollständige Bruch verursacht wird. Aus

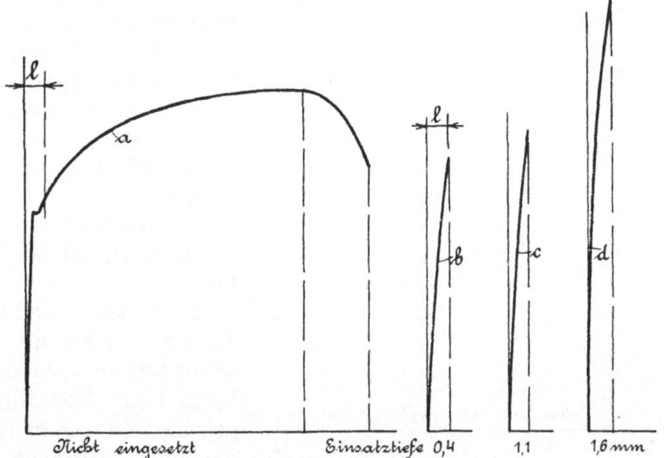

Abb. 89. Spannungskurven für abgeschrecktes nicht eingesetztes bzw. eingesetztes Flußeisen.

Abb. 89 geht hervor, daß der nicht eingesetzte Stab eine größere Zugfestigkeit hat als die mit 0,4 und 1,1 mm Einsatztiefe behandelten Stäbe. Erst bei größerer Einsatztiefe kommt die höhere Festigkeit der Außenschicht zum Ausdruck (Kurve *d*).

g) Einflüsse auf die Festigkeitseigenschaften bei Druckversuchen.

1. Einfluß der Probenform.

Mit Gußeisen angestellte Versuche ergaben, daß die Druckfestigkeit mit abnehmender Höhe der Versuchskörper zunimmt, was wohl auf die behinderte Querdehnung zurückzuführen ist. Ferner ergaben Gußeisenzylinder, deren Höhe gleich dem Durchmesser war, etwas höhere Festigkeit als Würfel, deren Kantenlänge gleich dem Zylinderdurchmesser war. Indessen ist es nicht ausgeschlossen, daß der Unterschied in der Ungleichförmigkeit des Materials begründet gewesen ist. Andererseits zeigten Versuche mit Sandstein, daß Würfel verschiedener Größe aus gleichem Material die gleiche Druckfestigkeit hatten. Im Gegensatz zur Querschnittsform hat die Höhe der Probe erheblichen Einfluß auf ihre Druckfestigkeit. Die Beziehung ist nach Bach in Abb. 90 dargestellt. Die Abbildung bezieht sich auf Gußeisenzylinder, deren Durchmesser 2,8 cm betrug und deren Höhe auf der Abszissenachse angegeben ist.

Druckversuche, die Bach mit Röhren anstellte, hatten das eigenartige Ergebnis, daß die Festigkeit des Werkstoffs nicht ausgenutzt wurde, wenn die Rohre im Verhältnis zum Durchmesser zu dünn-

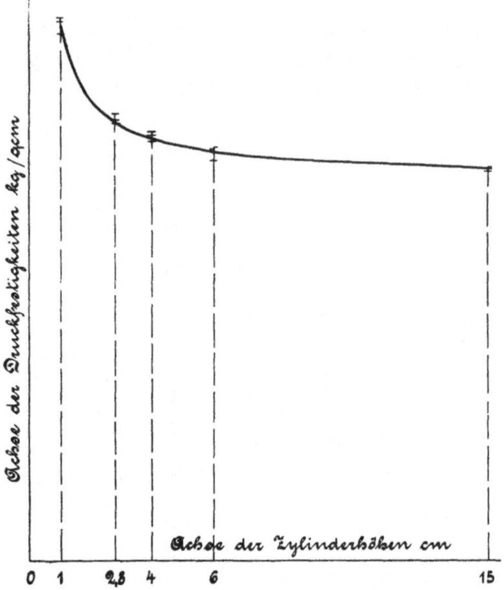

Abb. 90. Abhängigkeit der Druckfestigkeit von der Höhe des Druckzylinders (Gußeisen).

wandig waren. Soll die Widerstandsfähigkeit des Hohlzylinders erst beim Erreichen der Quetschgrenze erschöpft sein, so muß die Wandstärke $^1/_{65}$ des mittleren Durchmessers betragen. Um eine gewisse Sicherheit zu haben, ist es zweckmäßig, die Verhältniszahl höher zu wählen, so daß

$$\frac{\text{Wandstärke}}{\text{mittl. Durchmesser}} \geqq \frac{1}{17}$$

ist.

Interessant sind auch die Druckversuche mit Rohrabschnitten aus Flußeisen, die längs einer Mantellinie aufgeschnitten und in Richtung der Achse gedrückt wurden. Gegenüber den nicht aufgeschlitzten Rohren ergaben sich Festigkeitsabnahmen von rd. 25% an der Quetschgrenze und rd. 15% an der Bruchgrenze.

2. Einfluß von Druckflächen, die nur einen Teil der Querschnittsflächen ausmachen.

Bauschinger prüfte Sandsteinwürfel nach Abb. 91, bei denen die Kanten der Stirnfläche abgeschrägt waren. Die Ergebnisse zeigen, daß sich die Druckfestigkeit eines solchen Körpers als zu groß ergibt, wenn

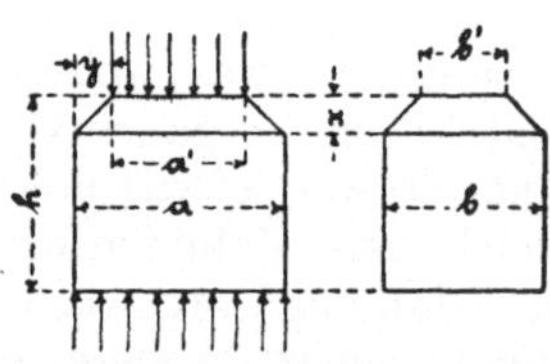

Abb. 91. Würfel mit abgeschrägten Kanten.

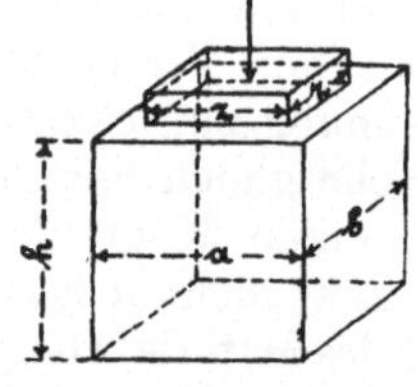

Abb. 92. Abb. 93.
Würfel mit stählernen Aufsatzprismen.

man den Querschnitt $a' \cdot b'$, und als zu klein, wenn man den Querschnitt ab der Berechnung zugrunde legt. Der Bruch selbst erfolgte in der Weise, daß von der kleineren Druckfläche aus eine Pyramide in das Material hineingetrieben wurde.

Beanspruchungen, wie sie die Abb. 92 und 93 erkennen lassen, hatten ähnliche Wirkungen, nur ist die Bruchbelastung erheblich kleiner, wenn der Druck auf beide Stirnflächen durch die Aufsatzprismen wirkt.

h) Charakteristische Zug- und Druckdiagramme.

In den vorhergehenden Abschnitten ist dargelegt worden, daß die Werkstoffe je nach ihrer Bearbeitung und Vorbehandlung verschiedene Festigkeitseigenschaften zeigen. Natürlich darf nicht übersehen werden,

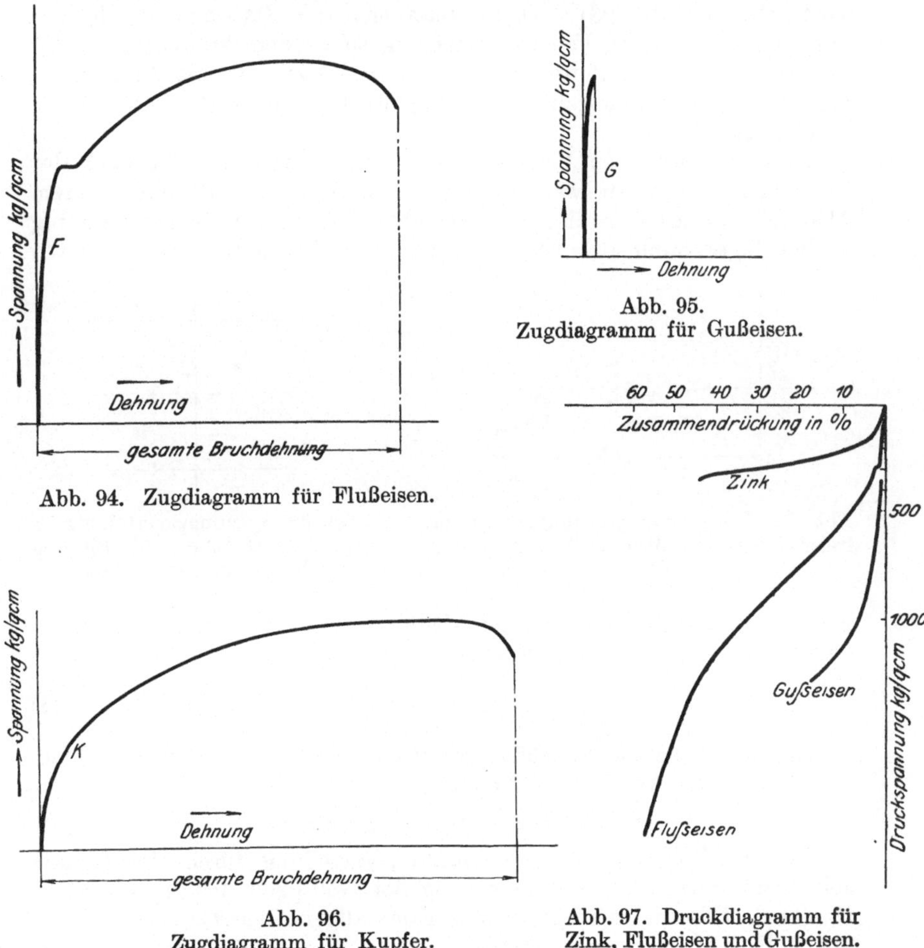

Abb. 94. Zugdiagramm für Flußeisen.

Abb. 95.
Zugdiagramm für Gußeisen.

Abb. 96.
Zugdiagramm für Kupfer.

Abb. 97. Druckdiagramm für
Zink, Flußeisen und Gußeisen.

daß auch die chemische Zusammensetzung eine große Rolle spielt. Zur vergleichsweisen Beurteilung von Werkstoffen ist es zweckmäßig, die Versuchsdiagramme der Stoffe bei normaler Temperatur (20 °C) und Zusammensetzung zu kennen. Wichtig ist hierbei die Kenntnis der ungefähren Höhe der Streck - und der Bruchgrenze. Aus dem Verhältnis $\frac{\sigma_S}{\sigma_B} \cdot 100$ läßt sich dann ein Schluß ziehen auf die Zähigkeit des Werkstoffes. Vorstehend sind Diagramme einiger wichtiger Werkstoffe dargestellt (Abb. 94—97).

III. Biegeversuch (stoßfrei ansteigende Belastung).

a) Theoretische Grundlagen.

Ein an einem Ende eingespannter wagerecht liegender Stab, der durch die Kraft P am freien Ende senkrecht zur Stabachse belastet ist, wird gebogen (Abb. 98). Denkt man sich den Stab aus parallel zur Längsachse liegenden Fasern bestehend, so werden die oberen infolge der Biegung verlängert und die unteren verkürzt, während die mittlere Faserschicht nur gebogen wird. Sie wird als neutrale Faserschicht bezeichnet.

Unter der weiteren Voraussetzung, daß die Querschnitte nach der Biegung eben bleiben, wachsen die Spannungen proportional mit dem Abstand von der neutralen Faserschicht. Es sei σ_x die Faserspannung an beliebiger Stelle des Querschnitts, σ die Spannung der äußersten

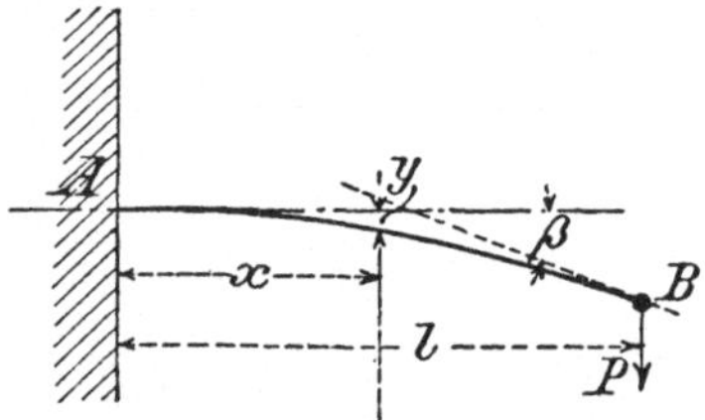

Abb. 98. Einseitig eingespannter und am freien Ende auf Biegung beanspruchter Stab.

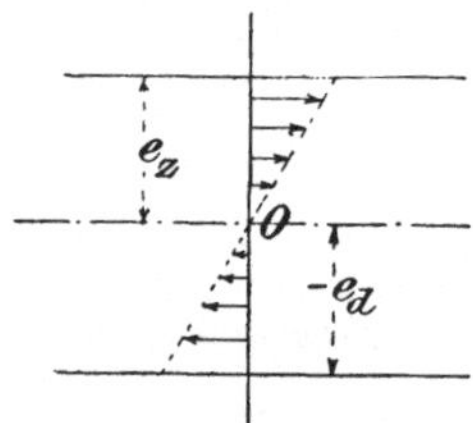

Abb. 99. Spannungsverteilung im Querschnitt eines auf Biegung beanspruchten Stabes.

Faser, η und e die entsprechenden Abstände der Fasern von der neutralen Faser, so besteht die Beziehung

$$\sigma_x = \frac{\sigma}{e} \cdot \eta \quad\ldots\ldots\ldots\ldots\ldots \quad (1)$$

Die Spannung ist am größten in den äußersten Schichten des Querschnitts in den Abständen (Abb. 99)

$$\eta = e_z \quad \text{und} \quad \eta = e_d \quad\ldots\ldots\ldots\ldots \quad (2)$$

In der Abbildung ist die Spannungsverteilung durch eine Gerade gekennzeichnet, unter Voraussetzung der Gültigkeit des Hookeschen Gesetzes. Gilt dieses nicht, sondern das allgemeinere Gesetz $\varepsilon = \alpha \cdot \sigma^m$ wie z. B. bei Gußeisen, so biegt die Linie von der Geraden nach der Vertikalen zu ab.

Das durch die äußere Kraft hervorgerufene innere Moment der Faserspannungen ist ausgedrückt durch

$$M = \sigma \cdot \frac{J}{e} = \sigma W \quad\ldots\ldots\ldots\ldots \quad (3)$$

worin J das Trägheitsmoment und W das Widerstandsmoment des Querschnitts bedeuten. Daraus ergeben sich die äußeren Faserspannungen

$$+\sigma = \frac{M}{J} e_z; \quad -\sigma = -\frac{M}{J} e_d \quad\ldots\ldots\ldots \quad (4)$$

Von Interesse sind ferner die Durchbiegungswinkel, die der Stab gegen die horizontale Lage an beliebigen Punkten bildet. Wird Abb. 98 der Betrachtung zugrunde gelegt, so erhält man für einen Punkt in der Entfernung x von der Einspannung den Durchbiegungswinkel β aus

$$\operatorname{tg}\beta = \frac{\alpha}{J} P \cdot \left(l - \frac{x}{2}\right) x \quad\ldots\ldots\ldots\ldots \quad (5)$$

oder für die Entfernung l aus

$$\operatorname{tg}\beta = \frac{\alpha}{2J} P l^2 = \frac{P l^2}{2 E J} \quad\ldots\ldots\ldots\ldots \quad (6)$$

Hierin bedeutet α die Dehnungszahl. Da β ein kleiner Winkel ist, kann man β statt $\operatorname{tg}\beta$ setzen, also

$$\beta = \frac{\alpha}{2J} \cdot P l^2 = \frac{P l^2}{2 E J} \quad\ldots\ldots\ldots\ldots \quad (7)$$

Die Durchbiegung δ am Ende B ist

$$\delta = \frac{\alpha}{J}\frac{P l^3}{3} = \frac{P l^3}{3 E J} \quad\ldots\ldots\ldots\ldots \quad (8)$$

und unter Berücksichtigung, daß nach Gl. 3: $M = P \cdot l = \sigma \dfrac{J}{e}$,

$$\delta = \frac{1}{3}\frac{\sigma l^2}{E \cdot e} \quad\ldots\ldots \quad (9)$$

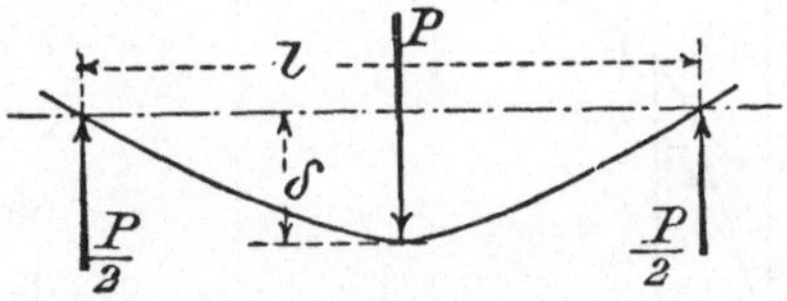

Abb. 100. An beiden Enden gelagerter und in der Mitte auf Biegung beanspruchter Stab.

Für den Biegeversuch verwendet man gewöhnlich einen auf 2 Stützen aufgelegten Probestab, der in der Mitte durch die Kraft P beansprucht wird. In diesem Falle kann man sich den Stab in der Mitte eingespannt und an den beiden Auflagen mit $\dfrac{P}{2}$ in entgegengesetzter Richtung beansprucht denken (s. Abb. 100). Das durch die Kraft P hervorgerufene Moment ist dann

$$M = \frac{P}{2}\cdot\frac{l}{2} = \frac{P l}{4} \quad\ldots\ldots\ldots\ldots \quad (10$$

Setzt man diesen Wert in die Gl. 3: $\sigma = \dfrac{M}{J} e$ ein, so ist

$$\sigma = \frac{P l}{4}\cdot\frac{e}{J} \quad\ldots\ldots\ldots\ldots \quad (11)$$

Ferner wird nach Gl. 8

$$\delta = \frac{\alpha}{J}\cdot\frac{P}{2}\cdot\frac{\left(\frac{l}{2}\right)^3}{3} = \frac{\alpha \cdot P l^3}{48 J} = \frac{P l^3}{48 E J} = \frac{1}{12}\frac{\sigma l^2}{E \cdot e} \quad\ldots\ldots \quad (12)$$

Für praktische Berechnungen darf die Spannung σ der äußersten Faser die zulässige Biegungsspannung k_z nicht überschreiten, so daß Formel 3 übergeht in

$$M = k_b \cdot \frac{J}{e} = k_b \cdot W.$$

Außer den Biegungsspannungen, die durch die Kraft P in Richtung der Fasern hervorgerufen werden, treten senkrecht zur Faser gerichtete

Schubspannungen auf. Zu deren Erklärung denke man sich den Stab senkrecht zur Faserachse durchschnitten. Damit nun die abgeschnittenen Stabenden nicht herunterfallen, müssen die inneren Spannungen durch Kräfte ersetzt werden. Zug- und Druckkräfte genügen hierzu nicht, denn diese wirken nur in wagerechter Richtung, während die Kraft P auch eine senkrechte Verschiebung anstrebt. Es sind deshalb senkrechte Kräfte anzubringen, die den Schubspannungen entsprechen. Diese brauchen im allgemeinen nicht berücksichtigt zu werden, da ein auf Biegung berechneter Balken auch den Schubspannungen genügenden Widerstand entgegensetzt. Bei Trägern fällt das maximale Biegungsmoment stets mit der kleinsten Schubspannung zusammen.

Ähnlich wie beim Zugversuch läßt sich auch beim Biegeversuch eine Spannungskurve finden, durch die die Beziehungen zwischen Spannungen und Durchbiegungen (beim Zugversuch Dehnungen) dargestellt

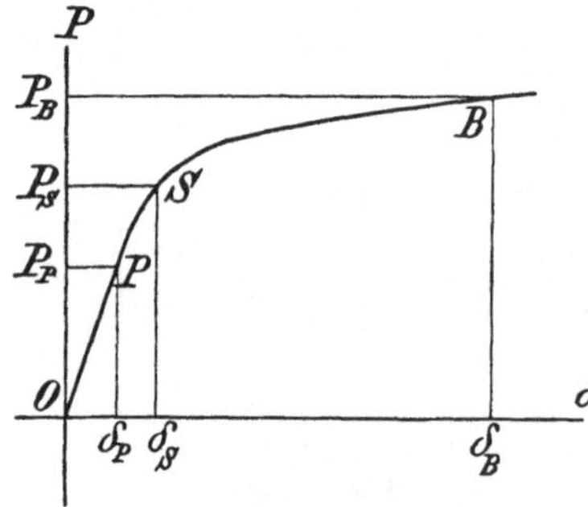

Abb. 101. Spannungskurve beim Biegeversuch.

werden. Die Kurve ähnelt der beim Zugversuch gewonnenen (s. Abb. 101). Ist α konstant, so wird die Durchbiegung $\delta = \dfrac{\alpha \cdot P \cdot l^3}{48 \cdot J}$ proportional der Kraft P.

Aber auch die Faserspannung σ ist nach Formel 11: $\sigma = \dfrac{P \cdot l \cdot e}{4 J}$ proportional der Kraft P. Daraus folgt, daß die Spannungskurve bis zur Proportionalitätsgrenze P eine Gerade ist, da σ proportional δ wächst. Von P bis zur Biegegrenze S neigt sich die Kurve etwas. Von hier ab biegt die Probe stärker durch.

Die Biegegrenze entspricht der Fließ- oder Streckgrenze der Zugprobe. Die **Bruchgrenze** B ist die Spannung, bei der der Stab bricht. Sie läßt sich jedoch nur an spröden Werkstoffen ermitteln, da sich zähe Proben gewöhnlich ohne Bruch an den Enden zusammenbiegen. Die Biegegrenze gilt mit als Maßstab für die Güte des Werkstoffs.

Aus der Gl. 12: $\delta = \dfrac{\alpha \cdot P\,l^3}{48\,J}$ ergibt sich

$$\alpha = 48 \cdot \frac{J}{l^3} \cdot \frac{\delta}{P} \quad \ldots \ldots \ldots \ldots \ldots \ldots (13)$$

Martens bezeichnet die Größe $\dfrac{\delta}{l}$ (Durchbiegung pro Längeneinheit) als **Biegungspfeil** und den von der Spannungseinheit erzeugten Biegungspfeil $\dfrac{\frac{\delta}{l}}{\sigma} = \dfrac{\delta}{\sigma \cdot l}$ als **Biegungsgröße.** Aus Gl. 12 und 11 findet man

$$\frac{\frac{\delta}{l}}{\sigma} = \frac{\alpha\, P \cdot l^2}{48\, J} \cdot \frac{4\, J}{P\, l \cdot e} = \frac{\alpha}{12} \cdot \frac{l}{e} \quad \ldots \ldots \ldots \ldots (14)$$

Hieraus folgt, daß die Biegungsgröße bis zur Proportionalitätsgrenze konstant ist.

Geometrisch ähnliche Körper haben bei gleichen Biegungspfeilen gleiche Spannungen.

Zur Erzielung vergleichbarer Ergebnisse wird deshalb empfohlen, Biegeversuche mit geometrisch ähnlichen Stabformen auszuführen.

Für die meisten Werkstoffe trifft die bisher gemachte Voraussetzung, daß $\alpha = $ const. sei, nicht zu. Desgleichen stimmen die Werte für α der Zug- und Druckseite nicht überein. Nimmt man nun weiter an, daß die Querschnittsflächen eben bleiben, so wachsen zwar die Dehnungen ε proportional ihrem Abstand von der neutralen Faser, aber die Spannungen werden sich entsprechend den Dehnungen so einstellen, wie die Diagramme für Zug- und Druckbeanspruchung erkennen lassen. Wird α innerhalb der Proportionalitätsgrenze als konstant vorausgesetzt, so liegen die Verhältnisse ähnlich, wenn die äußersten Fasern die Proportionalitätsgrenze überschritten haben (Abb. 102). Berücksichtigt man die Ungleichmäßigkeit der Zug- und Druckseite, so folgt, daß die neutrale Faserschicht nicht durch die Schwerachse des Querschnitts geht.

b) Probeentnahme. (Vgl. S. 171.)

Wie schon erwähnt, wird der Biegeversuch in der Weise durchgeführt, daß die Probe auf zwei in gleicher Höhenlage befindliche Lager gebracht und in der Mitte durch die Kraft P belastet wird (vgl. Abb. 100). Bestimmte Längen und Querschnitte sind hierbei nicht vorgeschrieben, nur ist für Vergleichszwecke das Ähnlichkeitsgesetz zu berücksichtigen (vgl. S. 8).

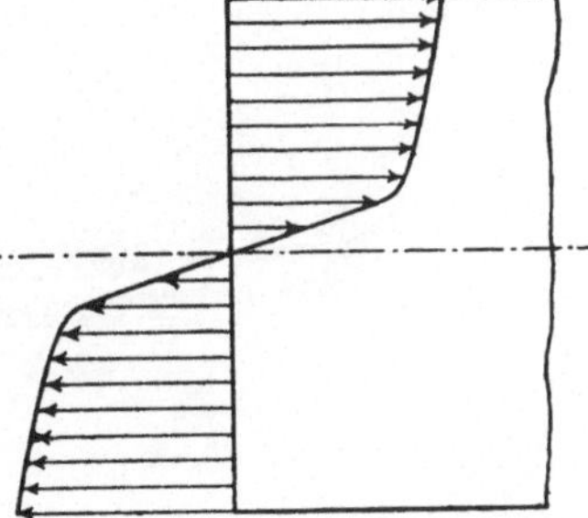

Abb. 102. Spannungsverteilung im Querschnitt eines auf Biegung beanspruchten Stabes (äußere Fasern über die Streckgrenze hinaus belastet).

Die Biegefestigkeit wird im allgemeinen an fertigen Maschinenteilen, einzelnen Trägerstücken oder ganzen Eisenkonstruktionen ermittelt. Für die Werkstoffprüfung kommt vornehmlich Gußeisen in Betracht, für dessen Prüfung vom deutschen Verband für die Materialprüfungen der Technik Vorschriften erlassen sind. Hiernach sollen Probestäbe von 3 cm Durchmesser verwendet werden, die in ungeteilten Formen stehend bei aufsteigendem Guß hergestellt sind. Für die Länge sind 65,0 cm und für die Stützweite 60,0 cm vorgeschrieben. Bei ausnahmsweiser Verwendung von Stäben mit Gußnaht ist die Prüfung so auszuführen, daß der Druck senkrecht zur Ebene der Gußnaht erfolgt (vgl. auch S. 177).

c) Maschinen für Biegeversuche.

Die Versuche lassen sich meistens auch auf den für Druckversuche (s. dort S. 17) verwendbaren Maschinen ausführen. Zur bequemen und sicheren Lagerung der Proben sind sie gewöhnlich mit verstellbaren Auflagervorrichtungen ausgerüstet. Die Maschine von Mohr & Federhaff (Abb. 103) enthält solche Vorrichtung. Abb. 104 zeigt eine eigens für Biegeversuche gebaute Maschine.

d) Meßeinrichtungen.

Die Aufzeichnung der Spannungskurve erfordert die Kenntnis der Kraft und der Durchbiegungen. Die Kraftmesser sind die gleichen wie bei den Zug- und Druckversuchen. Zum Messen der Durchbiegungen werden je nach dem Grade der geforderten Genauigkeit gewöhnliche Millimetermaßstäbe (Gleitmaßstäbe), Hebelzeiger oder Rollenapparate verwendet. Bei einfachen Messungen wird die Nullage der neutralen Faserschicht vermittels einer gespannten Schnur oder eines Lineals fest-

Abb. 103. Zerreißmaschine von Mohr & Federhaff mit eingebauter Vorrichtung für Biegeversuche.

gelegt und die Durchbiegung als Verschiebung seitlich an der Probe angebrachter Maßstäbe gegen die Nullage gemessen. In ähnlicher Weise wird die Durchbiegung mittels Meßlatte und Gleitmaßstab gemessen (s. Abb. 105). Die Anordnung eines Hebelzeigers ist in Abb. 106 dargestellt.

Bei diesem Meßverfahren ist jedoch die in der Mitte festgestellte Durchbiegung insofern ungenau, als die Verdrückung der Probe an den Auflagern in der Messung enthalten ist. Bei Verwendung des Bauschingerschen Rollenapparates (vgl. Abb. 42) körnt man in der neutralen Faserschicht der Probe 3 Punkte A, B, C über den rollenförmigen Auflagern und in der Mitte an. In diese Körnermarken werden mittels Spitzschrauben 3 Bügel eingesetzt, die mit den Stangen der

Rollenapparate verbunden sind (Abb. 107). Die Genauigkeit der Messung ist $^1/_{1000}$ bis $^1/_{5000}$ cm. Bezeichnet man die in der Mitte gemessene Durchbiegung mit c und die Verdrükkung an den Auflagern mit a und b, so ist die wirkliche Durchbiegung der Probe

$$\delta = c - \frac{a+b}{2}.$$

Dem gleichen Zwecke dienen die neuerdings häufig benutzten Leuner-Apparate (Abb. 44) und Meßuhren (Abb. 45).

e) Ausführung und Auswertung von Biegeversuchen.

Nachdem die Abmessungen der Probe mit der bei Zugproben üblichen Genauigkeit bestimmt sind, wird das Trägheitsmoment J entweder aus einer Tabelle entnommen oder rechnerisch ermittelt. Die Auflager sind gewöhnlich als Rollen ausgebildet, damit sie der Durchbiegung folgen können und der bei unbeweglichen Auflagern durch Reibung verursachte Widerstand möglichst ausgeschaltet wird.

Betreffs der Größe der Laststufen geht man am besten von erfahrungsgemäß bekannten Zahlen aus (s. Protokoll S. 75). Beim Erreichen der Biegegrenze zeigen sich an blanken Proben Fließfiguren, wie aus Abb. 108 zu erkennen ist. Man erkennt deutlich die Zone der gedrückten und der gezogenen Fasern sowie die neutrale Faserschicht.

Abb. 104. Gußstab-Biegemaschine mit Meßdose und Manometer von Mohr & Federhaff.

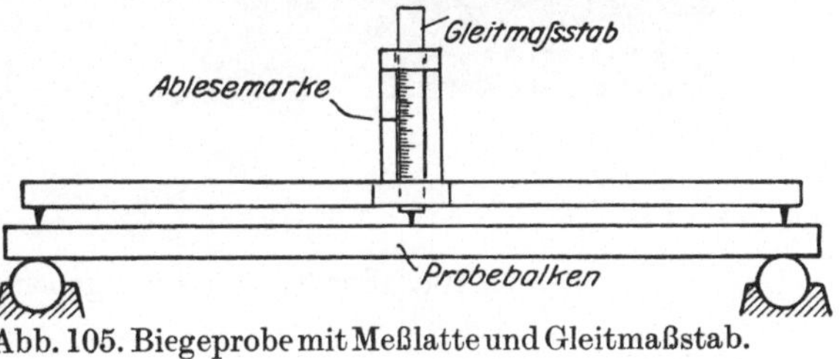

Abb. 105. Biegeprobe mit Meßlatte und Gleitmaßstab.

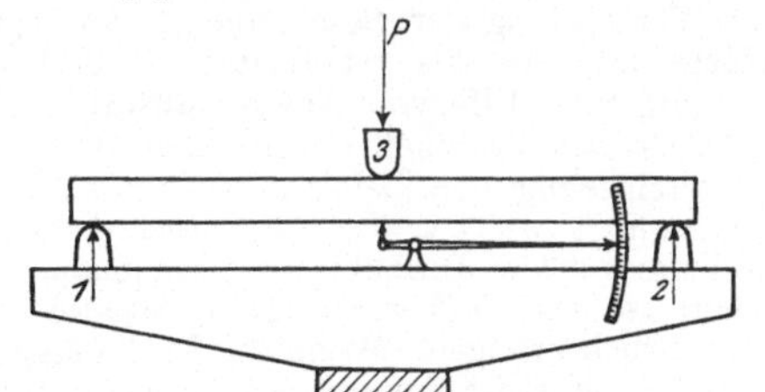

Abb. 106. Anordnung eines Hebelzeigers beim Biegeversuch.

Beispiel für einen Biegeversuch.

Zunächst werden die Abmessungen des zu prüfenden Körpers festgestellt. Handelt es sich um Normalprofile von Trägern, so kann das Trägheitsmoment mit genügender Annäherung aus Tabellen entnommen werden. Im vorliegenden Beispiele ist eine Eisenbahnschiene zu prüfen. Hier nimmt man einen Profilabdruck und berechnet für diesen das Trägheitsmoment.

Ferner werden Stützlänge, Gesamtlänge und Gewicht der Schiene festgestellt. Die Messung der Durchbiegungen und eventuellen Verdrückungen in den Auflagern erfolgt mit Bauschingerschen Rollenapparaten. Zu dem Zwecke sind in der Schiene entsprechende Körnermarken in der Mitte und über den Auflagern einzuschlagen. Wählt man das Übersetzungsverhältnis 1:20, so entspricht 1 mm Zeigerausschlag $^1\!/_{20}$ mm Durchbiegung. Da $^1\!/_{10}$ mm geschätzt werden kann, so ist die Meßgenauigkeit $^1\!/_{200}$ mm.

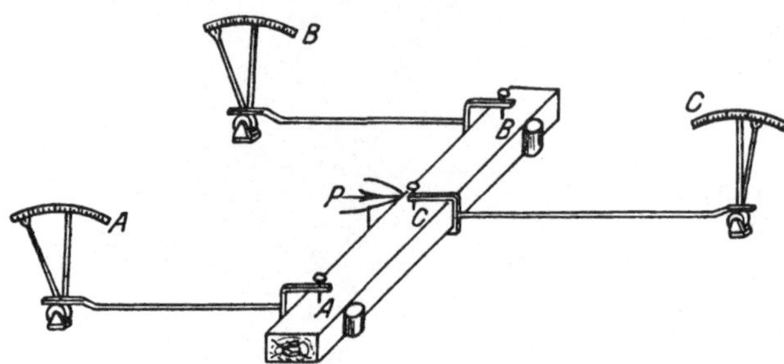

Abb. 107.
Biegeprobe mit Bauschingerschen Rollenapparaten.

Man beginnt die Messung nach Einstellung einer geschätzten Nullast. Die Belastungen werden stufenweise um 2000 kg gesteigert, und dann jedesmal die 3 Rollenapparate abgelesen. Zur Feststellung der bleibenden Formänderungen wird wiederholt auf die Nullast (1 t), z. B. nach der 4., 7., 10., 13. Stufe entlastet.

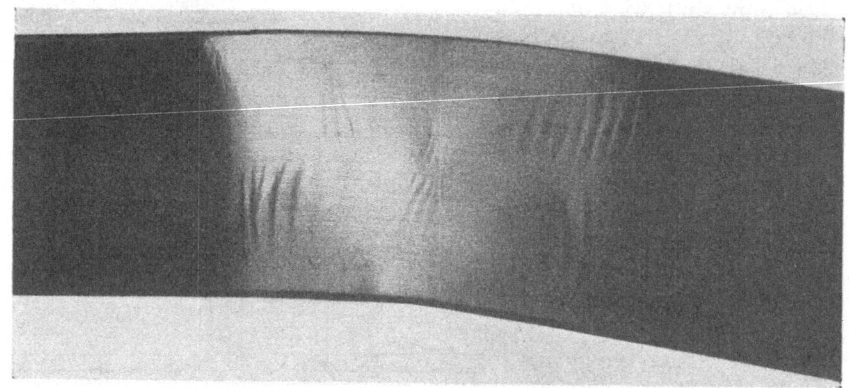

Abb. 108. Fließfiguren eines gebogenen Flußeisenstabes.

Zur Vermeidung der Beschädigung der Apparate nimmt man diese je nach der Härte des Materials rechtzeitig ab und mißt nötigenfalls die weitere Durchbiegung mit Hilfe von Anlegemaßstäben.

Aus dem Protokoll ersieht man, daß die Durchbiegungen bis zu 11 t pro 2 t Laststeigerung den Belastungen proportional sind, d. h. die Proportionalitätsgrenze liegt bei 11 t. Bei 23 t lassen der Beginn des Abspringens von Walzzunder und die größere Durchbiegung erkennen, daß die Biegegrenze (Streckgrenze) erreicht ist. Hierauf wird weiter belastet. Bei Flußeisen und zähem Stahl wird kein Bruch erfolgen. Wenn die Probe ständig stark durchbiegt, gilt die für diese Last errechnete Spannung als Bruchspannung σ_B.

Protokoll.

Werkstoff: Stahl.
Querschnitt ist aus einem Profilabdruck zu entnehmen.
Stützweite $l = 100$ cm.
Länge $L = 1,595$ m.
Gewicht $G = 50,70$ kg.
Gewicht pro Meter $\dfrac{G}{L} = 31,8$ kg/m.

| P | Ablesungen in $\frac{1}{2000}$ cm | | | Unterschiede in $\frac{1}{2000}$ cm | | | | | | Bie-gungs-pfeil | Bemerkungen |
| | Mitte | Auf-lager | | Δc | Δa | Δb | $\frac{\Delta a+\Delta b}{2}$ | $\Delta c-\frac{\Delta a+\Delta b}{2}$ | $\delta=\Sigma\left(\Delta c-\frac{\Delta a+\Delta b}{2}\right)$ | δ/l 10^{-6} | |
t	c	a	b								
1,0	0	0	0								Nullast
3,0	135	40	136	135	40	136	88	47	47	235	47
5,0	224	86	176	89	46	40	43	46	93	465	46
7,0	303	121	209	79	35	33	34	45	138	690	45
9,0	366	140	224	63	19	15	17	46	184	920	46
1,0	72	40	121	−294	−100	−103	−101	−193	−9	−45	47
9,0	367	140	223	295	100	102	101	194	185	925	10|231|23,1/t
P 11,0	427	152	236	60	12	13	13	47	232	1160	$=23,1\,\dfrac{1}{2000}$
13,0	488	166	247	61	14	11	13	48	280	1400	
15,0	550	179	258	62	13	11	12	50	330	1650	$=0,01155$ cm
1,0	80	40	128	−470	−139	−130	−135	−335	−5	−25	pro 1 t
15,0	550	180	259	470	140	131	135	335	330	1650	
17,0	615	191	270	65	11	11	11	54	384	1920	
19,0	683	203	280	68	12	10	11	57	441	2205	
21,0	763	217	290	80	14	10	12	68	509	2545	
1	123	44	133	−640	−173	−157	−165	−475	+34	+170	
21,0	767	214	291	644	170	158	164	480	514	2570	
S 23	890	225	301	123	11	10	11	112	626	3130	Walzzunder
25	1465	235	311	575	10	10	10	565	1191	5955	springt ab
27	2440	238	316	975	3	5	4	971	2162	10810	
1	1783	50	140	−657	−188	−176	−182	−475	1687	8435	
27	2625	227	313	842	177	170	173	669	2356	11780	
29	3600	223	318	975	−4	5	1	974	3330	16650	
	cm·10⁻²			cm·10⁻²				$\dfrac{\Delta c}{\frac{1}{2000}}$ cm			
29	0			0							Ablesungen
31	55			55				1100	4430	22150	am Anlege-
33	123			68				1360	5790	28950	maßstab
35	221			98				1960	7750	38750	cm 10⁻²
36,5											Die Schiene biegt ständig stark durch

Aus dem Protokoll ergeben sich folgende Werte:

$$P_P = 11\,000 \text{ kg}, \qquad P_S = 23\,000 \text{ kg},$$

$$\delta_P = 0,116 \text{ cm}, \qquad \delta_S = 0,313 \text{ cm}.$$

Höchstgetragene Last $P_B = 36\,500$ kg, größte Durchbiegung $\delta = 3,875$ cm.
Das rechnerisch bestimmte Trägheitsmoment der Schiene war $J = 992$ cm⁴ und die Höhe $h = 13,16$ cm, wobei die Abstände der

äußersten Fasern von der neutralen Ebene $e_z = 6{,}615$ cm und $e_d = 6{,}545$ cm betrugen.

Mit Hilfe der vorstehenden Zahlen können folgende Größen ermittelt werden: σ_P, σ_S, σ_B, und zwar für die Zug- und die Druckseite des Querschnitts.

Nach Gl. 11 S. 69 ist

$$\sigma = \frac{P \cdot l \cdot e}{4\,J}.$$

Hiernach ist

$$\sigma_P = \frac{11\,000 \cdot 100 \cdot 6{,}615}{4 \cdot 992} = 1830 \text{ kg/qcm für die Zugseite,}$$

$$\sigma_P = \frac{11\,000 \cdot 100 \cdot 6{,}545}{4 \cdot 992} = 1811 \text{ kg/qcm für die Druckseite.}$$

Entsprechend erhält man

$$\sigma_S = 3830 \text{ kg/qcm für Zug,}$$
$$\sigma_S = 3790 \text{ kg/qcm für Druck;}$$
$$\sigma_B = 6080 \text{ kg/qcm für Zug,}$$
$$\sigma_B = 6010 \text{ kg/qcm für Druck.}$$

Der Biegungspfeil $\dfrac{\delta}{l}$ ist

für die P-Grenze 0,001160,
für die S-Grenze 0,003130,
für die B-Grenze 0,03875.

Die Dehnungszahl ergibt sich zu $\alpha = \dfrac{48 \cdot J}{l^3} \dfrac{\delta}{P}$ (vgl. Gl. 13 S. 70). Bis zur P-Grenze ist δ im Mittel 0,01155 cm (s. Protokoll, Bemerkungen), also ist

$$\alpha = \frac{48 \cdot 992}{1\,000\,000} \cdot \frac{0{,}01155}{1000} = 0{,}000000548.$$

und daraus

$$E = \frac{1}{\alpha} = 1\,825\,000.$$

Aufgaben.

17. Die Biegefestigkeit eines gußeisernen Stabes von quadratischem Querschnitt ist zu bestimmen.

Lösung: Werkstoff: Gußeisen.
Zustand: Anlieferung.
Abmessungen: Ganze Länge $L = 70$ cm.
Auflagerabstand $l = 60$ cm.
Breite $b = 3{,}14$ cm.
Dicke $h = 3{,}15$ cm.
Widerstandsmoment $W = \dfrac{b\,h^2}{6} = 5{,}19 \text{ cm}^3.$

Der Stab wurde auf zwei runden Auflagern von 3,0 cm Durchmesser in 60 cm Abstand aufgelegt. Zur Vermeidung örtlicher Verdrückung war der in der Mitte aufgesetzte Druckstempel an der unteren Seite nach $r = 1{,}6$ cm abgerundet. Beobachtet wurde die Bruchlast $P_B = 1050$ kg ($\sigma_B = 3030$ kg/qcm) und die Durchbiegung des Stabes im Augenblick des Bruches $= 1{,}00$ cm. In gleicher Weise wurden mit gußeisernen Rundstäben Biegeversuche ausgeführt, deren Ergebnisse in nachstehender Tabelle zusammengestellt sind.

18. Biegeversuche mit Gußeisen von kreisförmigem Querschnitt.

Probe Nr.	Mittlere Abmessungen		Stützweite l	Bruchlast		Durchbiegung beim Bruch
	Durchmesser d	Widerstandsmoment $W = \dfrac{\pi d^3}{32}$		Gesamt	Spannung σ_{Bf}	
	cm	cm³	cm	kg	kg/qcm	cm
1	3,09	2,897	—	795	4120	1,04
2	3,03	2,731	—	765	4200	1,01
3	3,05	2,785	60	765	4120	0,96
4	3,09	2,897	—	785	4060	1,06
Mittel	—	—	—	—	4130	1,02

19. Biegeversuche mit Kiefernholz.

Die Prüfung erfolgte durch Einzellast in der Mitte. Die Last wirkte tangential zu den Jahresringen (s. Abb. 109). Der Druck wurde durch ein aufgesetztes Hartholzstück von 3 cm Breite übertragen, dessen untere Kanten etwas abgerundet waren.

Probe Nr.	Gewicht der Proben	Abmessungen in cm			Widerstandsmoment $W = \dfrac{b h^2}{6}$	Stützweite	Bruchlast	
		Länge l	Breite b	Höhe h			Gesamt	Spannung $\sigma_{B,}$
	g				cm³	cm	kg	kg/qcm
1	22,1	20,1	1,51	1,52	0,581		132	910
2	22,1	20,1	1,50	1,52	0,578		130	900
3	24,5	20,0	1,51	1,50	0,566	16	152	1070
4	28,2	20,3	1,52	1,52	0,585		153	1050
5	24,1	20,1	1,50	1,53	0,585		152	1040
Mittel	24,2	—	—	—	—		—	990

f) Einflüsse auf die Ergebnisse bei Biegeversuchen.

Die Berechnung des Elastizitätsmoduls E als reziproken Wert der beim Biegeversuch ermittelten Dehnungszahl α, d. h. $E = \dfrac{1}{\alpha}$, lieferte gewöhnlich einen kleineren Wert als den durch Zug- und Druckversuche gewonnenen E-Modul. Die Ursache des Unterschiedes liegt nach Bach in der Vernachlässigung der beim Biegungsversuch auftretenden Schubkraft. Der Elastizitätsmodul wird bekanntlich nach der Formel $E = \dfrac{P}{48} \cdot \dfrac{l^3}{J \cdot \delta}$ berechnet, worin δ die durch die Biegungskraft P hervorgerufene Durchbiegung darstellt. Das gemessene δ setzt sich aber in Wirklichkeit zusammen aus dieser Durchbiegung und der durch die Schubkraft verursachten Durchbiegung. Um diesen Betrag ist also der in die Formel eingesetzte Wert δ zu groß. Demzufolge wird E zu klein. Erfahrungsgemäß werden die Abweichungen erheblich, wenn die Höhe der Probe im Verhältnis zur Auflagerentfernung sehr groß ist. So führte z. B. die Nichtberücksichtigung der Schubkraft für rechteckige Stäbe von 140 mm Höhe und 1000 mm

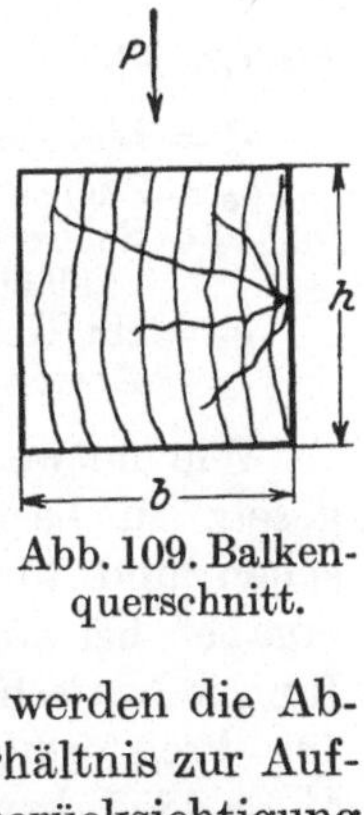

Abb. 109. Balkenquerschnitt.

Auflagerentfernung zu einem Fehler von 8%, für Träger NP 24 bei 1500 mm Auflagerentfernung zu 34%.

Auch die Lagerung hat gewissen Einfluß auf die Größe von E. Infolge der Durchbiegung wird sich die Probe auf dem Auflager verschieben. Je nach dem Widerstand, den die Verschiebung verursacht, wird das auf den Stab wirkende Moment mehr oder weniger verkleinert und hiermit auch die Durchbiegung. Wenn man daher den Reibungskoeffizienten möglichst klein macht (Rollenlager und Verhinderung des Eindringens der Stützschneiden in den Probekörper durch Anbringung von Zwischenlagen), so ist der Einfluß der Auflager im wesentlichen ausgeschaltet.

Aus Versuchsergebnissen geht hervor, daß die Biegefestigkeit eines Werkstoffes erheblich größer als seine Zugfestigkeit gefunden wird. Dies ist durch die stärkere Inanspruchnahme der in der Nähe der neutralen Faserschicht liegenden Fasern zu erklären (vgl. Abb. 102). Durch diese Ungleichförmigkeit der Faserbeanspruchung erhält man für die Biegefestigkeit $\sigma_B' = \dfrac{P \cdot l\,e}{4\,J}$ zu große Werte, da diese Formel auf der An-

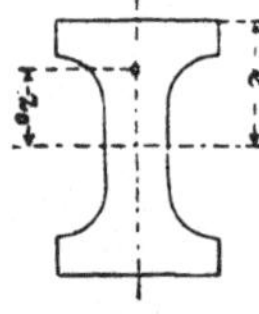

Abb. 110. Erläuterungsfigur zur Bachschen Biegungsformel.

nahme beruht, daß zwischen Spannung und Dehnung der Fasern Proportionalität besteht und die Beanspruchung der Fasern proportional mit dem Abstand von der neutralen Faserschicht wächst. Bei zähen Werkstoffen, die meistens bei Biegebeanspruchungen keinen Bruch erleiden, ist die infolge dieser Abweichung erhaltene maximale Biegespannung häufig größer als die Zugfestigkeit. Noch größer ist der Unterschied bei spröden Werkstoffen, und zwar ist er um so größer, je mehr sich der Werkstoff nach der neutralen Achse der Probe zusammendrängt. Bach hat diese Verhältnisse systematisch untersucht und empfiehlt für die Ermittelung der Abhängigkeit der Biegefestigkeit von der Zugfestigkeit die Anwendung der empirischen Formel (vgl. Abb. 110):

$$\sigma_B' = \mu_0 \sqrt{\frac{e}{z_0}} \cdot \sigma_B .$$

Hierin ist

$\sigma_B' = $ Biegefestigkeit.

$\sigma_B = $ Zugfestigkeit.

$z_0 = $ Schwerpunktsabstand der auf der einen Seite der Schwerlinie liegenden Fläche von dieser Linie

$\mu_0 = $ ein Koeffizient (1,2—1,33, je nach Querschnittsform).

$e = $ Abstand der am stärksten gespannten Faser von der Schwerlinie.

Wie notwendig es ist, auch bei Biegeversuchen das Ähnlichkeitsgesetz zu berücksichtigen (vgl. S. 59), zeigen Versuche mit quadratischen und kreisförmigen Gußeisenstäben. Sämtliche Gußeisensorten ergaben bei kreisförmigem Querschnitt größere Biegefestigkeit. So war für quadratischen Querschnitt von 3,0 cm Quadratseite $\sigma_B' = 3988$ kg/qcm, für kreisförmigen Querschnitt von 3,0 bzw. 2,0 cm Durchmesser $\sigma_B' = 4855$ bzw. 5739 kg/qcm. Diese Stäbe wurden mit Gußhaut geprüft, die, wie andere Versuche zeigen, die Biegefestigkeit herabdrückt. Die Ursache liegt in der geringeren Dehnungsfähigkeit der Gußhaut. Durch ihr Reißen wird die Ausnutzung der Festigkeit der inneren Fasern verhindert.

Überträgt man diese Erfahrung auf die vorerwähnten Versuche, so läßt sich sagen, daß die Biegefestigkeiten der untersuchten Stäbe noch größer gewesen wären, wenn man die Gußhaut vorher entfernt hätte.

Jedenfalls geht daraus hervor, daß für die Prüfung von Gußeisen bestimmte Querschnitte, bestimmte Oberflächenbeschaffenheit und Auflagerentfernung zu verwenden sind, um zuverlässige Vergleichswerte zu erzielen.

IV. Knickversuch (stoßfrei ansteigende Belastung).

a) Theoretische Grundlagen.

Wenn ein Stab durch die Kräfte P in Richtung der Stabachse zusammengedrückt wird, so ist die Beanspruchung im Querschnitt f

$$\sigma = \frac{P}{f}.$$

Ist der Stab im Verhältnis zu seinem Querschnitt lang, so knickt er aus. Die Fasern erhalten außer der Druckbeanspruchung Biegungsbeanspruchung, die zu der ersteren zuzuzählen oder von ihr abzuziehen ist, je nachdem es sich um die Druck- oder Zugseite handelt. Die Berechnung auf Druck genügt dann nicht mehr.

Die Knickbeanspruchung erfordert neue Beziehungen für die Querschnittsberechnung. Es kann nicht Aufgabe dieses Buches sein, die

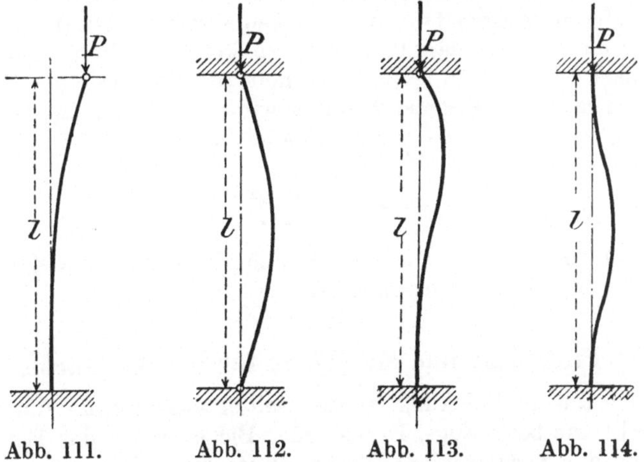

Abb. 111.   Abb. 112.   Abb. 113.   Abb. 114.
Die vier Belastungsfälle beim Knickversuch.

verschiedenen Knickformeln kritisch zu beleuchten, die in neuerer Zeit aufgestellt sind. Für die Werkstoffuntersuchung genügen die Eulerschen Gleichungen, denen 4 Arten des Kräfteangriffs zugrunde liegen:

1. Der Stab ist am einen Ende fest eingespannt, und die Kraft P wirkt am anderen Ende parallel der ursprünglichen Stabachse (Abb. 111).

2. Der Stab ist an beiden Enden beweglich, jedoch so gelagert, daß die Stützpunkte sich seitlich nicht bewegen können (Abb. 112).

3. Der Stab ist am einen Ende fest eingespannt und am anderen Ende beweglich gelagert, ohne die Möglichkeit einer Seitenbewegung (Abb. 113).

4. Beide Enden des Stabes sind fest eingespannt und so geführt, daß die Kraftrichtung durch die Stützmittelpunkte geht (Abb. 114).

Für Versuchszwecke kommen nur die Fälle 2 und 4 in Betracht, doch gilt die feste Einspannung nur mit gewissen Einschränkungen, weil Verschiebungen in der Einspannung nicht ausgeschlossen sind. Ebenso ist auch die durch Schneiden-, Spitzen- oder Kugellagerung bewirkte bewegliche Lagerung wegen der Reibungswiderstände· nicht immer einwandfrei.

Ist nun P die Bruchlast, l die Stablänge, J das kleinste Trägheitsmoment des Stabquerschnittes gegenüber Biegung und α die Dehnungszahl, so ist

$$\text{für Fall 1:} \qquad P = \frac{\pi^2}{4} \cdot \frac{J}{\alpha \cdot l^2} = \frac{\pi^2}{4} \cdot \frac{E J}{l^2} \quad \ldots \ldots \ldots \ldots \quad (1)$$

$$\text{für Fall 2:} \qquad P = \pi^2 \cdot \frac{J}{\alpha \cdot l^2} = \pi^2 \cdot \frac{E \cdot J}{l^2} \quad \ldots \ldots \ldots \ldots \quad (2)$$

$$\text{für Fall 3:} \qquad P = 2\,\pi^2 \cdot \frac{J}{\alpha\, l^2} = 2\,\pi^2 \cdot \frac{E \cdot J}{l^2} \quad \ldots \ldots \ldots \quad (3)$$

$$\text{für Fall 4:} \qquad P = 4\,\pi^2 \cdot \frac{J}{\alpha \cdot l^2} = 4\,\pi^2 \cdot \frac{E \cdot J}{l^2} \quad \ldots \ldots \ldots \quad (4)$$

Diese Eulerschen Formeln unterscheiden sich grundsätzlich insofern von anderen Festigkeitsformeln, als keine Werkstoffbeanspruchung k darin vorkommt. Um damit rechnen zu können, nimmt man, da P die Bruchlast bedeutet, n-fache Sicherheit an. So würde die Formel 2, die in der Praxis vorwiegend benutzt wird, übergehen in

$$n\,P = \pi^2 \cdot \frac{E \cdot J}{l^2} \quad \ldots \ldots \ldots \ldots \ldots \quad (5)$$

$$J = n \cdot \frac{P \cdot l^2}{\pi^2 \cdot E} \quad \ldots \ldots \ldots \ldots \ldots \quad (6)$$

wobei $n = 8$ für Gußeisen, $n = 6$ für Schmiedeeisen, $n = 4$ für Stahl und $n = 10$ für Holz zu nehmen ist.

b) Prüfstücke und Maschinen für Knickversuche.

Versuche auf Zerknickung werden selten ausgeführt. Auch findet hierbei nicht wie beim Zug-, Druck- oder Biegeversuch das Entnehmen von Proben aus vorliegendem Werkstoff statt, sondern man prüft gewöhnlich ganze Konstruktionen (Säulen aus Guß, Eisenkonstruktionen, Beton) oder gleichen Zwecken dienende Stäbe auf Zerknickung und bestimmt die Knicklast. Von den 4 Eulerschen Belastungsfällen kommen für Versuchszwecke fast ausschließlich nur die Fälle 2 und 4 in Betracht, d. h. die Säulenenden sind entweder frei beweglich oder fest eingespannt. Die freie Beweglichkeit der Enden in Fall 2 sucht man durch Kugeln, Schneiden oder Spitzen zu erreichen, die an den Säulen-enden angeordnet werden. Dieser Zweck wird jedoch nicht immer erreicht, da der hohe Achsialdruck die freie Beweglich-keit besonders bei Kugelkalotten beeinträchtigt. Abb. 115 zeigt ein Lager der Werdermaschine, das durch 4 Schrauben fest eingestellt werden kann. Bei der im staatlichen Mate-rialprüfungsamt zu Dahlem befind-lichen 3000-t-Maschine ist zwischen Kalotte und Kugelfläche ein Flüs-sigkeitspolster angeordnet, um die Beweglichkeit der Auflagerplatten zu sichern. Für kleinere Kräfte ver-ringert man die Oberfläche der Kugel, wie dies aus Abb. 116 er-sichtlich ist.

Wie erfahrungsgemäß die freie Beweglichkeit der Enden nicht immer sichergestellt ist, so wird andererseits beim Fall 4 die feste Einspannung nicht vollständig er-reicht (kein gleichmäßiges Anlegen der Stirnflächen an die Druck-platten), wie die Theorie verlangt.

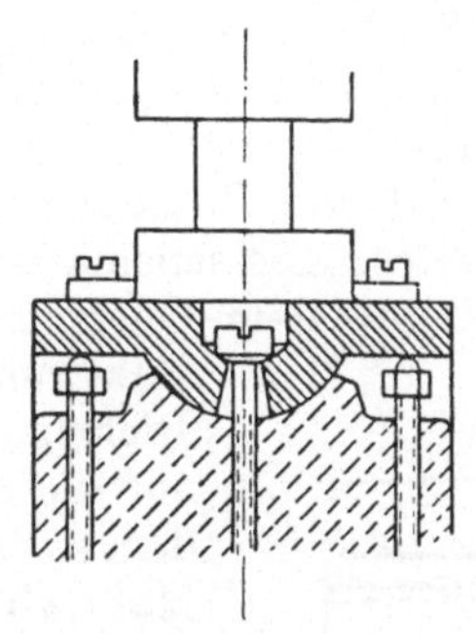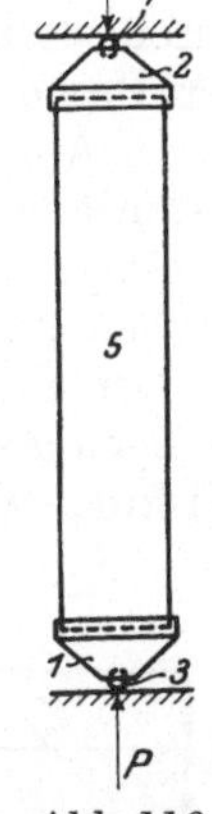

Abb. 115.
Kugellager für Druck-
und Knickversuche.
(Werdermaschine.)

Abb. 116.
Einspannung
einer Knick-
probe für klei-
nere Kräfte.

Die senkrecht stehenden Maschinen sind den liegenden insofern vor-zuziehen, als bei diesen das Eigengewicht der wagerecht gelagerten Probe eine gewisse Durch-biegung hervorruft. Bei längeren Stücken ist man jedoch auf die liegenden Maschinen angewiesen. Man sucht dann den Ein-fluß des Eigengewichts durch Aufhängen der Probe zu beseitigen.

c) Meßeinrichtungen für Knickversuche.

Während beim Biege-versuch nur die Durch-biegung des Stabes in der Ebene zu messen war, die sich durch die Richtung der Kraft und die Achse

Abb. 117. Ausrüstung einer auf Knickung bean-spruchten Betonsäule mit Tellerapparaten.

des Stabes bestimmte, erfordert der Knickversuch Meßeinrichtungen, die es ermöglichen, die nach beliebiger Richtung auftretenden Aus-knickungen festzustellen. Hierzu mißt man das Ausknicken in 2 zu-einander senkrechten Richtungen und ermittelt daraus die Richtung der

Ausbiegung. Man benutzt entweder 2 Apparate (Rollen- oder Teller-apparat), die auf 2 in einer Querschnittsebene senkrecht zueinander liegenden Meßachsen angesetzt werden, oder nur einen Apparat, der beide Bewegungen erfaßt. Etwaige Auflagerbewegungen werden da-durch berücksichtigt, daß man die gleichen Apparate an den Enden der Probe anbringt.

In Abb. 117 ist die Prüfung einer mit Tellerapparaten ausgerüsteten Betonsäule (s. S. 81) dargestellt. Hierbei sind die Apparate an Stativen befestigt und ihre Zahnstangen (Übertragungsstangen) an die Seiten-flächen der Säule angelegt.

Der Fühlhebel von Bauschinger gestattet die Anwendung eines einzigen Apparates. Die schematische Darstellung Abb. 118 zeigt seine Wirkungsweise. An dem Querschnitt S liegt ein Kontakt an, dessen Bewegungen in wagerechter und senkrechter Richtung vermittels der Stangen Y und Y_1 auf die Hebelarme Z und Z_1 übertragen wer-den, so daß man die Bewegungen in doppeltem Maßstab an den Skalen ablesen kann. Be-zeichnet man die wagerechten Bewegungen der Enden mit a_1 und b_1 und die der Mitte mit c_1 sowie die entsprechenden senkrechten Bewegungen mit a_2, b_2 und c_2, so ist die resultierende Ausknickung

$$C = \sqrt{\left(c_1 - \frac{a_1 + b_1}{2}\right)^2 + \left(c_2 - \frac{a_2 + b_2}{2}\right)^2}.$$

Diese Fühlhebelapparate sind nur bei wage-rechter Lage der Probekörper verwendbar. Von der Beschreibung der Ausführung von Knickversuchen sowie von dem Eingehen auf die Ergebnisse der Forschungen auf diesem Gebiete wird hier abgesehen, da der Knickversuch als solcher in der Praxis des Mate-rialprüfungswesens eine geringe Rolle spielt.

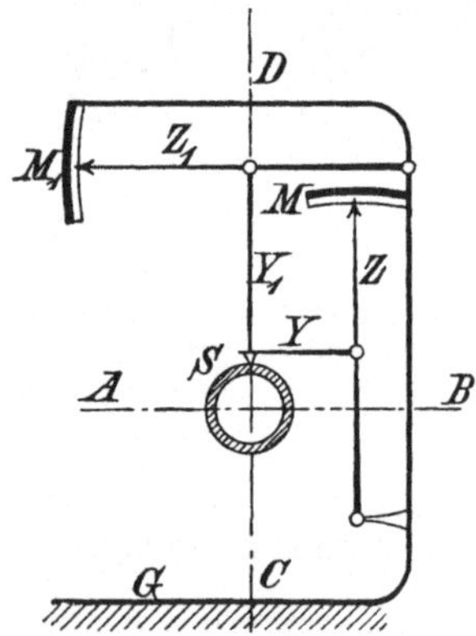

Abb. 118. Schema des Fühl-hebels nach Bauschinger.

V. Drehversuch (stoßfrei ansteigende Belastung).

a) Theoretische Grundlagen.

Ein an einem Ende eingespannter Rundstab wird auf Verdrehung beansprucht, wenn an seinem freien Ende ein Kräftepaar wirkt, dessen Ebene senkrecht zur Stabachse gerichtet ist (Abb. 119). Das äußere Drehmoment M_d ruft eine Verdrehung des Endquerschnitts B gegen den Endquerschnitt A des Stabes hervor, wodurch die ursprünglich horizontalen zur Achse parallelen Längsfasern eine hierzu schiefe Lage annehmen (Schraubenlinien). Hierbei ist angenommen und durch Ver-suche bestätigt, daß sämtliche den Endflächen parallele Querschnitts-ebenen bei der Verdrehung eben bleiben. Die Faserelemente erfahren gegen ihre ursprüngliche Lage eine Verschiebung, die ausgedrückt wird durch einen Kreisbogen auf dem in Frage kommenden Querschnitt des Stabes. Die Verschiebung, auf die Längeneinheit des Stabes bezogen, wird als Schiebung bezeichnet. Die Verschiebung der Faserteilchen nimmt proportional zu mit ihrem Abstand y vom Mittelpunkt des Stabquerschnitts. Demnach müssen auch die Spannungen, welche diese Verschiebungen verursachen, innerhalb der Elastizitätsgrenze in gleicher Weise proportional mit y wachsen, d. h. für einen beliebigen Querschnitt wird

$$\tau = t \cdot \frac{y}{e} \quad \ldots \ldots \ldots \ldots \ldots \quad (1)$$

Hierin ist t die Schubspannung in tangentialer Richtung am Umfang im größten Abstande e und τ die Schubspannung im Abstande y vom Querschnittsmittelpunkt. Die neutrale Faser erfährt keine Verschiebung, sondern nur Verdrehung. Sie fällt mit der Schwerpunktsachse des Stabes zusammen.

Aus der Überlegung, daß das Moment der äußeren Kräfte in bezug auf die Schwerachse gleich dem Moment der inneren Widerstandskräfte ist, ergibt sich nach weiterer Behandlung

$$M_d = t \cdot \frac{J}{e} = t \cdot W. \ldots \quad (2)$$

Hierin ist J das polare Trägheitsmoment und W das polare Widerstandsmoment, bezogen auf die Schwerpunktsachse.

Durch die Verschiebung der ursprünglich horizontalen Faser am Umfang des betrachteten Zylinders vom Radius y wird bei einem beliebigen

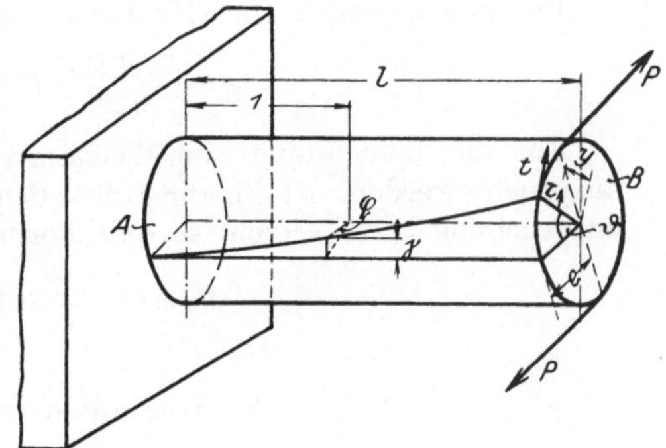
Abb. 119. Erläuterungsfigur für Torsionsbeanspruchung.

Querschnitt senkrecht zur Drehungsachse zwischen dem Radius eines Punktes der ursprünglichen Faserlage und dem der verschobenen Lage ein Winkel gebildet, der an der Einspannungsstelle den Wert 0 und an einer beliebigen Stelle in der Entfernung l den Wert ϑ habe. In der Entfernung 1 von der Einspannungsstelle sei er φ.

Damit erhält man die Verschiebung eines beliebigen Faserpunktes in der Entfernung l von der Einspannung als

$$\gamma = \frac{\text{Verschiebung der Entfernung } l}{\text{Faserlänge}} = \frac{\vartheta \cdot y}{l} = \frac{\vartheta}{l} \cdot y = \varphi \cdot y, \quad \ldots \quad (3)$$

wobei φ in Bogengraden zu nehmen ist. Diesen Wert γ nennt man Schiebung oder Gleitung. Die Schiebung für die Spannung $\tau = 1$ kg/qcm, die Schubzahl β entspricht der Dehnungszahl α bei der Zugbeanspruchung. Es ist also

$$\frac{\gamma}{\tau} = \beta \quad \ldots \ldots \ldots \ldots \ldots \quad (4)$$

Der reziproke Wert von β wird als Schub- oder Gleitmodul G bezeichnet entsprechend dem Elastizitätsmodul E. Demnach ist

$$G = \frac{1}{\beta} = \frac{\tau}{\gamma} \quad \ldots \ldots \ldots \ldots \ldots \quad (5)$$

6*

Unter Benutzung dieser Gleichung erhält man eine zweite Gleichung für das Drehmoment:

$$M_d = \varphi \cdot \frac{1}{\beta} \cdot J = \varphi \cdot G \cdot J \quad \ldots \ldots \ldots \quad (6)$$

Für den Kreisquerschnitt ist $J = \dfrac{\pi d^4}{32}$ und

$$M_d = \frac{\varphi}{\beta} \cdot \frac{\pi d^4}{32},$$

$$d = \sqrt[4]{\frac{32}{\pi} \cdot \frac{M_d \cdot \beta}{\varphi}} = \sqrt[4]{\frac{32}{\pi} \cdot \frac{M_d}{\varphi \cdot G}} \quad \ldots \ldots \ldots \quad (7)$$

Ferner erhält man aus Gl. 6

$$\varphi = \frac{M_d \cdot \beta}{J} = \frac{32\,\beta \cdot M_d}{\pi d^4} \quad \ldots \ldots \ldots \quad (8)$$

Für den Zylinder von der Länge l ergibt sich sonach

$$\vartheta = \frac{32\,\beta\,M_d}{\pi d^4} \cdot l \quad \ldots \ldots \ldots \ldots \quad (9)$$

Für die Berechnung von Maschinenteilen, die auf Verdrehung beansprucht werden, ist für die größte Schubspannung t die zulässige Beanspruchung k_d zu setzen, so daß Formel 2 übergeht in

$$M_d = k_d \cdot \frac{J}{e} = k_d \cdot W \quad \ldots \ldots \ldots \quad (10)$$

b) Torsionsmaschinen.

Das Konstruktionsprinzip dieser Maschinen ist darauf gerichtet, den Versuchskörper am einen Ende festzuhalten und das andere nur durch ein Drehmoment zu beanspruchen. Die bei einer bestimmten Meßlänge erreichte Verdrehung wird durch Zeiger und Skala und die Kraft durch Pendelausschlag oder Meßdose ermittelt.

Abb. 120 stellt eine Torsionsmaschine für Leistungen bis 15 000 cmkg dar. Mittels des Schneckengetriebes wird der rechte Einspannkopf und damit das Probestück gedreht, während der linke Einspannkopf auf einer Welle sitzt, an der ein Pendelgewicht hängt. Der Ausschlag des Pendelgewichts ist ein Maß für das Drehmoment

$$M_d = c \cdot \alpha,$$

worin α die Abweichung des Pendels von der Nullage bedeutet. Die Maschine trägt links eine Scheibe, an der diese Abweichung abgelesen werden kann, und rechts einen Zähler zur Ermittelung der Umdrehungen des Einspannkopfes. Außerdem ist ein Schaubildzeichner (links) angeordnet. Der Antrieb der Maschine erfolgt maschinell oder von Hand. Nach den gleichen Grundsätzen werden Torsionsmaschinen zum Verwinden von Drähten für kleine Kräfte gebaut.

Die für große Kraftleistungen bestimmte Drehfestigkeitsmaschine von Mohr und Federhoff (Abb. 121) ist für Riemenbetrieb eingerichtet und gestattet die Prüfung von Proben bis zu 2 m größter freier Prüflänge und 110 mm Durchmesser. Zur feinen Abstufung der Ge-

Abb. 120. Torsionsmaschine für Kräfte bis 15000 cmkg.

Abb. 121. Torsionsmaschine von Mohr & Federhaff für 500000 cmkg Drehmoment.

schwindigkeit können entweder die konischen Trommeln oder ein Friktionsvorgelege (s. Abb. 30) verwendet werden. Die Maschine enthält einen Umdrehungszähler, einen Gradmesser zur Bestimmung des Verdrehungswinkels und eine Laufgewichtswage zur Ermittlung des Drehmomentes.

c) Meßeinrichtungen für Drehversuche.

Man unterscheidet auch hier Grob- und Feinmessungen. Bei beiden wird der Verdrehungswinkel eines abgegrenzten Stückes von der Meßlänge l des Probekörpers entweder durch Zeiger und Skala (Grobmessung), oder durch Spiegel (Feinmessung) gemessen. Bei der Grobmessung, die für größere Verdrehungswinkel in Frage kommt, kann die kreisförmige Skala mittels Spitzschrauben konzentrisch am runden Stabe angebracht werden (Abb. 122), während der Zeiger in der Entfernung l, ebenfalls mit Spitzschrauben befestigt, den Verdrehungs-

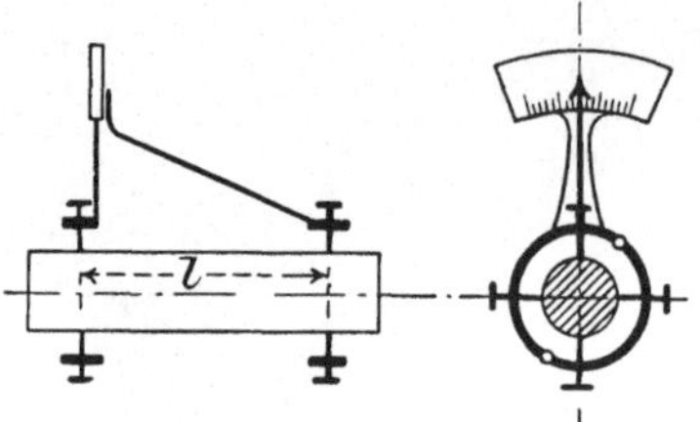

Abb. 122. Grobmessung der Verdrehung mittels Zeigers und Skala.

winkel am Gradbogen angibt. Oder man kann unter Benutzung der Bauschingerschen Rollenapparate die Verdrehung nach Anordnung der Abb. 123 messen, indem man je einen Apparat an den Enden der Meßlänge anbringt, wobei die Unterschiede der Ablesungen ein Maß für die Verdrehung sind.

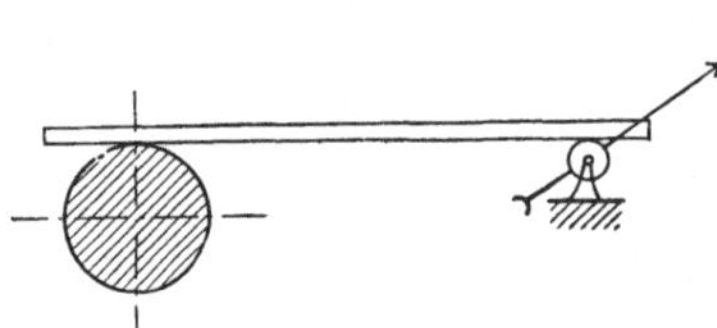

Abb. 123.
Grobmessung der Verdrehung mittels
Bauschingerschen Rollenapparates.

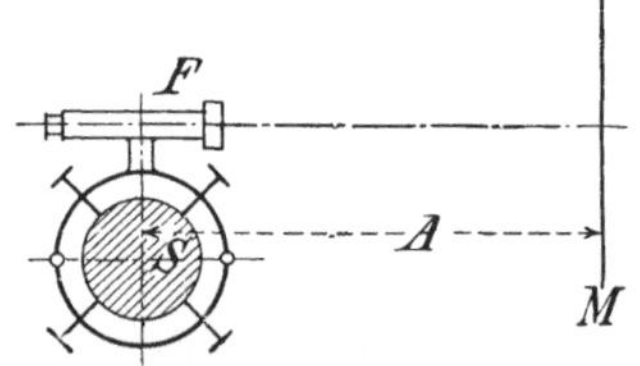

Abb. 124.
Feinmessung der Verdrehung
mittels Spiegel und Fernrohr.

Soll außer dem Verdrehungswinkel das elastische Verhalten des Werkstoffs bestimmt werden, so benutzt man 2 Spiegel, die an den Enden der Meßlänge angebracht werden (Abb. 124) und liest die Verdrehung mit Hilfe von 2 Fernrohren als Ausschläge an geraden Skalen ab. Die bei größeren Verdrehungen entstehenden Fehler müssen hierbei berücksichtigt werden.

d) Ausführung und Auswertung von Drehversuchen.

Zunächst hat man dafür zu sorgen, daß die Einspannung einwandfrei ist, d. h., daß in der Einspannung selbst keine Verdrehungen und, wie schon früher erwähnt, keine Nebenwirkungen auftreten können.

Am zweckmäßigsten gestaltet man den Einspannkopf vierkantig, der z. B.
bei Gußeisen angegossen sein kann (Abb. 125) oder bei vierkantigem
Werkstoff bei den aus dem Vollem herausgearbeiteten Proben stehen
bleibt. Sind runde Stangen auf Verdrehung zu prüfen, so flacht man
sie an den Enden ab (Abb. 126).

Über die Länge des Probestücks bestehen keine bestimmten Vorschriften. Zum Vergleiche von Stäben aus dem gleichen Werkstoff mit

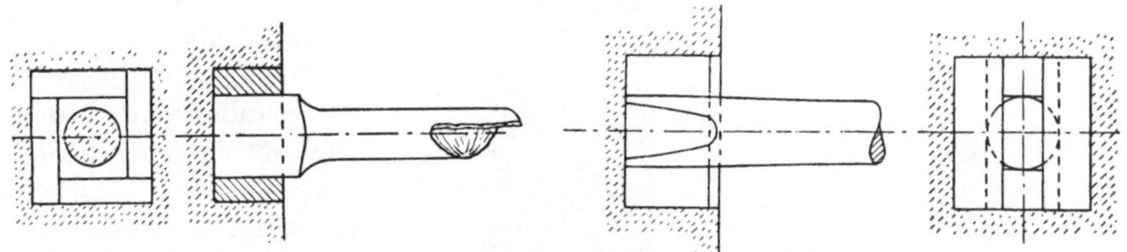

Abb. 125. Vierkantiger Einspannkopf   Abb. 126. Abgeflachter Einspannkopf
für Drehproben.   für Drehproben.

verschiedener Abmessung sind ähnliche Proben zu verwenden, da dann
bei gleichen Spannungen die auf die Längeneinheit bezogenen Formänderungen gleich werden.

Das Drehmoment wird stufenweise gesteigert. Die Laststufen sind
ähnlich wie bei früher beschriebenen Versuchen zu wählen. Man berechnet mit Hilfe von Erfahrungszahlen das Bruchmoment, nimmt ungefähr $\dfrac{M_{d_B}}{30}$ bis $\dfrac{M_{d_B}}{40}$ als anfängliches
Moment und geht je nach dem Werk-
stoff in kleineren oder größeren Stufen
vor. Gemessen werden das Verdrehungs-
moment und die Verdrehung. Aus den
Versuchszahlen errechnet man die den
Drehmomenten entsprechenden Schie-
bungen und Schubspannungen und
trägt diese als Funktion der Schiebun-
gen in einem Koordinatensystem auf
(Abb. 127). Entsprechend den Bezeichnungen beim Zugversuche ist τ_P die
Proportionalitätsgrenze, τ_D die Dreh-
grenze (Streckgrenze), $\tau_{max} = K_d$ die
Bruchgrenze.

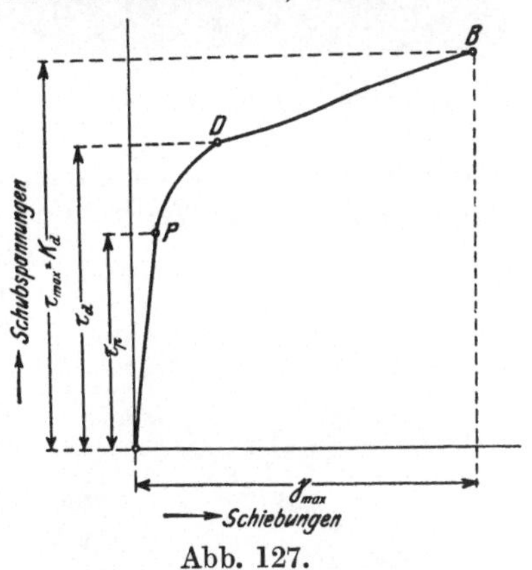

Abb. 127.
Schaubild für Drehversuch.

Aus den Versuchen können ferner die Schubzahl β bzw. der Gleitmodul $G = \dfrac{1}{\beta}$ und die Formänderungsarbeit ermittelt werden. Die
elastischen Nachwirkungen lassen sich ebenfalls feststellen. Charakteristisch sind die Bruchflächen. Spröde Werkstoffe (Gußeisen, Stahl)
brechen längs einer Schraubenlinie (Abb. 128), während zähe Stoffe
(Flußeisen) in einer Normalebene brechen; ihre Bruchfläche hat nur
in der Mitte eine kleine Erhöhung (Abb. 129).

Bei der Ausführung eines Versuches geht man folgendermaßen vor:
Nachdem der Probestab sorgfältigst in die Prüfmaschine eingespannt
ist, wird er mit Spiegeln ausgerüstet. Um eine genaue Abgrenzung
der Meßlänge zu errei-
chen, läge es nahe, an
den Enden der Meßlänge
Ringmarken einzudre-
hen. Da diese Eindre-
hungen aber das Ver-
suchsergebnis schädlich
beeinträchtigen würden,
schlingt man an beiden
Enden der Meßlänge
einen dünnen Stahldraht
um den Stab. Hierüber
wird je ein Bügel an-
gesetzt, der den Spiegel
trägt. Bei der Anord-
nung der Spiegel ist man
bemüht, diese möglichst
dicht an den Stabumfang
heranzubringen, um die
durch exzentrischen
Spiegelsitz entstehenden
kleinen Fehler auf ein
Mindestmaß einzu-
schränken. Die Diffe-
renz der Verdrehungen

Abb. 128. Bruchform einer spröden Drehprobe.

der beiden Stabquerschnitte, in denen die Spiegel angebracht sind, gibt
ein Maß für die Verdrehung des Stabes auf die Meßlänge des Stabes,
die im folgenden Beispiel 10 cm beträgt. Die
Verdrehung wird mittels Fernrohren und
Skalen beobachtet, deren Abstand vom
Spiegel = 100 cm ist. Durch den Skalen-
abstand ist das Übersetzungsverhältnis der
Ablesung gegeben.

Nunmehr wird der Stab durch das Moment der Nullast beansprucht, welches, wie
schon erwähnt, etwa $\dfrac{M_{d_B}}{30}$ bis $\dfrac{M_{d_B}}{40}$ beträgt.
Flußeisen hat eine Bruchspannung von etwa
5000 kg/qcm. Die Kraft P wirkt an einem
57 cm langen Hebelarm. Mithin ist ihr Drehmoment $P \cdot 57$ cmkg. Diesem wird das
Gleichgewicht gehalten durch das Dreh-

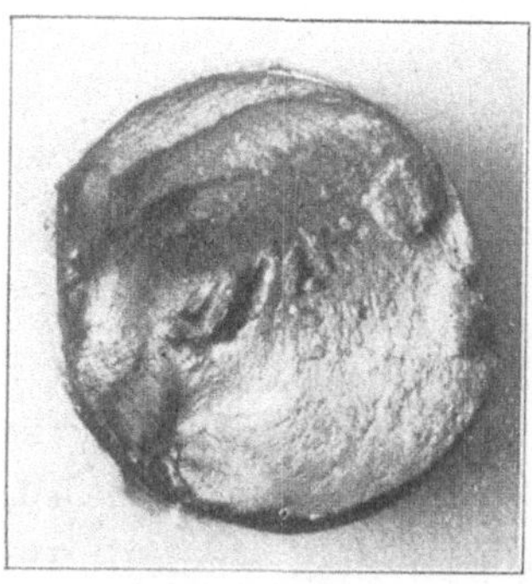

Abb. 129. Bruchform einer
zähen Drehprobe.

moment M_d des Stabes. Es ist $M_d = \dfrac{J}{e} \cdot K_d$, worin J das polare Trägheitsmoment, e der Abstand der neutralen Faser von der äußeren Faser-

schicht und $K_d = 5000$ die Bruchspannung sind. Mithin ist bei einem Durchmesser $d = 1$ cm des Probestabes:

$$P \cdot 57 = \frac{\dfrac{\pi d^4}{32}}{\dfrac{d}{2}} \cdot 5000;$$

$$P = \frac{\pi d^3}{16} \cdot \frac{5000}{57} \sim 17 \text{ kg}.$$

Als Nullast ist rd. $\dfrac{17}{34} = 0,5$ kg gewählt. Desgleichen sind bei weiterer Belastung des Stabes die Laststufen um je 0,5 kg gesteigert.

Protokoll.

Werkstoff: Flußeisen.
Zustand: Anlieferung.
Abmessungen: Durchmesser $d = 1,00$ cm.
             Ganze Länge $L = 14$ cm.
             Meßlänge $l = 10,0$ cm.
             Skalenabstand $= 100$ cm.
             Hebelarm des Drehmoments $= 57,0$ cm.

Belastung am Hebelarm kg	Skalenablesungen mittels Fernrohr		Unterschied beider Ablesungen $b-a$ $\frac{1}{100}$ cm	Verdrehungszunahme $\frac{1}{100}$ cm	Gesamtverdrehungen $\frac{1}{100}$ cm	Bemerkungen
	Spiegel a $\frac{1}{100}$ cm	Spiegel b $\frac{1}{100}$ cm				
0,5	$+30$	-30	-60	—	—	Nullast
1,0	54	70	16	76	76	Spiegel b liegt nach der
1,5	83	174	91	75	151	Antriebsvorrichtung der
2,0	111	278	167	76	227	Maschine zu.
2,5	132	373	241	74	301	
P 3,0	161	478	317	76	377	
3,5	194	591	397	80	457	
4,0	201	683	482	85	542	
4,5	229	800	571	89	631	
5,0	260	931	671	100	731	
5,5	311	1101	790	119	850	
S 6,0	412	1612	1200	410	1260	
6,5	Skalenbilder verschwinden					
B 18,2	Höchstgetragene Last					Freigebrochen bei 5 Umdrehungen und 10°.

Aus dem vorstehenden Protokoll ergaben sich folgende Werte: die der Proportionalitätsgrenze entsprechende Belastung $P_P = 3$ kg, was bei einem Hebelarm von 57 cm einem Drehmoment $3 \cdot 57 = 171$ cmkg entspricht. Somit ist die Proportionalitätsgrenze

$$\tau_P = \frac{M_d}{W} = \frac{171}{\dfrac{\pi d^3}{16}} = 870 \text{ kg/qcm}.$$

Die Verdrehungsgrenze ist

$$\tau_S = \frac{6 \cdot 57}{\dfrac{\pi \cdot d^3}{16}} = 1740 \text{ kg/qcm}.$$

Die Bruchgrenze ist

$$K_d = \tau_B = \frac{18{,}2 \cdot 57}{\dfrac{\pi \, d^3}{16}} = 5280 \text{ kg/qcm}.$$

Die Bestimmung des Gleitmoduls erfolgt nach Formel 6:

$$M_d = \varphi \cdot G \cdot J,$$

woraus

$$G = \frac{M_d}{\varphi \cdot J}.$$

Hierin ist M_d das Drehmoment, das den elastischen Verdrehungen entspricht.

Die Steigerung der Kraft von der Nullast bis zur P-Grenze ist 2,5 kg. Folglich ist $M_d = 2{,}5 \cdot 57$.

Die Verschiebung φ läßt sich ausdrücken durch

$$\operatorname{tg} \varphi = \varphi = \frac{b-a}{A},$$

worin A den Skalenabstand bedeutet. Hierbei ist zu berücksichtigen, daß b und a in $\frac{1}{100}$ cm bestimmt sind, und daß sie infolge der Spiegelreflexion in doppelter Größe erscheinen; außerdem ist die Differenz $b - a$ auf eine Meßlänge von 10 cm bezogen, während φ auf 1 cm Länge zu beziehen ist. Unter Berücksichtigung dieser Umstände ergibt sich:

$$G = \frac{2{,}5 \cdot 57}{\dfrac{3{,}77}{100 \cdot 2 \cdot 10} \cdot \dfrac{\pi \, d^4}{32}} = 770\,000 \text{ kg/qcm}.$$

Aufgabe.

20. Unter Ausführung von Feinmessungen ist mit einem Hartaluminiumstab ein Verdrehungsversuch vorzunehmen.

Lösung: Das Drehmoment wurde stufenweise gesteigert und für jede Stufe die Verdrehung zweier 10 cm voneinander entfernter Stabquerschnitte gegeneinander mittels Spiegel und Fernrohr beobachtet. Aus den elastischen Verdrehungen wurde der Gleitmodul berechnet, ferner wurden die Verdrehungsgrenze, bei der eine starke Zunahme der Verdrehungen eintrat, und die Bruchgrenze bestimmt. Die Ergebnisse sind in untenstehender Tabelle zusammengestellt.

Probe Nr.	Abmessungen		Widerstandsmoment $W = \dfrac{\pi\,d^3}{16}$	Proportionalitätsgrenze		Gleitmodul G	Verdrehungsgrenze		Bruchgrenze		Anzahl der Verwindungen bis zum Bruch
	Durchmesser d	Meßlänge l		Gesamtmoment $P_P \cdot r$	Spannung $\tau_p = \dfrac{P_P \cdot r}{W}$		Gesamtmoment $P_S \cdot r$	Spannung $\tau_S = \dfrac{P_S \cdot r}{W}$	Gesamtmoment $P_B \cdot r$	Spannung $\tau_B = \dfrac{P_B \cdot r}{W}$	
	cm	cm	cm	cmkg	kg/qcm	kg/qcm	cmkg	kg/qcm	cmkg	kg/qcm	
1	1,50	10	0,663	456	690	275 000	855	1290	1710	2580	0,5
2	1,50	10	0,663	456	690	275 000	855	1290	1721	2600	0,5
3	1,50	10	0,663	456	690	274 000	855	1290	1619	2440	0,3

e) Einflüsse auf die Ergebnisse bei Drehversuchen.

Bach hat dies sehr schwierige Gebiet durch umfangreiche Versuche geklärt. Was für zylindrische Stäbe gilt, läßt sich nicht ohne weiteres auf andersgeformte Stäbe übertragen. Bei zylindrischen Stäben bleiben die Querschnitte bei der Verdrehung eben, und nur die Längsfasern nehmen die Form von Schraubenlinien an. Die Querschnitte elliptischer, rechteckiger oder quadratischer Stäbe bleiben dagegen nicht eben, sondern wölben sich. Teilt man die Oberfläche eines Vierkantstabes vor dem Versuche in Quadrate ein, so zeigt sich, daß sich diese nach der Verdrehung ungleichartig verschoben haben. Der rechte Winkel ist an der Stabkante erhalten geblieben, während er in der Mitte die größte Veränderung zeigt (s. Abb. 130). Hiernach findet die größte Schiebung an den Punkten des Stabumfanges statt, die der Achse am nächsten liegen. Ferner zeigt sich, daß die beiden Symmetrieachsen des Querschnitts (Hauptachsen) in der ursprünglichen Ebene geblieben sind, während die übrigen Flächenteile eine Krümmung erfahren haben. (In der Abbildung ist für einen Querschnitt die ursprüngliche Ebene gestrichelt gezeichnet.)

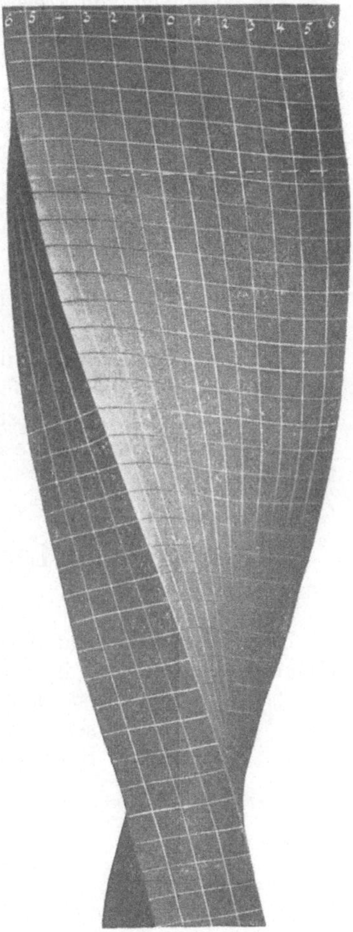

Zur Berücksichtigung dieser Einflüsse hat Bach die folgende Gleichung für das Drehmoment aufgestellt:

$$M_d \leqq \varphi \cdot k_d \cdot \frac{J}{e}.$$

Hierin bedeutet φ einen Zahlenwert, der sich je nach der Querschnittsform des Stabes ändert, e den Abstand der Stabmitte von der am nächsten liegenden Faser der Staboberfläche, J das kleinere der beiden Hauptträgheitsmomente (im Gegensatz zu Gl. 2, in der das polare Trägheitsmoment in Betracht kommt).

Für den Kreis ist das polare Trägheitsmoment

$$J_p = J_1 + J_2 = 2\,J,$$

da beide Hauptträgheitsmomente gleich sind.

Abb. 130. Verdrehter Flachstab.

Für Kreis und Kreisring ist $\varphi = 2$,
für Ellipse und Ellipsenring $= 2$,
für Rechteck $= \tfrac{8}{3}$.

Demnach wird für den Kreis

$$M_d = 2 \cdot k_d \cdot \frac{J\left(= \dfrac{J_p}{2}\right)}{r} = k_d \frac{J_p}{r}.$$

Über die Beeinflussung der Drehfestigkeit des Gußeisens durch die Querschnittsform besagen die Bachschen Versuche, daß Stäbe von rechteckigem Querschnitt, dessen eine Seite erheblich länger ist als die andere, neben der Drehbeanspruchung noch innere Normalspannungen erleiden, wenn die Stabenden an einen stärkeren Querschnitt anschließen (Abb. 131). Der errechnete Wert der Drehungsfestigkeit ist daher kleiner als die wirkliche Drehungsfestigkeit.

Der Vergleich von kreisförmigen und quadratischen Hohlstäben mit Vollstäben erbrachte den Beweis, daß der nach der Stabachse zu gelegene Werkstoff an dem Widerstand gegen Verdrehung erheblichen Anteil hat.

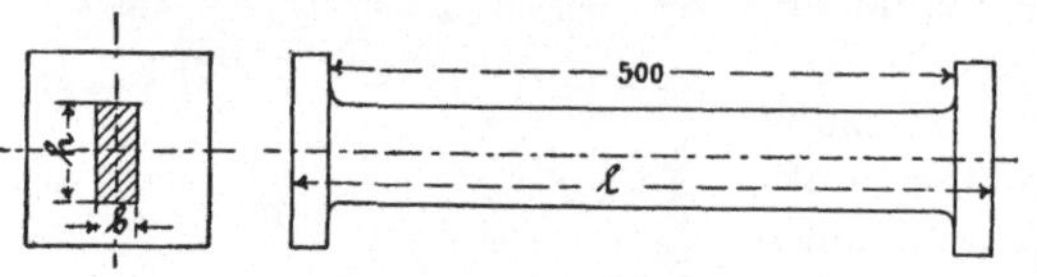

Abb. 131.
Drehprobe mit rechteckigem Querschnitt.

Versuche mit Gußeisenstäben von ⌐-förmigem Querschnitt haben ergeben, daß auf sie die Formel für M_d nicht anwendbar ist, und daß solche Stäbe gegenüber Drehbeanspruchung wenig widerstandsfähig sind.

Auch auf Stäbe von I- und kreuzförmigem Querschnitt ist die betreffende Formel nicht anwendbar. An bearbeiteten und unbearbeiteten Quadratstäben wurde festgestellt, daß die Drehfestigkeit jener nur etwas, die Verdrehung dagegen wesentlich größer war als die der unbearbeiteten Stäbe.

VI. Scher- und Lochversuch (stoßfrei ansteigende Belastung).

Ein Körper wird auf Abscherung beansprucht, wenn äußere Kräfte einen Teil von ihm in einer Fläche abzuschieben suchen. Scherfestigkeit ist also der Widerstand, den der Körper dem Abschieben entgegensetzt. Die im Innern auftretende Spannung wirkt innerhalb des Querschnitts dieser Beanspruchung entgegen und wird als Schubspannung bezeichnet. Sie ist im Gegensatz zu den Zug- und Druckspannungen, die normal zu den Querschnitten wirken und daher Normalspannungen genannt werden, eine Tangentialspannung, wie sie auch beim Verdrehungsversuch auftritt.

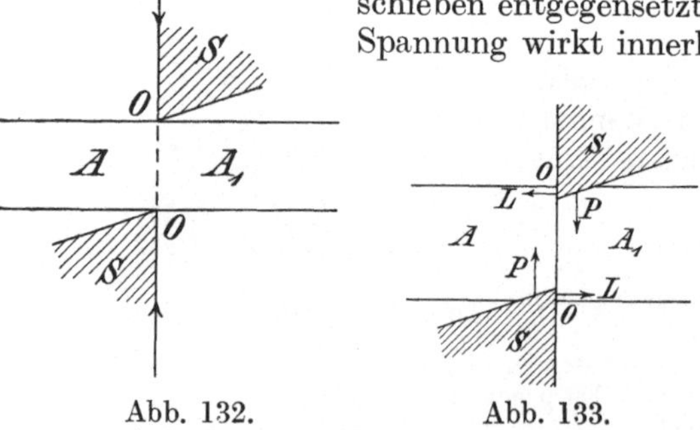

Abb. 132.   Abb. 133.
Auf Abscherung beanspruchter Stab.

Bei der Ausführung von Scherversuchen muß man sich aber klar sein, daß man keine reinen Schubspannungen erhält. In Abb. 132 stehen sich 2 Schneiden gegenüber, durch die der Stab in zwei Hälften A und A_1 längs einer Ebene $O—O$ zerteilt werden würde. Im Augenblick, wo die Schneiden den Stab berühren, sind reine Schub-

spannungen vorhanden, zu denen aber im nächsten Moment schon
Biegungsspannungen hinzutreten, wie aus Abb. 133 ersichtlich ist. Statt
der bisherigen Berührung in 2 Linien, erfolgt sie nunmehr in 2 Flächen,
wodurch die Richtung der wirkenden Kräfte nicht mehr in Ebene $O-O$
fällt. Hierdurch entsteht ein rechtsdrehendes Biegungsmoment, so daß
außer der Schubbeanspruchung noch Biegungsbeanspruchung auftritt.
Dem rechtsdrehenden Moment der Kräfte P wirkt ein linksdrehendes
der Kräfte L entgegen; diese erzeugen Reibungswiderstände. Durch
Scherversuche läßt sich also streng genommen die Schubfestigkeit nicht
ermitteln. Es ist daher zutreffender, bei Abscherversuchen nicht von
Schub-, sondern von Scherfestigkeit zu reden.

Für die Ausführung von Scherversuchen werden ein- und zweischnittige Apparate verwendet; sie werden in Zug- oder Druckmaschinen

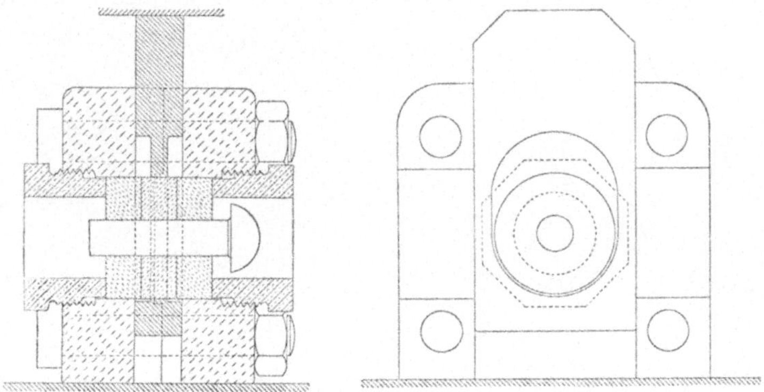

Abb. 134. Zweischnittiger Scherapparat nach Martens.

eingebaut. Bezeichnet man mit τ die Scherspannung, mit S die aufgewandte Kraft und mit f den Scherquerschnitt, so ist $\tau = \dfrac{S}{f}$ bei der
einschnittigen und $\tau = \dfrac{S}{2f}$ bei der zweischnittigen Vorrichtung.

Im allgemeinen wird die zweischnittige Scherung angewandt.

Abb. 134 stellt eine Abschervorrichtung dar. Sie besteht im wesentlichen aus drei zu gehärteten und geschliffenen Stahlringen ausgebildeten
Scherbacken, von denen die mittlere beweglich und in einem schmiedeeisernen Schieber eingesetzt ist. Dieser gleitet in einem zweiteiligen
Gußeisengehäuse und überträgt die auf ihn ausgeübte Schubkraft S auf
den in den ausgebohrten Scherbacken lagernden Probekörper. Seitlich
angebrachte Stellmuttern dienen zur Erzielung möglichst dichter Berührung der Backen. Die zylindrische Probe muß genau in die Bohrungen
passen. Für den Apparat sind Scherbacken für Proben verschiedener
Durchmesser vorgesehen, so daß man nicht auf eine Probendicke angewiesen ist. Während dieser Apparat unter Druckbeanspruchung
arbeitet, wird die in Abb. 135 dargestellte Abschervorrichtung auf
Zug beansprucht. Die mit diesen Apparaten ermittelte Scherfestig-

keit setzt sich aus der eigentlichen Schubfestigkeit und aus Biegungsspannungen, die mit der Breite der mittleren Scherbacke zunehmen, zusammen.

Die Probenform richtet sich nach dem Scherapparat. Bei dem vorstehend erwähnten Apparat ist die Dicke der zylindrischen Probekörper gleich der Breite der Scherbacken.

Wird die Scherfläche kreisförmig angeordnet, so erhält man den Lochversuch, der die Lochfestigkeit $\tau_L = \dfrac{S_L}{f}$ liefert. Eine Vorrichtung zeigt Abb. 136.

Die Probe liegt auf dem gehärteten Stahlring B (Matrize). Der Stempel D, in den der eigentliche Lochstempel C eingepaßt ist, wird in einem Gußgehäuse E geführt. Die Lochstempel haben entweder ebene oder, wie in der Abbildung angedeutet, nach dem Halbmesser $2\,d$ ausgehöhlte Endflächen. Diese ergeben etwas geringere Lochfestig-

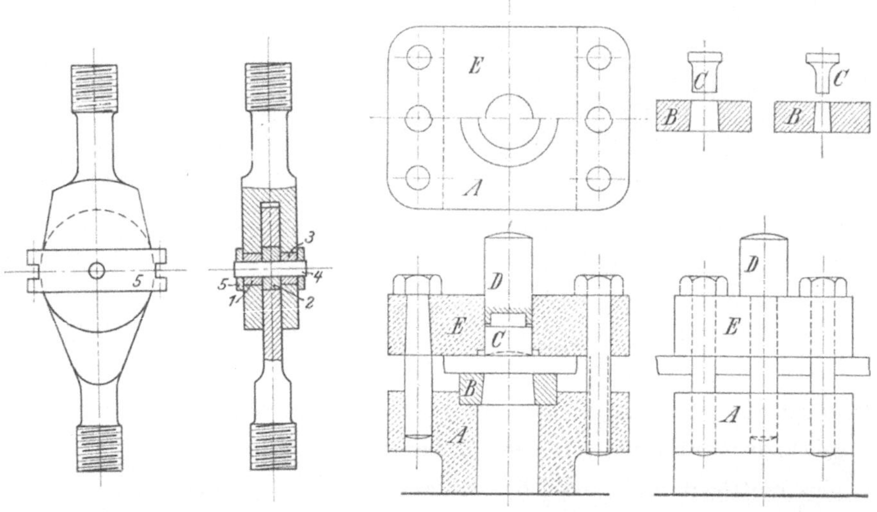

Abb. 135.
In Zerreißmaschine einzuspannende Schervorrichtung.

Abb. 136.
Lochapparat nach Martens.

keitswerte als die ebenen Endflächen. Um glatten Durchgang der ausgestanzten Scheibe zu erzielen, macht man die nach unten sich konisch erweiternde Matrize etwas größer als den Lochstempel. Der Apparat ist gewöhnlich mit einem Satz Stempeln von $d = 1,0$, $1,5$, $2,5$, $3,0$ und $4,0$ cm und Matrizen von $d_1 = 1,005\,d$, $1,050\,d$ und $1,100\,d$ ausgerüstet. Der Durchmesser des Stempels wird zweckmäßig so gewählt, daß das Verhältnis zwischen Blechdicke und Durchmesser nahezu konstant ist, eine Maßnahme, die sich aus dem Gesetz der Ähnlichkeiten ergibt. (Vgl. S. 175.)

Beispiel: Prüfung von Kupfer auf Scherfestigkeit.
Protokoll.

Werkstoff: Bronce.
Zustand: Anlieferung.
Abmessungen: Durchmesser der Probe $d = 1,5$ cm.
Länge $L = 3,5\, d = 4,5$ cm.
Backendurchmesser $d_1 = 1,5$ cm.
Backendicke $b = 1,5$ cm.

Probenquerschnitt $f = \dfrac{d^2 \pi}{4} = 1,77$ cm.

Scherquerschnitt $F = 2\, f = 3,53$ qcm.

Prüfvorrichtung: Martensscher Scherapparat (s. S. 93).

Belastung P kg	Spannung $\tau = \dfrac{P}{2f}$ kg/qcm	Weg des Stempels[1] (Scherweg) λ cm 10^{-2}	Scherweg der Einheit ε $\varepsilon \cdot 10^{-3} = \dfrac{\lambda}{d} \cdot \dfrac{1}{\beta}$[2]
0	0	0	0
7 000	1983	5	17
12 000	3400	9	30
14 000	3966	18	60
14 600	4136	30	100
14 500	—	50	167
14 000	—	80	267
11 000	—	135	450
9 000	—	153	510
4 000	—	188	627
2 000	—	215	717
0	—	270	900

Aus dem Versuch ergibt sich die maximale Scherkraft $S = 14\,600$ kg.

Mithin ist die Scherspannung $\tau = \dfrac{P}{2f} = 4140$ kg/qcm.

Beispiel: Ein Aluminiumblech ist auf Lochfestigkeit zu untersuchen.

Die Prüfung erfolgte mit dem Martensschen Lochungsapparat. Der Stempel hatte eine ebene Stirnfläche. Die Abmessungen der Proben und die Versuchsergebnisse folgen hierunter.

| Probe Nr. | Blechdicke a cm | Stempeldurchmesser d cm | Matrizendurchmesser d_1 cm | Bruchlast | | Schnittfläche $f = \pi\, d \cdot a$ qcm |
				Gesamt S_L kg	Spannung $\tau_L = \dfrac{S_L}{f}$ kg/qcm	
1	—	1,0	1,01	1200	1970	0,609
2	0,194	1,0	1,01	1220	2000	0,609
3	—	2,0	2,01	2540	2080	1,219
4	—	2,0	2,01	2480	2030	1,219

VII. Schlagversuch (stoßweise Belastung).

a) Theoretische Grundlagen.

Werden Werkstoffe durch stoßweise wirkende Kräfte beansprucht, so sind die Ergebnisse der mit allmählich wachsenden Kräften ausge-

---

[1] Der Weg wurde aus dem von der Maschine selbsttätig aufgezeichneten Schaubilde entnommen.

[2] Vor dem Versuch wurde das Übersetzungsverhältnis

$$\beta = \frac{\text{Abszissenlänge des Schaubilds}}{\text{Scherweg}} = 2 \text{ festgestellt.}$$

führten Untersuchung nicht mehr verwendbar, da sich die Werkstoffe bei ruhender und bei stoßweiser Beanspruchung zum Teil recht verschieden verhalten. Zur Gewinnung zuverlässiger Urteile ist daher die stoßweise Beanspruchung nachzuahmen. Derartige Versuche führt man mittels der Fall- oder der Pendelschlagwerke aus, wobei das Gewicht eines frei fallenden bzw. um eine Achse schwingenden Körpers, des Bären, auf das ruhende Versuchsstück wirkt. Zu unterscheiden sind im wesentlichen der Schlagdruck- oder Stauchversuch, der Schlagzerreiß- und der Schlagbiegeversuch.

Im Gegensatz zu den üblichen Festigkeitsversuchen mit ruhender Belastung mißt man bei der stoßweisen Beanspruchung nur die Formänderungen nach dem Versuch. Zudem kann bei Fallwerken die mechanische Arbeit nur insgesamt einschließlich der durch den Amboß oder die Schabotte aufgenommenen festgestellt werden, im Gegensatz zur Nettoarbeit bei ruhender Belastung, die vollständig auf das Probestück übergeht. Beim Pendelschlagwerk wird dagegen die reine Schlagarbeit gemessen.

Bezeichnet man bei einem Fallwerk das fallende Gewicht mit G in Kilogramm und die Fallhöhe H in Meter, so ist die Gesamtarbeit

$$A = G \cdot H \text{ mkg}.$$

Ist J der Rauminhalt des Probekörpers in Kubikzentimetern und g, dessen Gewicht in Gramm, so ist die spezifische Schlagarbeit

$$a = \frac{G \cdot H}{J} \text{ mkg/ccm}$$

und auf die Gewichtseinheit bezogen

$$a_1 = \frac{G \cdot H}{g} \text{ mkg/g}.$$

Wird bei einem Stauchversuch die Länge l auf l_1 verkürzt (Abb. 137), so ist

$$-\lambda = l - l_1$$

und die auf die Längeneinheit bezogene Verkürzung oder Stauchung

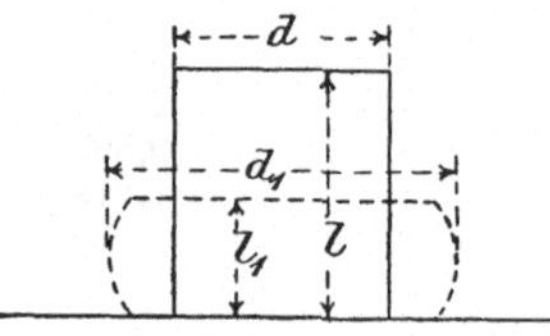

Abb. 137. Stauchprobe.

$$-\varepsilon_s = \frac{l - l_1}{l} = -\frac{\lambda}{l}.$$

Die prozentuale Stauchung ist alsdann

$$-\delta_s = \left(1 - \frac{l_1}{l}\right) \cdot 100.$$

Als Stauchungszahl gilt nach Martens die Stauchung der Längeneinheit durch die Arbeitseinheit

$$a_s = \frac{\varepsilon_s}{a}.$$

Bei den Pendelschlagwerken wird die Schlagarbeit durch ein schwingendes Pendel geleistet, das die Probe durchschlägt und dann weiterschwingt. Der Unterschied zwischen dem gesamten im Pendel ursprünglich vorhandenen und dem nach dem Zerschlagen der Probe noch übriggebliebenen Arbeitsvermögen dient hierbei als Maß für die verbrauchte Schlagarbeit.

Ist das Pendelgewicht G in Kilogramm, die Fallhöhe zu Beginn des Versuchs H in Meter, so ist die im Pendelgewicht aufgespeicherte Arbeit

$$A = G \cdot H \text{ mkg.}$$

Steigt das Pendel nach dem Zerschlagen um $h\,m$, so ist das im Pendelgewicht noch vorhandene Arbeitsvermögen

$$A_1 = G \cdot h \text{ mkg.}$$

Somit ist die verbrauchte Schlagarbeit

$$A_s = G\,H - G\,h = G\,(H-h) \text{ mkg.}$$

Als spezifische Schlagarbeit bezeichnet man die hierbei pro Quadratzentimeter des durchschlagenen Querschnitts q aufgewandte Arbeit, also

$$a_s = \frac{A_s}{q}.$$

b) Probenform.

Die üblichen Schlagversuche sind der Stauch- (Schlagdruck-) und der Schlagbiegeversuch. Die anderen Schlagversuche können hier, da sie nur sehr selten ausgeführt werden, unerörtert bleiben. Als Stauchproben benutzt man wie bei Druckversuchen Würfel oder Zylinder von der Länge $l = d$ und bezeichnet diese als Normalkörper. Außerdem verwendet man auch die beim Druckversuch üblichen Proportionalkörper, bei denen $\dfrac{l}{\sqrt{f}} = 1$. Beim Zylinder ist dann $l = 0{,}886\,d$.

Für Schlagbiegeversuche besteht keine bestimmte Probenform. Sie richtet sich in erster Linie nach dem zur Verfügung stehenden Fallwerk. Häufig wird der Schlagbiegeversuch an fertigen Stücken (Eisenbahnschienen, Federn) ausgeführt.

Für Versuche auf Pendelschlagwerken sind bestimmte Formen und Abmessungen der Proben vorgeschrieben (s. Abb. 138). Der quadratische Stab von 30×30 qmm und 16 cm Länge erhält in der Mitte der Länge ein Loch von 4 mm Durchmesser, das nach der Seite aufgeschnitten ist. Die von dem Lochumfang bis Längskante übrigbleibende Höhe beträgt 15 mm.

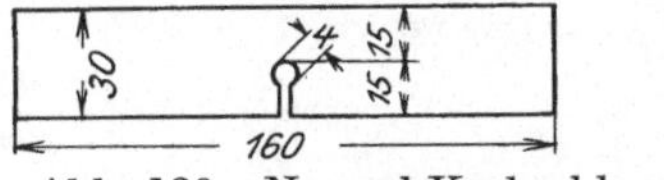

Abb. 138. Normal-Kerbschlagprobe.

Diese für das Pendelschlagwerk von 75 mkg benutzte Probe wird als Kerbschlagprobe und der Kerb selbst als Rundkerb bezeichnet[1]).

Für Proben zum kleinsten Pendelschlagwerk von 10 mkg sind auch andere Formen und Abmessungen zulässig (100 mm Länge und 8 bis 10 mm Dicke), wobei ein „scharfer Kerb“ von 2 mm Tiefe bei einem Kantenwinkel von 45° angewandt wird. (Vgl. S. 172.)

---

[1]) Hat der Werkstoff eine geringere Dicke als 30 mm (Bleche), so wird die Probendicke entsprechend der vorhandenen Blechdicke gewählt, während die übrigen Abmessungen unverändert bleiben.

Aus Blechen entnimmt man gewöhnlich Längs- und Querproben.
Diese sind in kaltem Zustande herauszuschneiden und dürfen auch
nachträglich nicht erwärmt werden. Die Temperatur des Versuchs-
raums, die im Protokoll angegeben zu werden pflegt, soll zwischen
15 und 25° C liegen.

Abb. 139. Kerbschlagprobe von Heyer.

Bei der Heynschen
Probe benutzt man einen
Stab von 4×6 qmm Querschnitt und 60 mm Länge.
Die Probe erhält auf der
einen Flachseite einen
$1/2$ mm tiefen Kerb, der
durch Hobeln mit einem unter 60° zugespitzten Formstahl hergestellt
wird. Der Stab wird zwischen die Backen eines Schraubstockes eingespannt (s. Abb. 139) und in der Pfeil-
richtung mit einem Hammer geschlagen. Als erste Biegung gilt das Umschlagen des Stabes um 90° in die
punktierte Lage, als zweite Biegung
das Zurückbiegen des Stabes zwischen
den Schraubstockbacken in die gerade Lage, als dritte Biegung wieder
das Umschlagen usw. Die Zahl der
Biegungen bis zum Bruch wird Biege-
zahl genannt.

c) Maschinen für Schlagversuche.

Die hierfür in Betracht kommenden Fallwerke und Pendelhämmer
haben bestimmten Konstruktions-
grundsätzen zu entsprechen, damit
vergleichbare Versuchsergebnisse erzielt werden. Sie sind von dem deutschen Verband für Materialprüfungen
aufgestellt (s. S. 165 u. 175). Danach soll
die Höhe der Fallwerke 6 m nicht überschreiten und das normale Fallgewicht
500 bzw. 1000 kg betragen. Als Bär-
führung dienen zweckmäßig Eisenbahnschienen, die mit Graphit ge-
schmiert werden. Die Hammerbahn
ist nach 150 mm Halbmesser abzurunden. Das Gewicht des Ambosses

Abb. 140.
Fallwerk von Mohr & Federhaff.

oder der Schabotte soll mindestens das Zehnfache des Bärgewichtes
betragen. Ein Fallwerk einfacher Konstruktion zeigt Abb. 140.

Für Kerbschlagversuche hat der deutsche Verband für Materialprüfungen der Technik im Jahre 1907 Richtlinien aufgestellt. Vor-

geschrieben ist der Charpysche Pendelhammer, und zwar sollen Hämmer von 250, 75 und 10 mkg Gesamtschlagarbeit benutzt werden. Für die Ausführung ist der Kruppsche Entwurf entscheidend.

Die von Ehrensberger zusammengestellten Konstruktionsgrundsätze besagen im wesentlichen, daß 1. das Pendel in Kugellagern schwingt, 2. das Gestänge sehr leicht, aber stabil ist und der Schwerpunkt tief liegt und 3. die Schwerpunkte von Pendelmasse, des Gestänges sowie des Probestabes mit dem Treffpunkt der Schlagschneide

Abb. 141. Normalpendelschlaghammer für 75 und 250 mkg von Mohr & Federhaff.

in der Schwingungsebene des Pendelschwerpunktes liegen, damit Vibrationen möglichst vermieden werden.

Das von Mohr und Federhaff nach diesen Grundsätzen gebaute Normalpendelschlagwerk für 75 bzw. 250 mkg ist in Abb. 141 dargestellt.

Die Schabotte ist auf einem isoliert stehenden Fundament unabhängig vom Gestell gelagert, um dieses vor den beim Bruch der Probe entstehenden Erschütterungen zu bewahren. Die Achse des Pendels läuft in Kugellagern. Das aus Profileisen hergestellte Gerüst ist 3,4 bzw. 4,7 m hoch und 6,1—9 m lang. Der Pendelhammer wird mittels Kurbelwinde hochgezogen und durch einen an einer Klinkvorrichtung befestigten Schnurzug ausgelöst. Das Pendel wird nach dem Durchschwingen durch Anheben der Kurvenbahn gebremst.

Zur Messung der Schlagarbeit dient eine leichte auf der Pendel-
achse befestigte Schnurscheibe, die die Pendelbewegung mitmacht. Um
die Scheibe ist ein dünner Draht geschlungen, der am freien Ende ein
in einem Schieber geführtes Gewicht trägt. Bei hochgezogenem Pendel
befindet sich das Gewicht in seiner tiefsten, beim durchgeschwunge-
nen Pendel (Umkehrpunkt) in seiner höchsten Lage. Ein Schleppzeiger,
der sog. Maximumschieber, zeigt den größten Pendelausschlag auf einer
Skala an.

Die Bauart des 10-mkg-Pendelschlagwerkes ist durch Abb. 142 veranschaulicht. Das im wesentlichen aus einer flachen Scheibe bestehende
und in Kugellagern sich drehende Pendel wird von Hand aus der Tiefst-
lage um ungefähr 160° angehoben und
in der Höchstlage durch die in der Abbildung oben sichtbare Klinkvorrichtung gehalten. Zur Feststellung der beim
Versuch verbrauchten Arbeit liest man
mittels Zeigervorrichtung den Durch-
schlagswinkel ab. Durch Betätigung
eines Handhebels und eines verstellbaren
Metallriemens, der gegen das Pendel gedrückt wird, bringt man dieses zur Ruhe,
nachdem es seine Bewegungsrichtung
geändert hat.

Dieser Apparat ist auch für Schlag-
zerreißversuche eingerichtet. Hierbei
wird der an beiden Enden mit Gewinde
versehene Probestab (60 mm Meßlänge,
5 mm Durchmesser) in den Rücken des
Hammerbärs eingeschraubt und ein
Schlagklotz auf das freie Ende des
Stabes aufgeschraubt. Zwei Stelzen,
die in die für die Schlagbiegeproben be-

Abb. 142.
Normalpendelschlaghammer für
10 mkg von Mohr & Federhaff.

nutzten Auflager eingeschraubt werden, fangen den Klotz ab, so daß
die Probe zerrissen wird.

Aufgabe.

21. Die Wirkungsweise des in Abb. 143 dargestellten Pendelschlaghammers
von 10 mkg ist zu erläutern; die mathematischen Beziehungen zwischen Ausschlagwinkel und Arbeitsleistung sind abzuleiten.

Lösung. Durch Heben des Pendelhammergewichts G auf die Höhe h_0 wird
potentielle Energie von $G \cdot h_0 = 9{,}45 \cdot 1{,}058 = 10$ mkg in dem Gewicht auf-
gespeichert. Löst man die Arretierung, so würde das Pendel, unter Voraussetzung
reibungsloser Bewegung, nach der anderen Seite um den gleichen Winkel α durchschlagen. Infolge der Reibung ist er aber etwas geringer. Durchschlägt der
Hammer eine in der tiefsten Stellung des Hammers gegen die Widerlager ge-
stützte Probe, so schwingt das Pendel nur noch um den $\sphericalangle \varphi$ über die Nullage
hinaus. Die Differenz $\alpha - \varphi = \alpha_1$ ist dann ein Maß für die beim Durchschlagen
des Probestabes verbrauchte Energie, einschließlich derjenigen, die zur Überwindung der Reibung erforderlich ist.

Zur Messung des Winkels $\alpha - \varphi$ ist auf der Aufhängeachse des Pendels
ein Zeiger mit Reibung angeklemmt. Wird es angehoben und dann fallen gelassen, so macht der Zeiger die Bewegung mit, bis er durch den Stift a an der

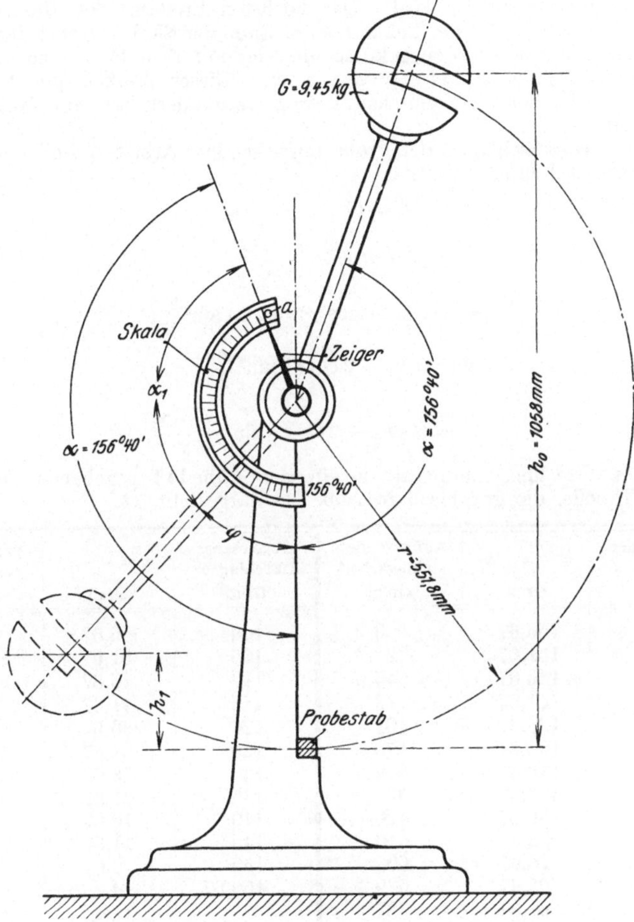

Abb. 143. Pendelschlaghammer für 10 mkg.

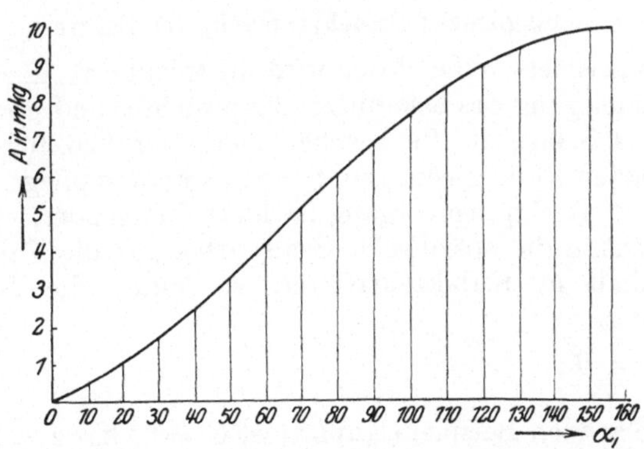

Abb. 144. Abhängigkeit der geleisteten Arbeit von dem Ausschlagwinkel des Pendels für den 10-mkg-Pendelhammer.

Weiterbewegung gehindert wird. Der höchsten Stellung des Hammers links entspricht der Winkel $0°$ am linken oberen Ende der Skala. Kehrt der Hammer in die lotrechte Ruhelage zurück, so gibt der mit dem Pendel zurückgehende Zeiger den Ausschlagswinkel $\alpha_1 = \alpha - \varphi$ an. Dieser Winkel, um den auf die Reibung des Pendels entfallenden Betrag vermindert, ist ein Maß für die Schlagarbeit.

Die zum Durchschlagen der Probe aufgewendete Arbeit A findet man durch die folgende Rechnung. Es ist:

$$A = G \cdot h_0 - G \cdot h_1 .$$

Da

$$\cos \varphi = \frac{r - h_1}{r} ,$$

so wird

$$h_1 = r\,(1 - \cos \varphi) = 2\,r \cdot \sin^2 \frac{\varphi}{2} ,$$

somit

$$A = G\,h_0 - 2\,G \cdot r \cdot \sin^2 \frac{\varphi}{2}$$

$$= G \cdot h_0 - 2\,G \cdot r \cdot \sin^2 \frac{\alpha - \alpha_1}{2}$$

Hieraus errechnet man für die in der Abb. 143 gegebenen Verhältnisse folgende Tabelle, die graphisch in Abb. 144 dargestellt ist.

Abgelesener Ausschlag α_1 Grad	$\varphi = \alpha - \alpha_1$ Grad	Aufgewendete Schlagarbeit cmkg	Abgelesener Ausschlag α_1 Grad	$\varphi = \alpha - \alpha_1$ Grad	Aufgewendete Schlagarbeit cmkg
0	156,67	0	100	56,67	766
5	151,67	22,3	105	51,67	803
10	146,67	45,5	110	46,67	837
15	141,67	73	115	41,67	868
20	136,67	101	120	36,67	897
30	126,67	170	125	31,67	923
40	116,67	246	130	26,67	945
50	106,67	331	135	21,67	963
60	96,67	420	140	16,67	978
70	86,67	510	145	11,67	989
80	76,67	600	150	6,67	996
90	66,67	679	156,67	0	1000
95	61,67	727			

d) Ausführung und Auswertung von Schlagversuchen.

1. Schlagdruck(-stauch)versuche im Fallwerk.

Nach dem Ausmessen der Probe wird ihr Inhalt errechnet und daraus unter Zugrundelegung des bekannten Bärgewichtes und der spezifischen Schlagarbeit (s. S. 96), die für weichen Werkstoff 0,25, für mittelharten 2,5 und für harten 10 mkg/ccm genommen zu werden pflegt, die Fallhöhe bestimmt. Der Rechnungsvorgang ist hierbei folgender. Bezeichnet G das Bärgewicht, a die spezifische Schlagarbeit, H die Fallhöhe und J den Rauminhalt in Kubikzentimeter, so lautet die Bestimmungsgleichung für H

$$G \cdot H = a\,J ,$$

woraus $H = \dfrac{a \cdot J}{G} .$

Im nachfolgenden Beispiel (Kupfer) ist $G = 60$ kg, $a = 2,5$ mkg/ccm und $J = 6,28$ ccm. Demgemäß wird $H = \dfrac{2,5 \cdot 6,28}{60} = 0,262$ m.

Nunmehr wird die Probe auf die Schabotte des Fallwerkes gestellt, der Bär langsam bis zum Aufliegen herabgelassen und die verschiebbare vertikale Skala, die zur Einstellung der Fallhöhe dient, auf Null eingestellt. Sodann wird der Fallbär mittels Hebelvorrichtung auf die errechnete Fallhöhe angehoben. Um den Probekörper vor Prellschlägen zu schützen, zieht man ihn mittels Schnur nach dem erstmaligen Aufschlagen des Bären hervor. Hierzu gehört erfahrungsgemäß eine gewisse Übung. Der Anfänger begeht häufig den Fehler, daß er die Probe schon hervorzieht, bevor sie vom Bären getroffen ist, oder die Schnur wird etwas zu früh angezogen, daß der Körper nicht auf seiner ganzen Fläche, sondern nur teilweise getroffen wird. Wenn die Probe zu spät hervorgezogen wird, so erhält sie außer dem ersten Schlage noch Prellschläge. Aus diesem Grunde empfiehlt es sich, zumal wenn nur wenig Proben zur Verfügung stehen, mit ähnlichem Werkstoff einen Vorversuch auszuführen und das Hervorziehen der Schlagprobe so lange zu üben, bis die Vermeidung von Fehlschlägen gesichert ist. Als Gütemaßstab gilt entweder eine bestimmte Stauchung oder die gesamte Schlagarbeit, die gerade erforderlich ist, um den Bruch herbeizuführen. Interessant ist die Feststellung, daß ein Schlag mit größerer spezifischer Schlagarbeit infolge der größeren Geschwindigkeit des Bären eine etwas stärkere Wirkung hervorruft als zwei oder mehrere Schläge, deren gesamte Schlagarbeit gleich der Schlagarbeit des einen wuchtigeren Schlages ist. Das folgende Protokoll läßt diese Erscheinung deutlich erkennen.

Beispiel. Stauchversuch mit zylindrischen Körpern.

Protokoll.

Werkstoff: Kupfer.
Zustand: Anlieferung.
Abmessungen: Länge $l = 2{,}00$ cm.
　　　　　　　Durchmesser $d = 2{,}00$ cm.
　　　　　　　Fläche $f = 3{,}14$ qcm.
　　　　　　　Inhalt: $J = 6{,}28$ ccm.

Ähnlichkeitsfaktor $n = \dfrac{l}{\sqrt{f}} = 1{,}13$.

Fallgewicht $G = 60$ kg.

Zahl der Schläge L	$a = 2{,}5$ mkg/ccm $H = 0{,}262$ m		$a = 5{,}0$ mkg/ccm $H = 0{,}524$ m		$a = 10{,}0$ mkg/ccm $H = 1{,}048$ m	
	Höhe der Probe nach dem Schlage: l_1 $\mathrm{cm} \cdot 10^{-2}$	Stauchung $\varepsilon_s = \dfrac{l - l_1}{l}$ $\mathrm{cm} \cdot 10^{-3}$	l_1 $\mathrm{cm} \cdot 10^{-2}$	ε_s $\mathrm{cm} \cdot 10^{-3}$	l_1 $\mathrm{cm} \cdot 10^{-2}$	ε_s $\mathrm{cm} \cdot 10^{-3}$
1	188	60	171	145	150	250
2	174	130	151	245	119	405
3	164	180	134	330	93	535
4	154	230	121	395		
5	145	275	111	445		
6	137	315				
7	131	345				
8	123	385				
9	118	410				

2. Versuche mit dem Pendelschlaghammer.

Beispiel. Prüfung von Kupferblechproben auf Kerbzähigkeit nach den Vorschriften des deutschen Verbandes
für Materialprüfungen der Technik.

Dem zu prüfenden Blech von etwa 3,5 cm Dicke wurden je 3 Proben
in der Walzrichtung und senkrecht dazu entnommen. Form der Proben
s. S. 97.

Die Prüfung erfolgte auf einem Normalpendelschlagwerk von 75 mkg.

Protokoll.

Länge der Proben 16 cm.
Bohrung im Kerb 0,4 cm.
Stützweite 12 cm.

Probe Nr.	Ent-nommen in	Abmessungen in cm			Kerb-tiefe $a-c$	Stab-quer-schnitt an der Kerbe	Zeiger-Null-stellung	Hubhöhe	Leer-gang	Aus-schlag-höhe	Verbrauchte Schlagarbeit	
		Dicke a	Breite b	Dicke an der Kerbe c	cm	qcm	Grad	Grad	Grad	Grad	Ge-samt mkg	spezi-fisch mkg/qcm
1	Quer-	3,00	3,00	1,49	1,51	4,47	— 1,2			+ 46,4	32,9	7,4
2	richtung	3,00	3,00	1,49	1,51	4,47	— 1,5			+ 42,8	37,2	8,3
3	zum Blech	3,00	3,00	1,50	1,50	4,50	— 1,7			+ 42,2	37,4	8,3
Mittel								— 69,25 = 75 mkg	1,05		35,8	8,0
4	Längs-	3,00	3,00	1,49	1,51	4,47	— 1,3			+ 44,5	35,4	7,9
5	richtung	3,00	3,01	1,50	1,51	4,50	— 1,6			+ 40,2	40,5	9,0
6	zum Blech	3,00	3,00	1,49	1,51	4,47	— 1,7			+ 39,4	41,2	9,2
Mittel											39,0	8,7

Zu vorstehenden Versuchen wird bemerkt, daß zunächst die Leergangsreibung des Hammers bestimmt wurde, indem man den Hammer
in die bei der Prüfung benutzte Hubhöhe brachte und ihn durchschwingen
ließ. Den Unterschied zwischen der Hub- und der Ausschlaghöhe ergibt
die Leergangsreibung. Sodann wird die Probe so in das Schlagwerk
eingelegt, daß die Hammerfinne gegen die dem Kerb gegenüberliegende
Stabseite lag. Nachdem die Zeigernullstellung abgelesen war, wurde
der Hammer in die Hubhöhe gebracht und gegen die Probe fallen
gelassen. Nach dem Bruch der Probe wurde die Ausschlaghöhe abgelesen. Unter Berücksichtigung der Leergangsreibung und der Zeigernullstellung wurde dann aus der Differenz zwischen der Hub- und der
Ausschlaghöhe die gesamte verbrauchte Schlagarbeit und hiermit schließlich die spez. Schlagarbeit errechnet, indem man jene durch den
Stabquerschnitt an der Kerbe dividierte. Die Berechnung der Schlagarbeit ist dadurch erleichtert, daß jedem Schlagwerk eine Tabelle bei-
gegeben ist, die die Beziehungen zwischen Ausschlagwinkel und Schlagarbeit enthält.

Beispiel. Bestimmung der Kerbzähigkeit von Nickelstahl.

Aus 2 Vierkantstahlstäben von 3 cm Breite und 3 cm Dicke wurde
je eine Kerbschlagprobe entnommen und wie vorstehend geprüft:

Probe Nr.	Abmessungen in cm			Kerb-tiefe $a-c$	Stab-querschnitt an der Kerbe	Zeiger-null-stellung	Hubhöhe	Leer-gang	Aus-schlag-höhe	Verbrauchte Schlagarbeit	
	Dicke a	Breite b	Dicke an der Kerbe c	cm	qcm	Grad	Grad	Grad	Grad	Gesamt mkg	spezifisch mkg/qcm
1	3,01	3,01	1,49	1,52	4,48	0,0	$-69{,}25$	1,1	$+53{,}0$	26,78	5,98
2	3,02	3,01	1,49	1,53	4,48	0,0	$-69{,}25$	1,1	$+56{,}6$	20,74	4,63

e) Einflüsse auf die Ergebnisse von Schlagversuchen.

Die Schlagarbeit wird bestimmt durch das Produkt aus Bärgewicht und Fallhöhe. Somit kann die Arbeit durch ein großes Gewicht bei kleiner Fallhöhe, wie auch durch ein kleines Gewicht bei großer Fallhöhe geleistet werden. Die Frage steht indessen offen, ob mit Rücksicht auf die Einflüsse des Fallwerkes selbst die gleichen Wirkungen erzielt werden. Versuche von Kick und Martens haben gezeigt, daß die sich mit der Fallhöhe ändernde Geschwindigkeit keinen wesentlichen Einfluß ausübt, solange diese in gewissen für Fallversuche in Frage kommenden Grenzen bleibt. Wird sie aber außergewöhnlich gesteigert, wie dies z. B. beim Auftreffen von Geschossen der Fall ist, so weichen die Ergebnisse voneinander ab.

Erhebliche Unterschiede sind in der Stauchwirkung wahrnehmbar, wenn die Schlagarbeit unterteilt wird, d. h. wenn statt durch einen Schlag die Arbeit durch mehrere Schläge geleistet wird. Bei gleicher Gesamtarbeit erzielen wenige wuchtige Schläge eine größere Stauchung als viele leichte.

Auch die Probenform beeinflußt die Ergebnisse. Bei schwachen Schlägen machen sich kleine Abweichungen von der vorgeschriebenen Länge $l = d$ weniger bemerkbar als bei stärkeren Stauchungen.

Die Beschaffenheit der Endflächen, ob rauh, glatt oder eingeölt, beeinflußt das Ergebnis ebenfalls. Bei eingefetteten Endflächen ist die Stauchung etwas größer als bei rauhen. Je größer die Reibung zwischen der Probe und dem Bären bzw. der Schabotte ist, um so mehr wird die Endfläche verhindert, an der Stauchung teilzunehmen, und um so mehr nimmt die Probe tonnenartige Gestalt an.

Bei den Schlagbiegeversuchen sind ähnliche Feststellungen wahrgenommen wie bei den Stauchversuchen. Während bei diesen der Einfluß der Geschwindigkeit des Bären bzw. seiner Fallhöhe praktisch vernachlässigt werden konnte, erzielten größere Bärgewichte bei Schlagbiegeversuchen eine größere Durchbiegung unter der Voraussetzung gleicher Arbeitsleistungen.

Dagegen zeigte sich Übereinstimmung mit den Ergebnissen der Stauchversuche insofern, als wuchtige Schläge eine größere Durchbiegung bewirken als mehrere schwächere Schläge von gleicher Gesamtleistung.

Bei den mit dem Pendelhammer ausgeführten Kerbschlagproben spielt die Probenform und die Art des Kerbes eine große Rolle. Deshalb sind die Ergebnisse von Pendelschlagversuchen, die nicht an Normalien ausgeführt wurden, nicht vergleichbar. Die Abmessungen der Normalien wurden nach den Charpyschen Vorschlägen gewählt, jedoch wurde anstatt eines 6-mm-Loches für den Rundkerb ein solches von 4 mm Durchmesser genommen. Die Proben mit 4-mm-Löchern liefern niedrigere Kerbzähigkeitswerte als die mit 6-mm-Löchern; sie lassen jedoch den Unterschied zwischen sprödem und zähem Werkstoff stärker hervortreten. Bei scharfem Kerb wird der Schlagwiderstand noch geringer. Dies tritt am schärfsten hervor bei sprödem Werkstoff.

Mit abnehmender Stabdicke wächst die Schlagfestigkeit sowohl bei rundem als auch bei scharfem Kerb, besonders bei diesem. Daher lassen sich die Ergebnisse von verschieden starken Normalstäben nicht unmittelbar miteinander vergleichen. Der Anwendung des scharfen Kerbs steht die Schwierigkeit seiner gleichmäßigen Herstellung entgegen, da schon die kleinste Abrundung im Grunde des Kerbes das Ergebnis beeinflußt.

Sehr großen Einfluß übt die Versuchstemperatur auf die Schlagarbeit aus. Daher ist auch eine Temperatur von $15-25°$ C vorgesehen. Die Temperatureinflüsse zeigen die von Ehrensberger ausgeführten Versuche mit Flußeisen. Die spezifische Schlagarbeit betrug bei $-20°$C 4,24 mkg, bei $-1°$ C 16,29 mkg, bei $+20°$ C 24,69 mkg und bei $+200°$ C 33,9 mkg. Durch niedere Temperaturen wird also die Kerbzähigkeit besonders stark herabgedrückt.

VIII. Dauerversuche.

a) Allgemeines.

Durch die bisher betrachteten Prüfarten wird das Verhalten der Körper bei entweder bis zum Bruche stetig anwachsender oder stoßweise wirkender Belastung festgestellt. Diese Prüfungen geben zwar wertvolle Aufschlüsse über bestimmte Eigenschaften der Körper, sie erfassen aber ihre Wesensart nur unzulänglich, so daß sie für gewisse Werkstoffbeanspruchungen kein abschließendes Urteil ermöglichen. Die Praxis lehrt, daß Wellen und Achsen zu Bruch gekommen sind, wiewohl Zerreißproben, die in der Nähe der Bruchstellen entnommen waren, hohe Festigkeit und Dehnung ergaben. Man ist deshalb dazu übergegangen, die im Betriebe vorkommende Beanspruchung nachzuahmen. Diese Beanspruchung ist bei vielen Konstruktionen nicht gleichmäßiger Zug, Druck oder Biegung, sondern ein vielmaliges Schwingen zwischen einer Null- und einer Maximalbelastung oder zwischen einem negativen und einem positiven Belastungswert, ohne in diesem Falle die vorgesehene Höchstbelastung zu erreichen. Solche Versuche erstrecken sich auf längere Zeit; man nennt sie daher Dauerversuche mit Schwingungs- oder pulsierender Beanspruchung und die erhaltenen Werte beim Bruch die Schwingungsfestigkeit.

Der Begründer dieser Prüfarten ist Wöhler (1860—1870); ihm folgten Bauschinger, Spangenberg und Martens. Wöhler fand, daß ein Werkstoff durch eine große Anzahl von Schwingungen zum

Bruch gebracht werden kann, ohne daß die durch statische Versuche festgestellte Bruchgrenze erreicht wird. Jedoch gibt es eine Spannung, unterhalb der eine noch so große Zahl von Schwingungen nicht zum Bruche führt. Diese Spannung wird Arbeitsfestigkeit σ_N genannt. Sie ist von allen in Frage kommenden Spannungen die kleinste, die bei ausreichend hoher Schwingungszahl die Probe zum Bruch bringt.

Für die Ausführung von Dauerversuchen wendet man die folgenden Beanspruchungen an: Normalspannungen (Zug- oder Druckbelastung), Biegespannungen, das sind Normalspannungen in ungleichförmiger Verteilung, und Schubspannungen (Drehbeanspruchung).

b) Maschinen für den Dauerversuch und seine Ausführung.

Historisch interessant ist die Wöhlersche Maschine für Zugbeanspruchung (s. Abb. 145). Sie besteht im wesentlichen aus einem vierfachen Hebelsystem: 1. dem Hebel A, an dessen einem Ende die durch die Schraube H gespannte Meßfeder F und am anderen Ende der Hebel C wirkt, 2. dem Hebel B, der einerseits an dem Hebel C und andererseits an dem zylindrischen Probestab L angreift; dieser ist in einer unteren Verschraubung K befestigt, und 3. dem Zwischenhebel C. In der Mitte von C greift die Feder E an, die mittels der Verschraubung J an einem 4. Hebel D angreift. Dieser Hebel wird durch die Zugstange M auf- und abbewegt und steht mit einem auf der Welle der Antriebsmaschine sitzenden Exzenter in Verbindung.

Die Arbeitsweise der Maschine ist folgende: Durch den rechts in seiner tiefsten Stellung befindlichen Hebel D wird mit Hilfe der Verschraubung J die Feder E angespannt, die durch den Hebel C je die halbe durch E ausgeübte Kraft auf die Hebel A und B überträgt. Die Meßfeder F wird nun so angespannt, daß bei der angegebenen Stellung des Hebels D der Hebelarm A gerade von dem Anschlag G abgehoben wird. In diesem Augenblicke ist die Belastung des Probestabs gleich der Federkraft F. Sie stellt zugleich das Maximum der nach

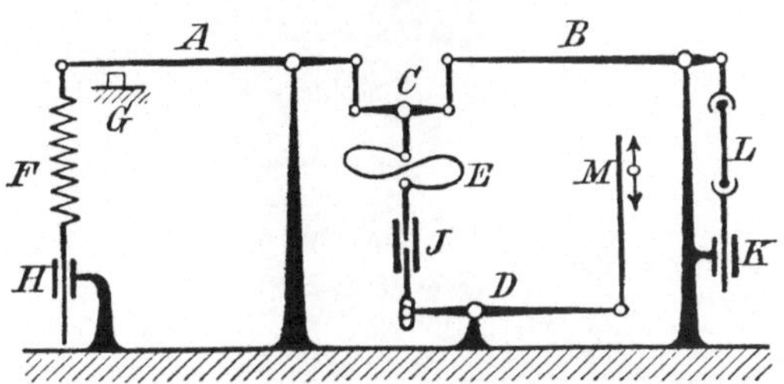

Abb. 145. Wöhlersche Maschine für pulsierende Zugbeanspruchung.

einer Seite wirkenden Spannung dar. Wenn sich nun infolge des Exzenters das Ende des linken Hebelarms von D nach oben bewegt, so wird der Stab allmählich bis auf Null entlastet. Der Angriffspunkt von D hat etwas Spiel, damit bei Bewegungsumkehr die oberste Stellung von D erreicht wird, ohne daß ein Druck auf die Feder E ausgeübt wird. Der Probestab erfährt auf diese Weise einen Spannungswechsel zwischen Null und einem größten Betrage, der durch die Feder F festgelegt wird. Je nach der Geschwindigkeit der Transmission kann der Wechsel schneller oder langsamer vor sich gehen.

Für Dauerbiegeversuche benutzte Martens die in der schematischen Abb. 146 dargestellte Maschine. Der zylindrische Probestab von der Länge $a\,a_1$ ist in A und A_1 so gelagert, daß die Lager den Biegungen des Stabes folgen. Die Biegekräfte F und F_1 greifen in a und a_1 an,

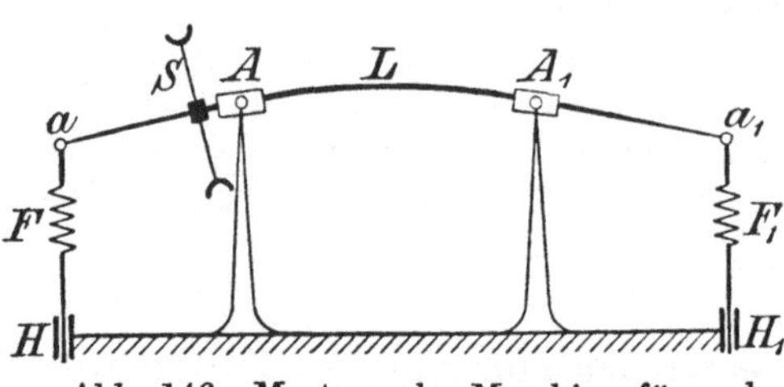

Abb. 146. Martenssche Maschine für pulsierende Biegungsbeanspruchung.

wobei die Dehnung der Federn zugleich als Kraftmaßstab dient. Der Stab $a\,a_1$ wird durch die Kräftepaare $F \cdot aA$ und $F_1 \cdot a_1 A_1$ gebogen und infolgedessen auf seiner ganzen Länge gleichmäßig beansprucht. Die Antriebsscheibe S versetzt den Stab in Umdrehung, wodurch, da die Kräfte F und F_1 immer in vertikaler Ebene wirken, die Biegungskräfte dauernd und allmählich wechseln. Die Fasern werden z. B. zuerst am stärksten auf Zug beansprucht; dieser wird allmählich geringer und schließlich gleich Null. Hierauf tritt eine allmählich zum Maximum ansteigende Druckbelastung ein. Dieser Wechsel wiederholt sich bei jeder Umdrehung.

Durch die Dauerversuche wird die Erkenntnis der Verwendungsmöglichkeit eines Werkstoffes erheblich erweitert. Der Betriebstechniker soll deshalb darauf bedacht sein, solche Dauerversuche auszuführen, die den Betriebsbedingungen entsprechen.

Der Erforschung der sog. Ermüdungserscheinungen dient das neuerdings viel benutzte Dauerschlagwerk „Bauart Krupp". Dieses bringt in einfachster Weise den Einfluß wiederholter Beanspruchung durch Stoß zum Ausdruck (s. Abb. 147). Der Schlagbär der Maschine wird durch den Daumen einer elektrisch angetriebenen Welle bei jeder Umdrehung einmal um die Daumenhöhe gehoben und auf

Abb. 147. Dauerschlagwerk „Bauart Krupp".

die Probe fallen gelassen. Diese ist an den Enden gelagert und gegen seitliche Verschiebungen und federndes Abspringen geschützt. Nach jedem Schlag wird sie durch ein Schaltwerk derart gedreht, daß sie sich nur in den Schlagpausen bewegt, für den Schlag aber genügend lange in Ruhe gehalten wird. Der Schaltweg kann zwischen je 2 Schlägen entweder auf $1/_2$ (Wechselschlagprobe) bis zu $1/_{25}$ (Dauerschlagprobe) Umdrehung eingestellt werden. Dadurch läßt sich die Betriebsbeanspruchung bei Kurbelwellen und Fahrzeugachsen nachahmen.

Der Fallbär hat ein Gewicht von 4,18 kg und fällt aus einer gleichbleibenden Höhe von 3,0 cm, was einer Schlagarbeit von 12,5 cmkg entspricht. Die minutliche Schlagzahl beträgt normal 85. Durch einen Regulierwiderstand läßt sie sich in den Grenzen von 60 und 120 verändern. Als Normalprobe dient ein zylindrischer Stab von 15 mm Durchmesser. Da das Dauerschlagwerk in erster Linie zur Erforschung der Kerbwirkung dient, enthält die Normalprobe in der Mitte einen Rundkerb von 13 mm Durchmesser im Grunde. Außerdem kann auch der Einfluß anderer Kerbarten untersucht werden. Der Begriff des Kerbes läßt sich hierbei möglichst weit fassen; Bohrlöcher quer zur Kraftrichtung, Einschnürungen, schärfere Biegungen in der Begrenzung der Konstruktionsteile bergen die Gefahr der Kerbwirkung. Diese Versuche sind deshalb von großem Wert, weil Werkstoffe von sonst gleichen Festigkeitseigenschaften sich hinsichtlich der Kerbwirkung verschieden verhalten.

Die Zahl der Schläge bis zum Bruch ist nicht allein maßgeblich für die Dauerschlagbiegefestigkeit, da die Ergebnisse auch von der Höhe der Streck- und Bruchgrenze des Werkstoffs abhängen. Bei Stoffen gleicher Kerbempfindlichkeit ist die Schlagzahl um so größer, je höher die Streckgrenze liegt. Um diesen Einfluß auszuschalten, kann die Schlagarbeit durch Verlängerung der Tragstangen des Fallbärs je nach der Höhe der Streckgrenze vermindert werden.

Ein Vorzug dieser Maschine gegenüber älteren Anordnungen ist die relativ kurze Versuchsdauer. Die Schlagzahlen bis zum Bruch schwanken bei den um 180° gedrehten Proben zwischen rund 2000 und 100 000 und die Versuchsdauer zwischen $1/_2$ Stunde und 20 Stunden; bei Drehung um $1/_{25}$ des Umfangs sind die Schlagzahlen etwa doppelt so groß.

Über den Einfluß der Art der Schläge, der Übergangsformen von einem Querschnitt zum andern geben die Versuche von W. Müller und Leber Aufschluß.

Bei Stäben mit bestimmten Eindrehungen wurde die Zahl der Schlagstellen zu 1, 2, 4 und 25 gewählt (vgl. Abb. 148). Die Beanspruchungsart mit den um 180° versetzten Schlagstellen war am ungünstigsten, die bei 360° Drehung, also bei einseitigem Schlag, am günstigsten. Die Bruchflächen haben je eine Zone von sehr feinkörnigem und gröberem Gefüge. Die feinkörnigen Stellen entsprechen dem langsam fortschreitenden Bruch, die grobkörnigen dem Bruch, der zuletzt durch wenige Schläge hervorgerufen wird. Ein großer Innenkern ist durch eine niedrigere Schlagzahl erzeugt worden als ein kleiner. Auch der Kerbhalbmesser spielt naturgemäß eine Rolle. Es besteht Proportionalität zwischen Schlagzahl und Kerbhalbmesser. Bei gleicher Kerbtiefe ist demnach die Schlagzahl und somit die Schlagbiegefestigkeit um so geringer, je schmaler der Kerb ist. Bei abgesetzten Proben, also solchen mit verschiedenen Durchmessern, war die Schlagbiegefestigkeit zunächst proportional und wuchs mit zunehmendem Kehl-

halbmesser. Erst bei ziemlich flachem Übergang trat keine wesentliche
Erhöhung mehr ein. Der ungünstigste Fall, in dem schon eine geringe
Schlagzahl einen Anriß hervorrief, gilt für $r = o$, d. h. bei plötzlich
scharfkantigem Querschnittsübergang. Der Übergang eines Quer-

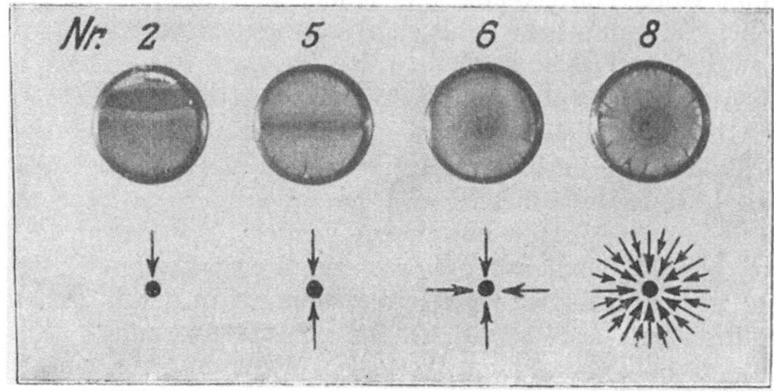

Abb. 148. Bruchflächen von Dauerschlagproben.

schnitts zum andern durch Kegel statt Hohlkehle zeigt erhebliche
Überlegenheit der letzten, d. h. die Schlagbiegefestigkeit ist beim
Hohlkehlenübergang größer als beim kegelförmigen Übergang. Der
Spitzenwinkel spielt hierbei keine merkliche Rolle.

Durch „Abbohren" des Anrisses wurde ein Weiterreißen verhindert
und eine 13 proz. Erhöhung der Schlagbiegefestigkeit erzielt.

c) Versuchsergebnisse.

Die von Wöhler und Spangenberg ausgeführten Versuche über
die Beziehungen zwischen der Höhe der Anspannung σ_A und der Zahl
der Spannungswechsel ergaben die in Abb. 149
dargestellte Kurve. Die Ordinaten stellen die
Anspannungen dar und die Abszissen die zum
Bruch des Probestabes erforderlichen Spannungswechsel. Die Zahl der Spannungswechsel nimmt
mit fallendem σ_A zu. Die Spannungskurve σ_A
näherт sich asymptotisch der Gera-
den σ_N, d. h. diese Gerade entspricht
der Spannung σ_A, bei der selbst bei
sehr vielen Spannungswechseln kein

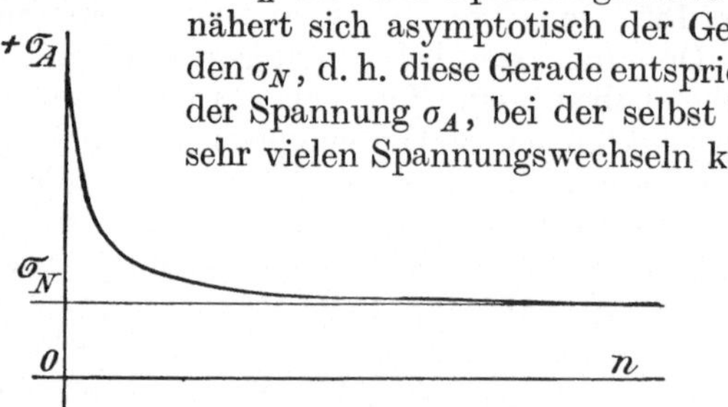

Abb. 149.
Abhängigkeit der Anspannung von der Zahl
der Spannungswechsel beim Dauerzugversuch.

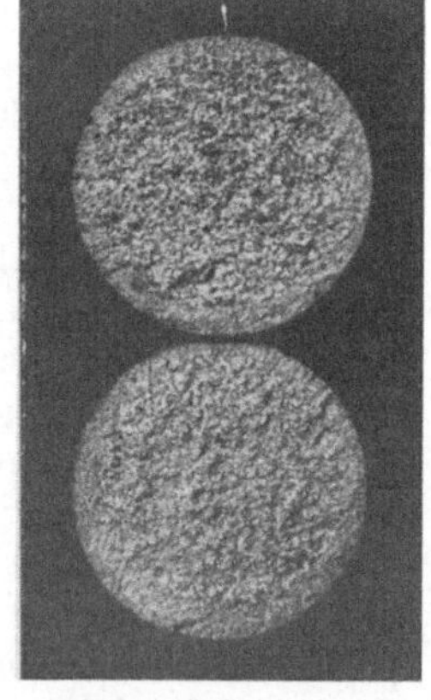

Abb. 150. Bruchfläche
einer Dauerversuchs-
zugprobe (Flußeisen).

Bruch eintritt; sie ist also die Arbeitsfestigkeit des Werkstoffs. Die Kurve gilt sowohl für Zug als auch für Biegungsbeanspruchung zwischen 0 und σ_A und bei dieser auch zwischen den Grenzen $+\sigma_A$ und $-\sigma_A$, wobei selbstverständlich die absoluten Ordinatenwerte differieren.

Die Erfahrung lehrt, daß bei Dauerversuchen die Oberfläche der Proben sehr blank sein muß, da schon die geringsten Einritzungen die Ausgangsstellen für den Bruch bilden.

Im Gegensatz zur gewöhnlichen Zugprobe zerreißen Dauerproben ohne Einschnürung. Das Bruchgefüge ist im ersten Fall schuppig und grob kristallinisch; nach Dauerversuchen dagegen sammetartig fein-kristallinisch. Hierdurch wurde die Ansicht gefördert, daß sich das Gefüge wesentlich geändert hätte (Abb. 150). Diese Auffassung trifft jedoch nicht zu, da Schliffätzungen der Bruchflächen keinen Unterschied gegen das normale Gefüge erkennen lassen.

IX. Technologische Prüfungen.

Die Festigkeitsversuche geben nicht immer hinreichenden Aufschluß über das Verhalten der Stoffe im Betrieb. Wohl lassen Zug- und Druck-versuche auf die Zähigkeit und Sprödigkeit des Werkstoffs schließen; bessere Aufschlüsse über seine Verarbeitungsfähigkeit geben indessen die eigens hierzu ausgeführten technologischen Proben. Sie unter-scheiden sich je nach dem Verwendungszweck des Werkstoffes. Kraft-messungen fallen hierbei weg. Die verschiedenen mit der Herstellung und Verarbeitung der Werkstoffe beschäftigten Industrieverbände haben Prüfungsvorschriften für die Ausführung der technologischen Proben herausgegeben, die jedoch nicht immer übereinstimmen. Die vom deut-schen Verband für die Materialprüfungen der Technik im Jahre 1900 aufgestellten Grundsätze dürfen als Norm angesehen werden.

a) Biegeprobe (vgl. S. 166, 176 u. 178).

Die stabförmige Probe wird langsam um einen Dorn gebogen, bis Risse entstehen oder die beiden Schenkel des Stabes sich berühren. Als Gütemaßstab gilt die Biegegröße

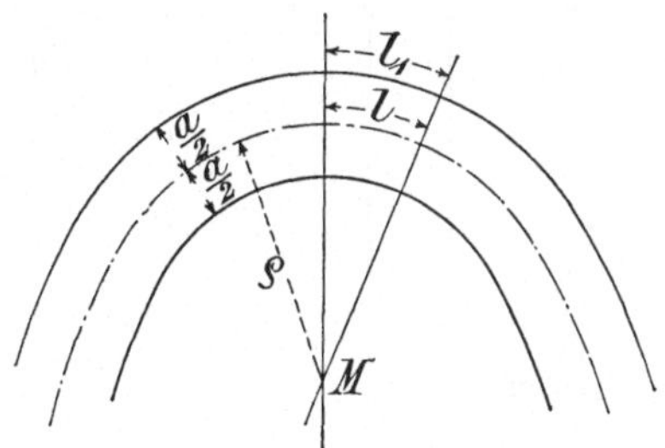

Abb. 151.
Erläuterungsfigur zur Biegeprobe.

$B_g = 50 \cdot \dfrac{a}{\varrho}$. Hierin ist a die Dicke der Probe und ϱ der Biegungshalb-messer in der neutralen Faser, d. h. die Größe der Inanspruchnahme ist abhängig von der Blechdicke und dem Krümmungshalbmesser. Aus Abb. 151 ergibt sich

$$\frac{l_1}{l} = \frac{\varrho + \dfrac{a}{2}}{\varrho}; \quad l_1 = \frac{\varrho + \dfrac{a}{2}}{\varrho} \cdot l.$$

Für $l = 1$ wird $l_1 = \dfrac{\varrho + \dfrac{a}{2}}{\varrho}$. Die Dehnung ε der äußersten Faser erhält man zu

$$\varepsilon = \frac{\lambda}{l} = \frac{l_1 - l}{l} = \frac{l_1}{l} - 1$$

oder für $l = 1$ wird

$$\varepsilon = l_1 - 1 = \frac{\varrho + \dfrac{a}{2}}{\varrho} - 1 = \frac{a}{2\,\varrho}.$$

Hieraus erhält man die Biegegröße

$$B_g = 100\,\varepsilon = 50\,\frac{a}{\varrho}.$$

Biegt man die Probe flach zusammen, so wird $\varrho = \dfrac{a}{2}$, d. h. $B_g = 100$. Die Biegegröße kann daher zwischen 0 und 100 schwanken.

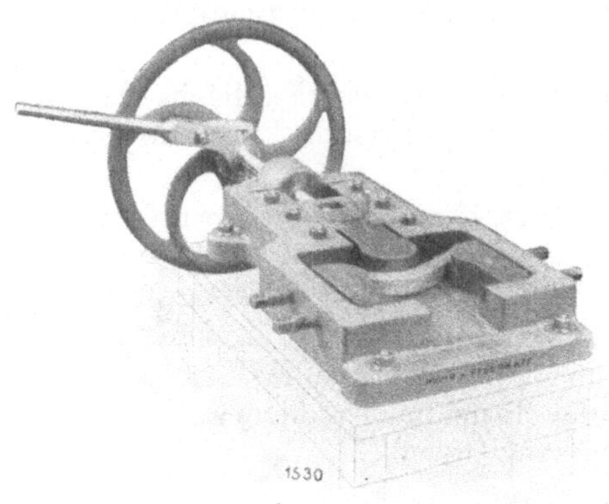

Abb. 152.
Biegevorrichtung von Mohr & Federhaff.

Die Biegung kann von Hand, mit Hammer und Schraubstock, oder zuverlässiger mittels Maschinen vorgenommen werden. Eine Vorrichtung für Handantrieb zeigt Abb. 152. Zur Bestimmung des Krümmungshalbmessers benutzt man eine Lehre L unter Berücksichtigung der Stabdicke a (vgl. Abb. 153). Im Materialprüfungsamt Dahlem werden die Biegeproben mit Stäben von der Breite $b = 3\,a$ und der Länge $L = 18\,a$ ausgeführt bei einer Stützweite von $l = 15\,a$. Der Druckstempel ist nach $r = a$ abgerundet.

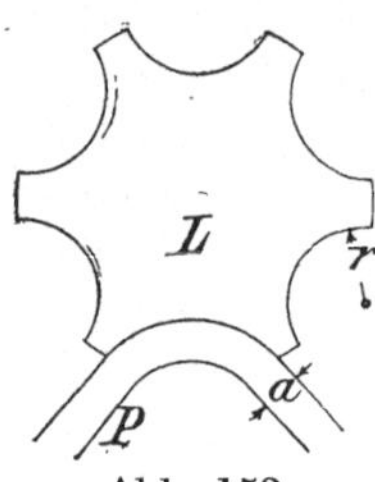

Abb. 153.
Bogenlehre für
Biegeproben.

Die Kanten der Stäbe werden zur Vermeidung von Kantenrissen an der Biegestelle nach einem Halbmesser von etwa $^1/_4\,a$ gebrochen.

Schärfer gestaltet sich die Biegeprobe dadurch, daß an der zu biegenden Stelle ein Kerb von $0{,}2\,a$ ein-

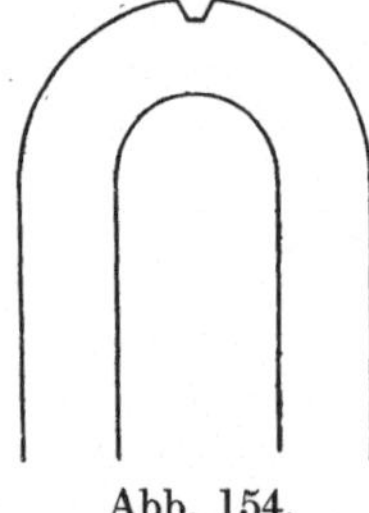

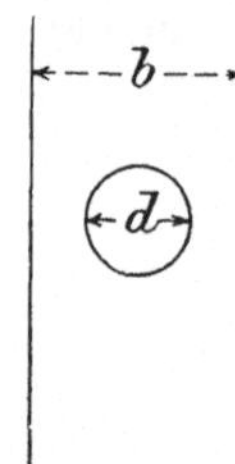

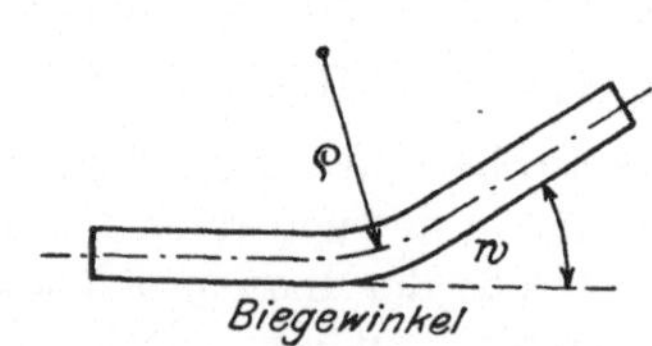

<table>
<tr><td>Abb. 154.
Biegeprobe
mit Kerb.</td><td>Abb. 155.
Biegeprobe
mit Loch.</td><td>Abb. 156.
Bezeichnung des
Biegewinkels.</td></tr>
</table>

gehobelt oder ein Loch von $d = 2\,a$ gebohrt wird. Zweckmäßig wählt man die Probenbreite $b = 5\,a$ (vgl. Abb. 154 und 155).

Um das Verhalten des Eisens bei verschiedenen Temperaturen kennenzulernen, wird es außer bei Luftwärme (10—30° C) blauwarm (etwa 300° C) und rotwarm (500—600° C) geprüft. Blauwarm ist das Eisen, wenn es auf einer blanken Stelle blau anläuft und diese Farbe beibehält, rotwarm, wenn es im Schatten dunkelrot erscheint.

Beispiel für eine Biegeprobe.
Protokoll.

Werkstoff: Deltametall, Rundstab.
Zustand: Anlieferung.
Länge $L = 24$ cm.
Stützweite $l = 20$ cm.
Durchmesser $d = 2{,}99$ cm $= a$.
Die Probe wurde um einen Dorn von $r = 3$ cm vorgebogen und dann durch Druck auf die Schenkelenden weiter zusammengedrückt.
Der Versuch ergab die folgenden Werte:
$$\varrho_a = 3{,}6\ \text{cm}, \quad \varrho_i = 0{,}60\ \text{cm},$$
der Biegewinkel $w = 180°$ (vgl. Abb. 156). Hieraus wird

$$\varrho = \varrho_a - \frac{a}{\varrho} = 3{,}6 - 1{,}50 = 2{,}10\ \text{cm}$$

und mithin die Biegegröße

$$B_g = 50\,\frac{a}{\varrho} = 50 \cdot \frac{2{,}99}{2{,}10} = 71.$$

Art der Prüfung	Zustand des Werkstoffs	Art des Werkstoffs	Gemessen		Innerer Durchmesser an der Biegestelle $2\,(\varrho_a-a)$ mm	Mittlerer Biegungshalbmesser $\varrho = \varrho_a - \dfrac{a}{2}$ mm	Biegegröße $Bg = \dfrac{50a}{\varrho}$	Verhalten der Probe
			Biegungswinkel w Grad	äußerer Biegungshalbmesser ϱ_a mm				
Kaltbiegeprobe	Anlieferung	Flußeisen	180	10	0	5	100	Unverletzt
		Schweißeisen	180	14	8	9	56	Bruch
	geglüht	Flußeisen	180	10	0	5	100	Unverletzt
		Schweißeisen	180	13	6	8	63	Bruch
	abgeschreckt	Flußeisen	180	10	0	5	100	Unverletzt
		Schweißeisen	180	16	12	11	46	Bruch
Blauwarmbiegeprobe	blauwarm unverletzt	Flußeisen	180	17	14	12	42	Bruch
		Schweißeisen	180	18	16	13	38	Bruch
Rotwarmbiegeprobe	rotwarm unverletzt	Flußeisen	180	13	6	8	63	Unverletzt
		Schweißeisen	180	14	8	9	56	Unverletzt
Einkerbbiegeprobe	Anlieferung kalt	Flußeisen	54	34	48	29	17	Bruch
		Schweißeisen	33	58	96	53	9	Bruch
	blauwarm	Flußeisen	76	36	52	31	16	Bruch
		Schweißeisen	40	68	116	63	8	Bruch
Biegeprobe mit 2 cm Bohrung	Anlieferung	Flußeisen	180	12	4	7	71	Unverletzt
		Schweißeisen	118	15	10	10	50	Bruch
Probe mit gestanztem Loch	Anlieferung	Flußeisen	94	18	16	13	39	Bruch
		Schweißeisen	58	27	34	22	23	Bruch

Aufgabe.

22. Vermittels der Biegeprobe ist vergleichsweise die Zähigkeit von Flußeisen und Schweißeisen in verschiedenen Zuständen: kalt, blauwarm, rotwarm festzustellen. Ferner soll die Einwirkung von Kerben sowie gebohrtem und gestanztem Loch ermittelt werden.

Die Dicke der Proben ist $a = 1$ cm und die Breite $b = 3\,a = 3$ cm.

Die Ergebnisse des Vergleiches sind in vorstehender Tabelle niedergelegt.

b) Hin- und Herbiegeprobe (vgl. S. 167 u. 177).

Diese Zähigkeitsprobe pflegt man mit Drähten und dünnen Blechen vorzunehmen. Die Proben werden um runde Kanten gebogen, deren Krümmungshalbmesser r gleich der doppelten Probendicke a ist.

Häufig begnügt man sich aber mit dem Krümmungshalbmesser der Backen eines zur Verfügung stehenden Schraubstocks. Der Hebelarm des eingespannten Drahtes soll $h = 15\,a$ sein. Das freie Ende des Drahtes geht lose durch ein Führungsstück F, das an einem um M drehbaren Hebel befestigt ist (s. Abb. 157). Als eine Biegung gilt das Biegen aus der senkrechten in die wagerechte Lage (90°) und wieder zurück, das abwechselnd nach beiden Seiten erfolgt. Die Anzahl der Biegungen bis zum Bruch dient als Wertmaßstab. (Beispiel einer Hin- und Herbiegeprobe folgt im Abschnitt c.)

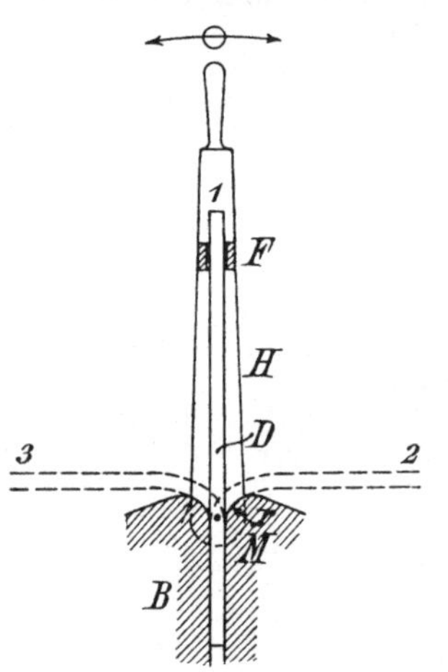

Abb. 157.
Hin- und Herbiegeprobe.

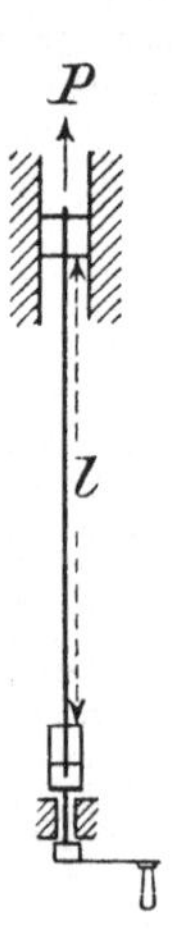

Abb. 158.
Verwinde-
probe.

c) Verwindeprobe (vgl. S. 167 u. 178).

Durch diese mit Telegraphen- und Seildraht anzustellende Probe wird ermittelt, wie oft sich der Draht um seine Achse verdrehen läßt.

Die freie Länge des Drahtes beträgt meistens 15 cm. Das Verwinden erfolgt derart, daß den Längenänderungen der Probe kein Zwang entgegensteht (Abb. 158). Durch Betätigung der Kurbel wird der Draht bis zum Bruch verdreht. Die Verwindungen lassen sich bequem

Abb. 159. Draht-Torsionsvorrichtung
von Mohr & Federhaff.

und sicher an einem vor Beginn des Versuches auf dem Draht gezogenen schwarzen Längsstreifen (gut haftender Lack) abzählen. Etwaige Verdrehungen des Drahtes in der Einspannvorrichtung und vor allen Dingen ruckweises Nachgeben in der Einspannung werden auf diese Weise ausgeschaltet. Abb. 159 zeigt eine Drahttorsionsvorrichtung von Mohr & Federhaff.

Die Verwindeprobe hat der Biegeprobe gegenüber den Vorteil, daß sie nicht ein eng begrenztes Stück untersucht. Außerdem gibt sie Aufschluß über Unregelmäßigkeiten in der Härte und Blaseneinschlüsse.

Beispiel: Von einem Drahtseil sind an 3 Drähten Zugfestigkeit, Biege- und Verwindefähigkeit zu ermitteln.

Protokoll.

Werkstoff: Stahldraht.
Zustand: Anlieferung.
Mittlerer Drahtdurchmesser $d = 0,27$ cm.
Mittlerer Querschnitt $f = 0,0573$ qcm.
Freie Länge für Zugversuche $l = 28$ cm.
Freie Länge für Verwindungsproben $l_1 = 15$ cm.
Klemmbackenradius $r = 0,5$ cm.

Probe Nr.	Zugversuch		Biegefähigkeit Anzahl der Hin- und Herbiegungen	Verwindefähigkeit Anzahl der Verwindungen bis zum Bruch
	Gesamtbruchlast kg	Spannung kg		
1	1000	174,5	6	33
2	930	162,3	7,5	24
3	940	164,0	7	20

Bemerkenswert ist, daß der Draht mit der größten Bruchspannung eine etwas geringere Biegefähigkeit und eine erheblich größere Verwindungszahl aufweist als die beiden anderen Drähte.

d) Schmiedeproben.

Hierzu rechnen unter anderem die Ausbreite-, Stauch-, Aufdorn- und Lochprobe, die vornehmlich zur Prüfung des Eisens benutzt werden. Je nach seiner Verwendung wird es im warmen (rot- oder blauwarmem) oder kaltem Zustande geprüft.

1. Ausbreiteprobe (vgl. S. 167 u. 180).

Zur Ausbreiteprobe werden Flachstäbe, zweckmäßig die unverletzten Enden der Biegeprobe, mit der Finne eines Schmiedehammers ($d = 15$ mm) der Quere bzw. der Länge nach so weit ausgeschmiedet, bis Kantenrisse entstehen. Für das Verhältnis der Probendicke zur Breite ist

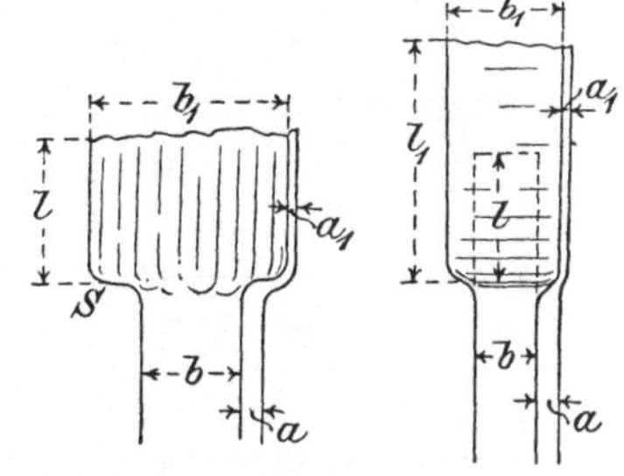

Abb. 160. Ausbreiteprobe.

$a : b = 1 : 3$ vorgeschrieben. Die Probe soll sich auf eine Länge $l = 5$ bis $2\,b$ ausbreiten oder ausstrecken lassen (vgl. Abb. 160). Als Maßstab für die Ausbreitung Ag von b auf b_1 bzw. für die Streckung Sg von l auf l_1 gelten die Werte

$$A\,g = \frac{b_1}{b} \cdot 100; \quad S\,g = \frac{l_1}{l} \cdot 100.$$

Abb. 161 zeigt eine Ausbreiteprobe von Hufnägeln.

8*

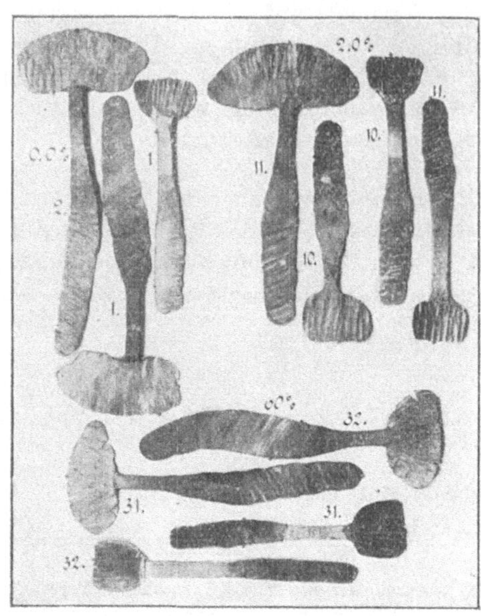

Abb. 161. Ausbreiteprobe von Hufnägeln.

Beispiel für eine Ausbreiteprobe.

Protokoll.

Werkstoff: Stahl.
Zustand: Anlieferung.
Abmessungen: Dicke $a = 1,8$ cm.
     Breite $b = 2,6$ cm.
     Länge $l = 23,3$ cm.
Die Probe wurde bei Rotglut
ausgeschmiedet und zeigte Rissebil-
dung bei einer Ausbreitung auf
$b_1 = 20$ cm und 0,4 cm Dicke. Daraus ergibt sich die Ausbreitung

$$A g = \frac{b_1}{b} \cdot 100 = \frac{20}{2,6} \cdot 100 = 769.$$

Das Ergebnis ist erfahrungsgemäß als gut zu bezeichnen.

2. Stauchprobe (vgl. S. 167 u. 180).

Die Stauchprobe kommt für
die Prüfung von Nietmaterial in
Frage und wird mittels Hammers ausgeführt. Die zylinder-
förmig ausgebildete Probe
($h = 2\,d$) wird gewöhnlich in
hellrotwarmem Zustande gestaucht, bis Mantelrisse entstehen. Als Maßstab für die Beurteilung des Werkstoffes gilt

$$St\,g = \frac{h - h'}{h} \cdot 100.$$

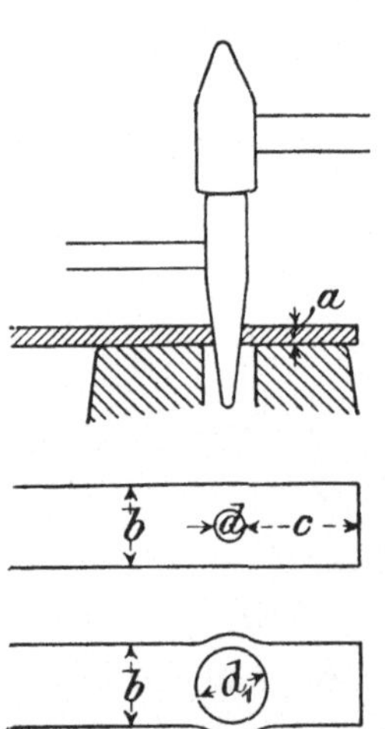

Abb. 162. Aufdornprobe.

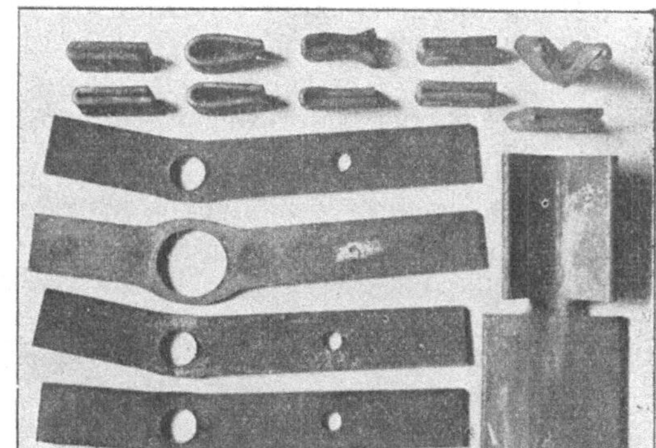

Abb. 163. Biege-, Aufdorn- und Ausbreiteprobe.

3. Die Aufdornprobe (vgl. S. 167 u. 180).

Die Aufdornprobe erfolgt in hellrotwarmem Zustande. Man verwendet hierzu Stäbe, deren Breite $b = 5\,a$ ist (vgl. Abb. 162). Ein
mittels Lochhammers hergestelltes Loch vom Durchmesser $2\,a$ wird

mit kegelförmigen Dornen, die auf 10 mm Länge um 1 mm im Durchmesser zunehmen, aufgetrieben, bis Kantenrißbildung eintritt. Als Maßstab für die Erweiterung gilt

$$E\,g = \frac{d_1}{d} \cdot 100\,.$$

Abb. 163 ist die photographische Wiedergabe von Aufdornproben. Biegeproben und Ausbreiteprobe für Winkel. (Vgl. S. 177.)

4. Lochprobe (vgl. S. 168 u. 180).

Das Probestück ist so zu bemessen, daß die Breite $b > 5\,a$. Es wird rotglühend auf dem Amboß über einem zylindrischen Loch vom Durchmesser a gelocht und festgestellt, wie nahe das Loch an die Kanten gesetzt werden kann, ohne daß diese aufreißen.

Um die Rotglut während des ganzen Versuches möglichst zu erhalten, werden die Proben wiederholt erwärmt.

e) Ziehprobe. (Vgl. S. 179, unter Polterprobe.)

Ein Prüfverfahren für Feinbleche (nach Erichsen).

Das Fehlen eines Verfahrens zur Prüfung von 0,1—3,0 mm starken Feinblechen auf ihre Eignung für Druck-, Zieh- und Stanzzwecke hat zur Konstruktion des in Abb. 164 dargestellten Blechprüfapparates (Patent Erichsen) geführt. Das neue Prüfverfahren lehnt sich in der Hauptsache an die praktische Zieharbeit an und läßt die für die genannten Verwendungszwecke in Betracht kommenden Eigenschaften in Erscheinung treten. Durch die Untersuchung mehrerer Blecharten hat der Erfinder gezeigt, daß selbst ganz geringe qualitative Unterschiede durch verschiedene „Zieh- oder Tiefungswerte" zum Ausdruck kommen. Ein weiterer Vorzug besteht darin, daß die Proben im Gegensatz zu Zugproben keine vorherige Bearbeitung erfordern und in wenigen Minuten mehrere Blechstücke untersucht werden können. Der Apparat eignet sich deshalb für praktische Vergleichsversuche im Betriebe. Sein versuchstechnischer Nutzen wird noch dadurch erhöht, daß die äußerliche Beschaffenheit des Rondells (s. Abb. 165) Schlüsse auf etwaige fehlerhafte mechanische oder thermische Behandlung des Bleches zuläßt.

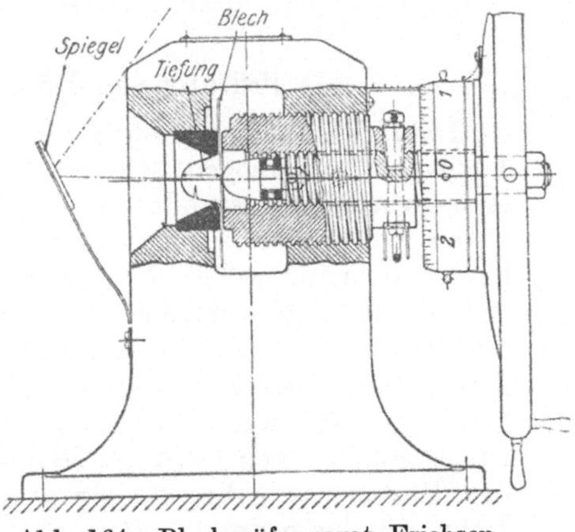

Abb. 164. Blechprüfapparat Erichsen.

Die Prüfung erfolgt in der Weise, daß ein Blechabschnitt von 9 × 9 cm mit einem für alle Blechstärken gleichbleibenden Spiel von 0,05 mm zwischen einer Matrize und einem Faltenhalter eingespannt wird, damit das Blech unter der Einwirkung eines beweglichen

Stößels sich frei einziehen und bis zum eintretenden Bruche tiefen kann. Die bei dieser Formänderung des Rondells erreichte Pfeilhöhe dient in erster Linie zur Beurteilung des Verhaltens der Bleche im Zieh- und Stanzprozeß. Die Bedienung des Apparates erfordert keine besondere Übung. An Hand der jedem Apparat beigefügten Beschreibung und der Gesichtspunkte, nach denen das erzeugte Proberondell (s. Abb. 165) zu beobachten ist, kann jeder Praktiker damit arbeiten.

Hoher „Tiefungswert“, wenig ausgeprägte Faserbildung und möglichst glatte Oberfläche des Proberondells, die weder rauh noch kleinbrüchig sein darf, sind erfahrungsgemäß die Kennzeichen guter Zieh- und Stanzfähigkeit. Außerdem muß das Blech natürlich zunder- und schieferfrei sein, was meistens mit bloßem Auge zu erkennen ist, während blasige und doppelte Stellen bei der Tiefung sofort sichtbar werden. Die von Erichsen auf Grund zahlreicher Versuche mit in- und ausländischen handelsüblichen Blechen verschiedener Art und Stärke auf-

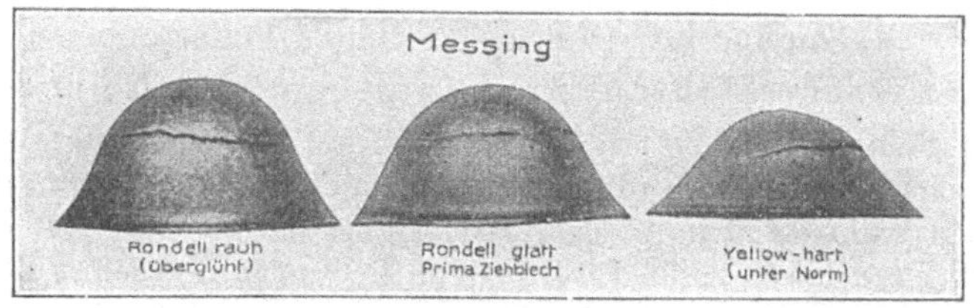

Abb. 165. Mit Erichsen-Apparat geprüfte Bleche.

gestellten „Normenkurven“, die die Beziehungen zwischen Blechdicke und Tiefungswert veranschaulichen, bilden einen Maßstab für die Einordnung der geprüften Bleche.

f) Prüfung von Röhren (vgl. S. 178 u. 180).

Rohre werden gewöhnlich der Bördel-, der Aufweite- und der Hartbiegeprobe unterzogen. Die erste erfolgt in der Weise, daß das Rohrende in kaltem Zustande auf der abgerundeten Kante eines Ambosses durch Schläge mit der Hammerfinne (Abrundung $r \sim 0{,}5$ cm) umgebördelt wird, wobei die Probe ständig gedreht und der Auflagerwinkel allmählich vergrößert wird. Kesselsiederohre sollen sich z. B. für alle Rohrdurchmesser und -dicken bis 90° umbördeln lassen, ohne daß Kantenrisse entstehen. (Vgl. Abb. 166.)

Betreffs des Aufweitens wird verlangt, daß sich die Rohrenden über einen zylindrischen Dorn auf 30 mm Länge aufweiten lassen. Während des Hämmerns (Abrundungsradius der Finne $r = 0{,}5$ cm) wird das Rohr ständig gedreht. Für nahtlose Rohre mit einer Wanddicke bis zu 4 mm ist eine Aufweitung von 10% des inneren Durchmessers vorgeschrieben.

Die zur Hartbiegeprobe zu verwendenden Rohrabschnitte werden bis zu niedriger Kirschrotglut erhitzt und in Wasser von 28° C abgeschreckt. Danach sollen sich nahtlose Rohre so zusammendrücken lassen, daß sie in der Mitte aufeinanderliegen, während die Enden einen Bogen bilden, dessen Radius gleich der doppelten Wandstärke ist. (Vgl. Abb. 168.)

Weitere Angaben über Rohrprüfungsvorschriften sind im Anhang S. 180 enthalten.

Die Stauch- oder Druckprobe wird mit Rohrabschnitten vorgenommen, deren Länge gleich dem äußeren Durchmesser ist.

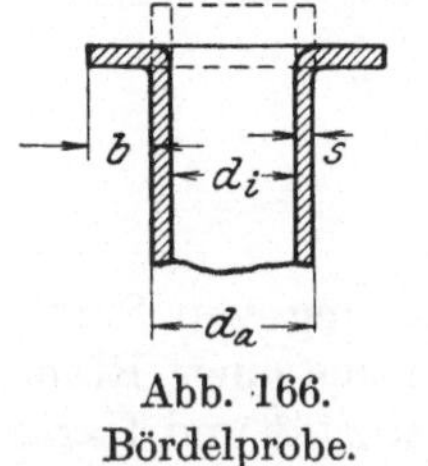

Abb. 166.
Bördelprobe.

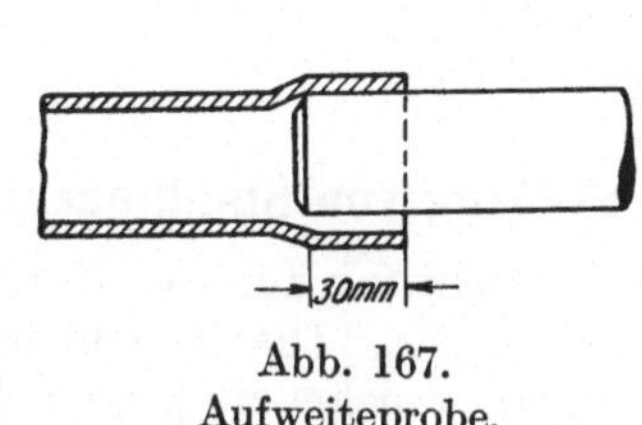

Abb. 167.
Aufweiteprobe.

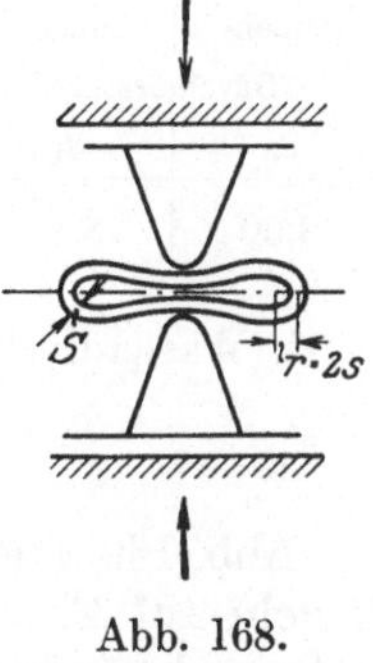

Abb. 168.
Hartbiegeprobe.

Beispiele für die Prüfung von Siederohrabschnitten nach den allgemeinen polizeilichen Vorschriften des Deutschen Reiches (s. Anhang S. 180).

Vorgeschrieben sind:
1. Bördelprobe.
2. Aufweiteprobe.
3. Hartbiegeprobe.
4. Wasserdruckprobe.

Protokolle.

1. Bördelprobe (vgl. Abb. 166):

Mittlere Abmessungen eines Rohrabschnitts in cm			Mittlere Breite des Bördels b	Bördelung b in % des inneren Durchmessers	Rißbildung
Außen Durchmesser d_a	Innen Durchmesser d_i	Wandstärke s			
8,99	8,15	0,42	1,0	12,3	Bei 45° Bördelung mehrere radiale Kantenrisse und Risse parallel zum Rohrumfang.

2. Aufweiteprobe (vgl. Abb. 167):

Mittlere Abmessungen eines Rohrabschnitts in cm			Innerer Durchmesser in cm nach dem Aufweiten d_{i1}	Aufweitung in %		Rißbildung
Außen Durchmesser d_a	Innen Durchmesser d_i	Wandstärke s		Gemessen $\dfrac{d_{i1} - d_i}{d_i} \cdot 100$	soll betragen	
8,99	8,15	0,42	9,00	10,4	10 für nahtloses Rohr	Risse traten nicht auf

3. Hartbiegeprobe (vgl. Abb. 168):

| Mittlere Abmessungen eines Rohrabschnitts in cm | | | Mittlerer Halbmesser r in cm an den Enden | | Rißbildung |
Außen- Durchmesser d_a	Innen- Durchmesser d_i	Wandstärke s	soll nach Vorschrift $2\,s$ betragen	nach dem Versuch ermittelt	
9,00	8,16	0,42	0,84	0,80	Probe zeigte keine Risse

4. Wasserdruckprobe (s. S. 122).

g) Prüfung von Stahlkugeln.

Abb. 169 zeigt eine Einrichtung für die Untersuchung von Stahlkugeln auf Elastizität und Härte. Die Kugeln fallen aus einer Rinne auf eine harte Stahlplatte, von welcher sie je nach Elastizität und Härte unter einem bestimmten Ausfallswinkel verschieden hoch abspringen.

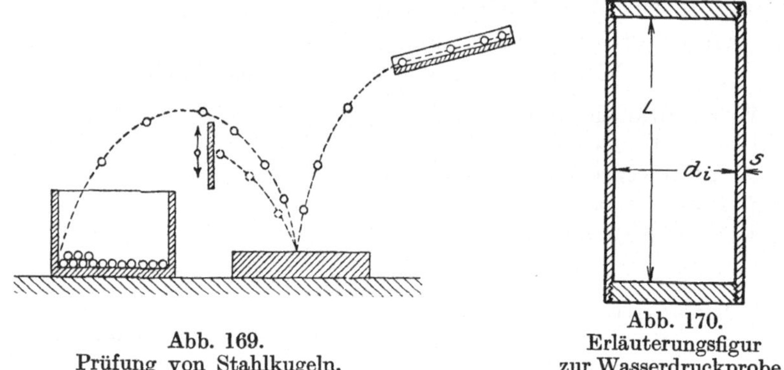

Abb. 169.
Prüfung von Stahlkugeln.

Abb. 170.
Erläuterungsfigur
zur Wasserdruckprobe.

Hiernach werden sie geordnet (vgl. die Härtebestimmung mit Hilfe des Skleroskopes S. 130).

h) Wasserdruckprobe (vgl. S. 180 u. 181).

Der Innendurchmesser eines zylindrischen, auf beiden Seiten verschlossenen Gefäßes sei d_i und die Wandstärke s (Abb. 170). Wird das Gefäß mit Preßwasser von p at gefüllt, so ist der im Querschnitt achsial nach außen wirkende Gesamtdruck $\dfrac{\pi\,d_i^2}{4}\cdot p$. Dieser wirkt gleichmäßig auf die zylindrische Ringfläche $\pi\,d_i\,s$, die den Druck aufzunehmen hat. (Dies gilt jedoch nur für geringe Wandstärken.) Ist die in den Gefäßwandungen auftretende Beanspruchung σ, so ist

$$\pi\,d_i\cdot s\cdot\sigma=\frac{\pi\,d_i^2}{4}\cdot p\,.$$

$$\sigma=p\,\frac{d_i}{4\,s}\ \ldots\ldots\ldots\ldots\ldots\ldots\ (1)$$

Außer diesem in der Längsrichtung des Gefäßes wirkenden Drucke beansprucht das Preßwasser die Wandung auch senkrecht zur Längsachse des Gefäßes.

Ist L die Länge des Gefäßes, so ist der Druck auf jede Rohrhälfte $d_i L p$ (weil nur die Projektion der Druckfläche das Rechteck $d_i L$, den Druck p aufnimmt). Die den Zug aufnehmenden Wandflächen sind demnach $2 L s$. Folglich ist

$$2 L \cdot s \cdot \sigma = d_i L p$$

oder

$$\sigma = p \frac{d_i}{2 s} \quad \cdots \quad (2)$$

Aus den Gl. 1 und 2 geht hervor, daß die Beanspruchung auf Längsbruch doppelt so groß ist wie auf Querbruch (vgl. Abb. 171).

Für dickwandige Gefäße ist die Annahme gleichmäßiger Spannungsverteilung, die vorstehend zugrunde gelegt wurde, nicht mehr zulässig.

Die inneren Materialfasern der Wandung werden, wie aus Abb. 172 ersichtlich, bedeutend höher beansprucht als die äußeren.

Durch die Prüfung von Rohren und Gefäßen auf inneren Wasserdruck wird entweder der Druck festgestellt, der die Wände sprengt, oder es werden die Rohre einem bestimmten Probedruck ausgesetzt, bei dem sie keine Undichtigkeiten zeigen dürfen.

Auf Flanschenrohre werden Blindflansche aufgesetzt, von denen der eine durchbohrt ist und die Zuführung enthält. Bei Prüfung von Rohrstücken ohne Flansch bedient man sich einer Einspannvorrichtung, bei der an den Rohrenden mit Ledermanschetten versehene Stempel eingepaßt werden (vgl. Abb. 173, 174). Der in der Längsrichtung wirkende Druck wird hierbei durch die Stempel auf die Schraubenbolzen des das Rohr umspannenden Rahmenwerkes übertragen.

Die Ledermanschetten sind an den Rändern dünn geschabt, damit sie sich an rauhe Wände gut anlegen. Es ist zur besseren Dichtung zweckmäßig, die Manschetten mit Leim auszu-

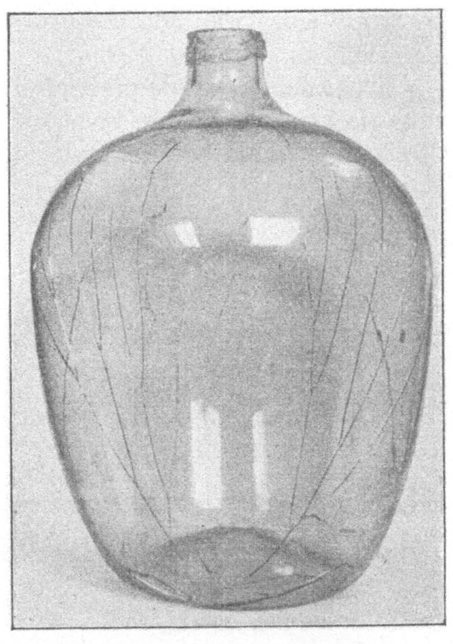

Abb. 171. Auf Wasserdruck beanspruchtes Gefäß mit Längsrissen.

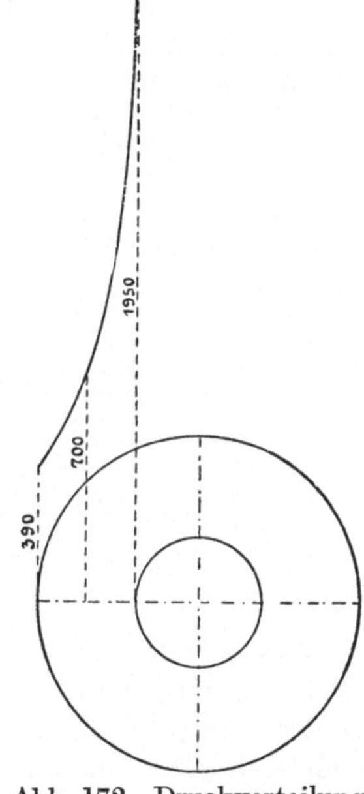

Abb. 172. Druckverteilung im Querschnitt eines dickwandigen, auf Innendruck beanspruchten Rohres.

gießen, dem etwas chromsaures Kali zugesetzt ist, um ihn im Wasser unlöslich zu machen.

Glasflaschen werden ebenfalls einem Probedruck unterzogen, bei dem sie keine bleibende Formänderung zeigen dürfen. Dies wird durch Messung des Flaschenumfangs oder auch des Inhalts festgestellt.

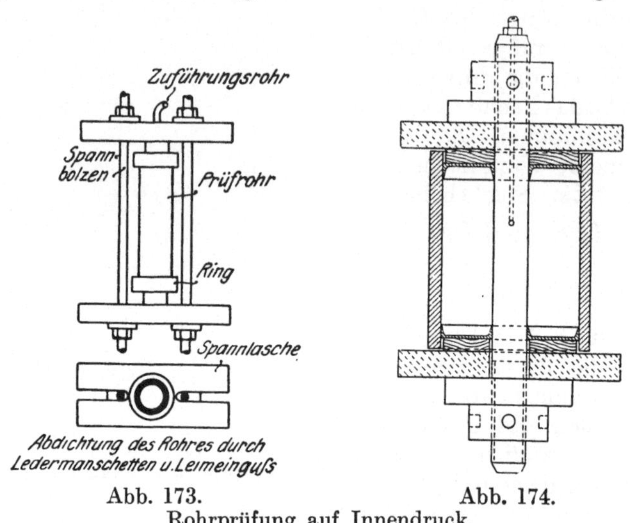

Abb. 173.   Abb. 174.
Rohrprüfung auf Innendruck.

Beispiel einer Rohrprüfung auf inneren Wasserdruck.

Unter Vermeidung von Beanspruchung in der Längachsenrichtung wurde ein Rohrabschnitt von 35 cm Länge in der oben beschriebenen Weise an eine Druckleitung angeschlossen und der Druck zunächst auf 30 at gesteigert. Unter diesem Druck wurde das Rohr auf etwaige Formänderungen und Undichtigkeiten untersucht.

Protokoll.

Freie Länge zwischen den Abdichtungen cm	Mittlere Abmessungen in cm			Versuchsergebnisse				
	Außen-durch-messer d_a	Innen-durch-messer $d_i = d_a - 2s$	Wand-stärke s	Innendruck 30 at.		Innen-druck beim Bruch p in at.	Spannung $\sigma = \dfrac{p\,d_i}{2\,s}$ kg/qcm	Umfangs-dehnung beim Bruch an der Bruchstelle in %
				Umfangs-dehnung %	Un-dichtig-keit			
28	8,98	8,18	0,399	0,3	nicht vorhanden	381,1	3910	15,4

i) Funkenprobe.

Diese erst neuerdings in Erscheinung getretene technologische Prüfung besonderer Art bildet ein in manchen Werkstätten gern benutztes Behelfsmittel, um Stahl- und Eisensorten voneinander zu unterscheiden. Die genauere Unterscheidung erfolgt durch die chemische und die metallographische Prüfung, bei denen einerseits durch die Analyse und andererseits mit Hilfe von Schliffen, Ätzung und mikroskopischer Betrachtung das Gefüge und die Zusammensetzung des Stahles ermittelt wird. Die metallographischen Untersuchungen erfordern jedoch im Gegensatz zur Funkenprobe zeitraubende Vorbereitung und sehr erfahrene Spezialingenieure.

Die Funkenmethode läßt sich sehr schnell durchführen. Es bedarf nur der Beobachtung der beim Schleifen des Werkstoffs auf einer Schmirgelscheibe entstehenden Funkenart. Der durch das Losreißen glühend gewordene Span wird entsprechend der Umfangsgeschwindigkeit der Schmirgelscheibe fortgeschleudert und bildet den Schleiffunken. Je größeren Widerstand die Moleküle der Trennung entgegensetzen, um so größer wird die freiwerdende Wärme und je schneller dieser Widerstand überwunden wird, um so höher ist die Temperatur des glühenden Spans und um so heller seine Farbe. Der Einfluß der Zusammensetzung und der Geschwindigkeit der Schmirgelscheibe überwiegt hierbei den Einfluß der Eisenqualität.

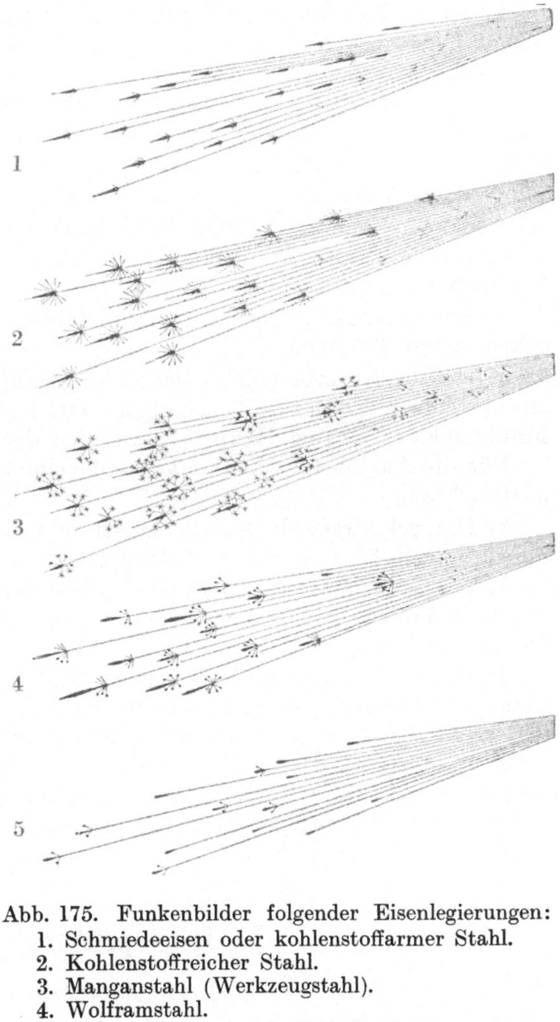

Das Charakteristische der Funkenstrahlen besteht darin, daß sie eine glatte Lichtlinie bilden, deren Ende die Form eines langgestreckten Tropfens annimmt. Dieser erweitert sich zu einem zweiten Tropfen. Da, wo die Tropfenform am breitesten ist und am hellsten glüht, spaltet sie sich explosionsartig zu einem Strahlenbüschel. Dieses ist für die verschiedenen Eisensorten verschieden und charakteristisch. Mit abnehmendem Kohlenstoffgehalt der Eisensorte vermindert sich die Anzahl der stachelartigen, aus einem Mittelpunkte hervorschießenden Linien.

Abb. 175. Funkenbilder folgender Eisenlegierungen:
1. Schmiedeeisen oder kohlenstoffarmer Stahl.
2. Kohlenstoffreicher Stahl.
3. Manganstahl (Werkzeugstahl).
4. Wolframstahl.
5. Chrom-Wolframstahl (Schnellstahl).

Die charakteristischen Merkmale für die verschiedenen Materialien sind die folgenden (vgl. Abb. 175):

1. **Schmiedeeisen oder kohlenstoffarmer Stahl.** Das Strahlenbüschel besteht aus wenigen spitzigen, stachelähnlichen Linien. Die Funken sind hellgelb.

2. **Mittelharter Kohlenstoffstahl.** Das Funkenbild stimmt im wesentlichen mit dem des weichen Stahls überein, nur ist die Anzahl der Stacheln erheblich größer.

3. **Manganstahl** (gewöhnlicher Werkzeugstahl). Sehr charakteristische Verästelung der Funkentropfen. Die Verästelung weist auf manganhaltigen Stahl hin. Die Funken sind hellgelb bis weißglühend.

4. **Wolframstahl.** Die Funkenstrahlen sind dunkelrot; ihr Ende zeigt entweder kein Funkenbild oder bei starkem Druck an die Schmirgelscheibe stecknadelkopfähnliche Kügelchen, die sich aus einem Tropfen strahlenförmig verteilen.

5. **Schnellstahl** (Chrom-Wolframstahl). Rote Funken mit gelben, gekrümmten Tropfen.

6. **Gußeisen** gibt gemäß seinem größeren oder geringeren Gehalt an amorphem Kohlenstoff, Mangan, Titan, Vanadium verschiedene Funkenbilder, die den Hauptbestandteilen der Legierung entsprechen.

Für die Ausführung der Funkenprobe sind die folgenden Richtlinien zu beachten:

1. Die Schmirgelscheibe soll scharf und körnig sein und ihre Geschwindigkeit 30 ÷ 35 m/sek. betragen.

2. Die Erzielung vergleichbarer Werte setzt gleichen Druck und gleiche Schnittgeschwindigkeit voraus. Der Stahl wird am besten an die Seitenfläche gepreßt.

3. Weicher und härterer Werkstoff sind schon an der Dichte und Länge der Funkenstrahlen zu erkennen, da beim weichen Stoff größere und mehr Späne gelöst werden als beim harten und spröden.

4. Beschaffenheit und Betriebsverhältnisse der Schmirgelscheibe beeinflussen zwar die Glühfarbe, aber nicht die Form des Funkenbildes. Daher ist das Hauptaugenmerk auf das Funkenbild und nicht auf das Strahlenbüschel zu richten.

X. Härteprüfung.

a) Allgemeines.

Der Begriff „Härte" ist nicht eindeutig bestimmt. Ihrem Wesen am nächsten kommt wohl die Erklärung, nach der sie als der Widerstand bezeichnet wird, den ein Körper dem Eindringen eines härteren Körpers entgegensetzt. Die hauptsächlichsten Arten der Härtebestimmung sind: das Ritzhärteverfahren, das Kugeldruckhärte- und das Kegeldruckhärteverfahren sowie die Kugelfallprobe. Die hiernach gefundenen Härtezahlen sind nicht ohne weiteres miteinander vergleichbar. Ihre Ermittelung ist daher stets anzugeben.

b) Ritzhärte.

Vorbildlich hierfür arbeiteten die Mineralogen, die die Ritzhärte zur Grundlage der Härtebestimmungen machten. Die Härteskala von Moß besteht aus 10 Stufen. Der härtere Körper mit höherer Nummer sollte den weicheren mit niedrigerer Nummer ritzen, aber nicht umgekehrt. Nach Auerbach trifft dies jedoch nicht allgemein zu.

Moßsche Skala.

Nr.	Bezeichnung	Vergleichsstoffe	
1	Talk	Graphit $^1/_2$—1	Iridium 6
2	Gips oder Steinsalz	Blei $1^1/_2$	Platin-Iridium $6^1/_2$
3	Kalkspat	Zinn gegossen $1^1/_2$	
4	Flußspat	Aluminium 2	
		Silber $2^1/_2$—3	
5	Apatit	Gold $2^1/_2$—3	
6	Feldspat	Kupfer $2^1/_2$—3	
7	Quarz (Feuerstein)	Antimon $3^1/_3$	
8	Topas	Messing $3^1/_2$	
		Platin $4^1/_3$	
9	Korund	Eisen $4^1/_2$	
		Glas $4^1/_2$—$6^1/_2$	
10	Diamant	Stahl 5—$8^1/_2$	

Zu den Ritzverfahren, die die Mängel der Moßschen Skala beseitigen, gehört in erster Linie das Verfahren von Martens; es ist wohl das zuverlässigste dieser Art. Als Vergleichskörper für alle Stoffe wird ein zu einem Kegel von 90° geschliffener Diamant benutzt, und als Ritzhärte gilt diejenige Belastung des Diamanten in Gramm, die eine Strichbreite von $^1/_{100}$ mm ergibt.

Abb. 176 veranschaulicht die Konstruktion des Martensschen Ritzapparates. Der Diamant D ist an dem Wagebalken w befestigt und wird durch Verschieben des Laufgewichts L belastet. Die Probe wird auf dem Tisch S festgelegt, der durch Kugellagerung wagerecht gestellt und mittels eines Hebels in der Längsrichtung des Apparates verschoben werden kann. Man wählt ungefähr die Belastung, die die erforderliche Strichbreite erzeugt, und zieht nun durch Verschieben des Tisches für verschiedene Belastungen gewöhnlich je 5 Striche. Durch Ausmessen der Strichbreiten mittels

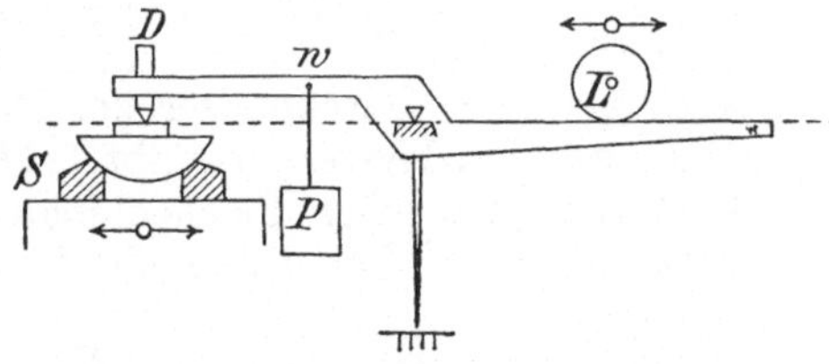

Abb. 176. Ritzhärteprüfer nach Martens.

Mikroskops und durch Interpolieren findet man dann die der Breite von $^1/_{100}$ mm entsprechende Belastung.

Die Ergebnisse dieser Methode stimmen mit denen der Moßschen Skala bezüglich der Reihenfolge überein, aber nicht bezüglich des Verhältnisses der Härtezahlen untereinander (s. nachstehende Tabelle).

Bezeichnung	Ritzhärte	Moßsche Skala
Blei	16,8	$1^1/_2$
Zinn . . .	23,4—28,2	2—3
Kupfer . .	34,3—39,8	3
Zink . . .	42,6	
Messing . .	44,7—52,8	
Nickel . . .	55,7	
Stahl, weich	70,8—76,5	
Glas . . .	135,5	5—$5^1/_2$
Stahl, hart .	137,5—141,0	6—$6^1/_2$

Das Verfahren nach Martens bietet jedoch insofern Schwierigkeiten, als die Beleuchtung das Ausmessen der Strichbreite beeinflußt. Streng genommen können auch nur solche Zahlen verglichen werden, die durch denselben Diamanten und von demselben Beobachter erzielt worden sind. Unter dem Mikroskop zeigt sich, daß der Diamant an der Spitze Rauheiten aufweist und das zu untersuchende Material bisweilen Randwülste bildet, die das Ausmessen erschweren. Es ist in solchen Fällen ratsam, die Breite zwischen den höchsten Erhebungen des Wulstes der Rechnung zugrunde zu legen.

c) Brinellsche Kugeldruckhärte. (Vgl. S. 184.)

Unter den verschiedenen Vorschlägen, die Härte der Werkstoffe durch Eindrücke von Kugeln zu bestimmen, wurde die Brinellsche Methode allgemein anerkannt. Eine gehärtete Stahlkugel von 10 mm Durchmesser wird bei harten Werkstoffen mit 3000 kg und bei weicheren mit 1000 kg belastet. Die Härte erhält man als Quotienten des Druckes P in Kilogramm zur Mantelfläche des Kugeleindruckes in Quadratmillimetern

$$H = \frac{P}{f} = \frac{P}{\pi D \cdot h},$$

worin D den Kugeldurchmesser und h die Höhe des Kugeleindruckes bedeuten, die sich aus der Formel

$$\frac{d^2}{4} = h(D-h) \text{ zu } h = \frac{1}{2}D - \sqrt{\frac{D^2 - d^2}{4}}$$

berechnet (d = Durchmesser des Projektionskreises).

Eine andere Härtezahl ergibt das Kugeldruckverfahren von E. Meyer. Statt des sphärischen Flächeninhalts wird die Fläche des Projektionskreises benutzt. Die Härtezahl ist hiernach der spezifische Druck

$$H = \frac{P}{\frac{\pi d^2}{4}}.$$

Weder die Brinellschen noch die Meyerschen Härtezahlen sind Konstanten. Sie hängen ab vom Druck P, dem Kugeldurchmesser D und der Dauer der Druckwirkung. Nach Shore änderte sich die Härte einer Probe in den Grenzen von 120—180 bei entsprechenden Drücken von 500—4000 kg, was einem Unterschied von 50% entspricht.

Abb. 177 veranschaulicht den Einfluß, den Eindruckdurchmesser d und Belastung P auf die Härtezahl H ausüben. Verschiedene Belastungen ergeben bei gleichem Eindruckdurchmesser verschiedene Härtezahlen H, was sich aus der Beziehung $H = \dfrac{P}{\pi D \cdot h} = \dfrac{P}{\text{const}}$ erklärt. So ist bei der Belastung $P = 3000$ kg bzw. 1500 und 1000 kg, die Härtezahl $H = 188$ bzw. 94 und 63 kg/qmm. Der Einfluß der Zeitdauer der Kraftwirkung auf die Härte H äußert sich ungefähr nach einer Exponentialkurve.

Die Härte nimmt zuerst stärker und später mit wachsender Dauer der Einwirkung weniger ab.

Hartes Eisen gibt nach etwa $^{1}/_{2}$ Minute konstante Werte, bei Weicheisen lassen sich nach 15 Minuten noch Änderungen feststellen. Bei Härteuntersuchungen ist daher auch die Dauer der Krafteinwirkung anzugeben.

Nach E. Meyer besteht zwischen dem Druck P und dem Durchmesser des Projektionskreises d bei konstantem Kugeldurchmesser D die Beziehung

$$P = a \cdot d^n.$$

Hierin ist a eine Konstante, nämlich die Belastung, die erforderlich ist, um den Eindruckdurchmesser $d = 1$ mm zu erzeugen, und $n \cong 2$. Wird $n < 2$ (beim Blei), so nimmt die Härte mit wachsendem

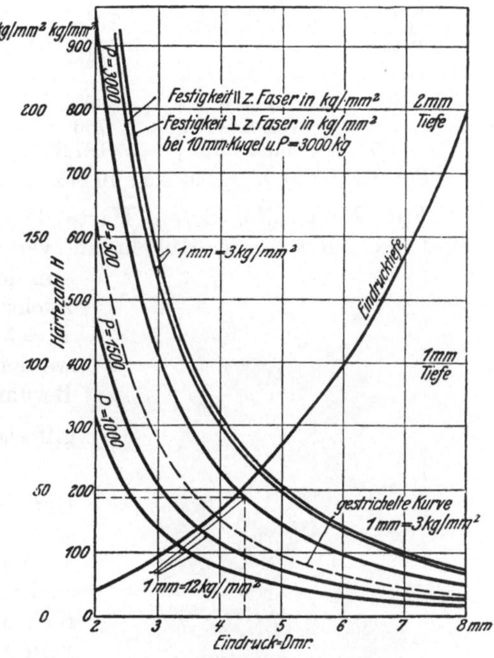

Abb. 177. Abhängigkeit der Härtezahl, Festigkeit und Eindrucktiefe von der Größe der Eindruckdurchmesser bei Benutzung einer Kugel von 10 mm Durchmesser.

Druck ab, wird $n > 2$, so nimmt sie zu. Für $n = 2$ bleibt sie konstant. Stellt man die Beziehung zwischen Härte und Belastung für verschiedene Exponenten graphisch dar, so zeigt sich, daß bei höheren Drücken die Änderungen von H nur gering sind. Brinell hat deshalb einen Druck von $P = 3000$ kg vorgeschlagen.

Aus diesen Erläuterungen geht hervor, daß die Härtezahl von dem Kugeldurchmesser, dem Druck und der Belastungsdauer abhängt. Zur Erzielung vergleichbarer Werte wurden deshalb vom Normenausschuß der deutschen Industrie Vorschriften für Härteprüfungen aufgestellt: Kugeln mit 10 mm Durchmesser gelten als Norm, jedoch werden für dünne Probestücke Kugeln kleineren Durchmessers empfohlen. Die Belastung ist proportional dem größten Kreise der verwendeten Kugel zu wählen, und zwar sind für Eisen und Stahl 30 D^2, für Kupfer,

Messing und Bronze 10 D^2, für weichere Metalle 2,5 D^2 kg vorgeschrieben. Die Proben sollen im allgemeinen 30 Sekunden, bei stark fließenden Werkstoffen jedoch länger belastet werden. Bei Stahl mit einer Härte von mindestens 140 genügen 10 Sekunden.

In folgender Tabelle sind die wichtigsten Vorschriften übersichtlich zusammengestellt.

Maße in Millimeter.

Kugeldurchmesser D mm	Dicke s des Probestücks mm	Belastung P in kg		
		30 D^2 für Eisen und Stahl	10 D^2 für Kupfer, Messing, Bronze u. a.	2,5 D^2 für weichere Metalle
10	über 6	3000	1000	250
5	von 6—3	750	250	62,5
2,5	unter 3	187,3	62,5	15,625

Für Stahl von $H \geqq 140$ sind 10 Sekunden ausreichend.

Für Werkstoffe, deren Härte $H \geqq 450$ (z. B. Kugellagerringe), sind besonders harte Kugeln zu verwenden. Ihre Härte wird bestimmt durch Aneinanderdrücken zweier gleichharter Kugeln, die mit $P = 5 D^2$ kg (D in Millimeter) belastet werden. Die mittlere Pressung in der Berührungsfläche vom Durchmesser d gilt als Kugelhärte. Sie ist $H = \dfrac{P}{\dfrac{\pi d^2}{4}}$.

Gut gehärtete Kugeln sollen mindestens die Härte 630 kg/mm² besitzen.

Für die Ausführung von Härteversuchen gelten noch folgende Vorschriften: Der Abstand der Eindruckmitte vom Rande des Probestücks soll so groß sein, daß der Rand nicht augenfällig ausgebogen wird; dies wird meistens erreicht, wenn der Abstand nicht kleiner ist als der Kugeldurchmesser.

Der Eindruckdurchmesser ist in hundertstel Millimeter anzugeben. Bei unrunden Eindrücken, die besonders bei Walzstahl vorkommen, ist der mittlere Durchmesser maßgebend.

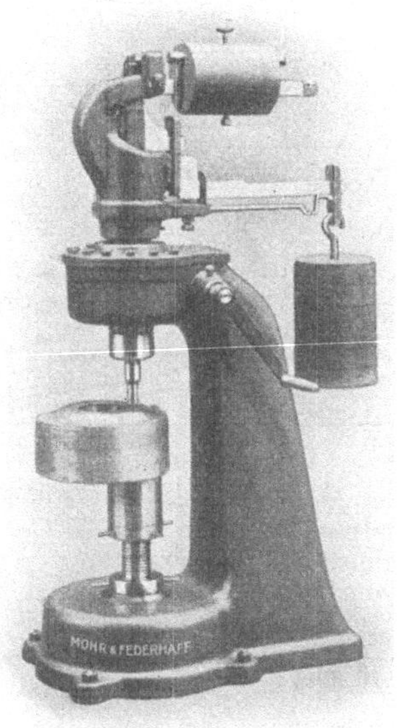

Abb. 178.
Brinellpresse von Mohr & Federhaff mit Hebelwage für Handbetrieb.

Enthält die Oberfläche Drehriefen, so wird der Eindruckdurchmesser meistens größer und demgemäß die Härtezahl zu klein gefunden.

Die Brinellpresse wird mit Hebelwage oder Meßdose gebaut. In Abb. 178 erfolgt der Antrieb der Druckspindel von Hand durch Kurbel und Schneckengetriebe. Die Kraftmessung geschieht mittels einer Hebelwage mit Anhängegewichten. Zur Kontrolle der Wage ist der Gegengewichtshebel als Kontrollhebel ausgebildet. In Abb. 179 ist eine Laufgewichtswage angeordnet.

Abb. 179. Brinellpresse mit Laufgewichtswage von Losenhausen.

Die Abb. 180 zeigt eine Kugeldruckpresse mit Meßdose, die im unteren Teil der Maschine eingebaut ist. Der Meßdosenkolben ist zugleich Arbeitskolben. Zur Kontrolle der Kolbenstellung dient eine Zeigervorrichtung. Die Bewegung des Meßdosenkolbens geschieht von Hand mittels der im unteren Sockel gelagerten Spindelpresse, während der Druck an dem eben sichtbaren Manometeraggregat abgelesen wird.

Sehr handlich ist der kleinere Härteprüfer Seku, der im wesentlichen aus Prüfkugel und Vorrichtung zum Messen der Druckkraft besteht (vgl. Abb. 181). Die Kraftmessung erfolgt durch ein elastisches Federsystem. Der bei der Zusammendrückung des Systems zurückgelegte Relativweg wird durch einen Zeigerhebel im vergrößerten Maßstab auf einer Skala angezeigt, die bis 1000 kg unterteilt ist. Eine Feder hält den

Abb. 180. Brinellpresse mit Meßdose von Losenhausen.

Zeigerhebel in Spannung, so daß toter Gang in den Lagerungen die Kraftanzeige nicht beeinflußt. Ein Vorzug dieses Apparats besteht darin, daß er sich verschiedenorts an Einrichtungen wie Schraubstock,

Presse, Fußwinde, Werkzeugmaschinen, Hebezeugen usw. bequem anbringen läßt.

Abb. 182 zeigt eine fahrbare Brinellpresse von Mohr & Federhaff.

d) Kugelfallprobe.

Im Gegensatz zu den bisher beschriebenen statischen Methoden fällt bei der dynamischen Härteprüfmethode eine Kugel von bestimmtem Gewicht aus bekannter Höhe auf die Probe. Die Rücksprunghöhe dient als Maß für die Härte des Werkstoffes. Die bei

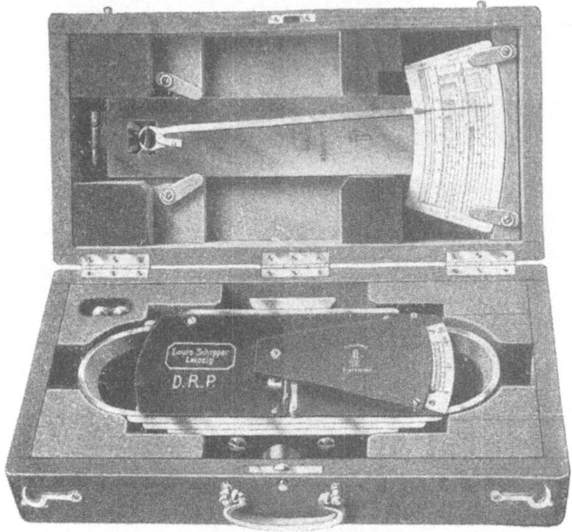

Abb. 181. Härteprüfer Seku von Schopper.

dem Aufprall in Frage kommende Energie A setzt sich um in elastische Deformationsarbeit der Kugel A_K, in elastische Deformationsarbeit der Probe A_P und in Arbeit zu dauernder Deformation der Probe A_d.

Abb. 182. Fahrbare Brinellpresse von Mohr & Federhaff.

Demnach ist
$$A = A_K + A_P + A_d$$
$$= A_e + A_d,$$

worin A_e die gesamte elastische Deformationsarbeit darstellt. Versuche ergaben, daß die Beziehung
$$A = a\, d^n$$

die Gesamtarbeit darstellt. In dieser Formel sind a und n Konstanten und d ist der Eindruckdurchmesser. Die Rücksprunghöhe H_s ist von der gesamten elastischen Deformationsarbeit abhängig und der Größe A_e proportional. Es ergibt sich die Härte H proportional $\sqrt{H_s \dfrac{E_1 E_2}{E_1 + E_2}}$, worin E_1 den Elastizitätsmodul der Probe und E_2 den der Kugel darstellt. Aus der Formel geht hervor, daß die Rücksprunghöhe nur dann ein Härtemaß darstellt, wenn der Elastizitätsmodul E_1 immer derselbe ist, was bei verschiedenen Eisensorten angenähert zutrifft. Nach Versuchen von Schneider kommen nur kleine Fallhöhen in Frage. Die mittels des Skleroskopes (vgl. Abb. 183) ausgeführte Kugelfallprobe ist also nur brauchbar für Eisen, wenn immer dieselbe Kugel benutzt wird. Alsdann ist die gefundene Härte der Brinellhärte proportional. Wie falsch die Ergebnisse der Skleroskopprüfung bei unrichtiger Verwendung sein können, zeigt ein Vergleich der Rücksprunghöhe H_s von Flußeisen und Weichgummi. Für jenes wurde die Rücksprunghöhe zu 184 und für Weichgummi zu 206 gefunden. Die Rücksprunghöhe der Kugel ist

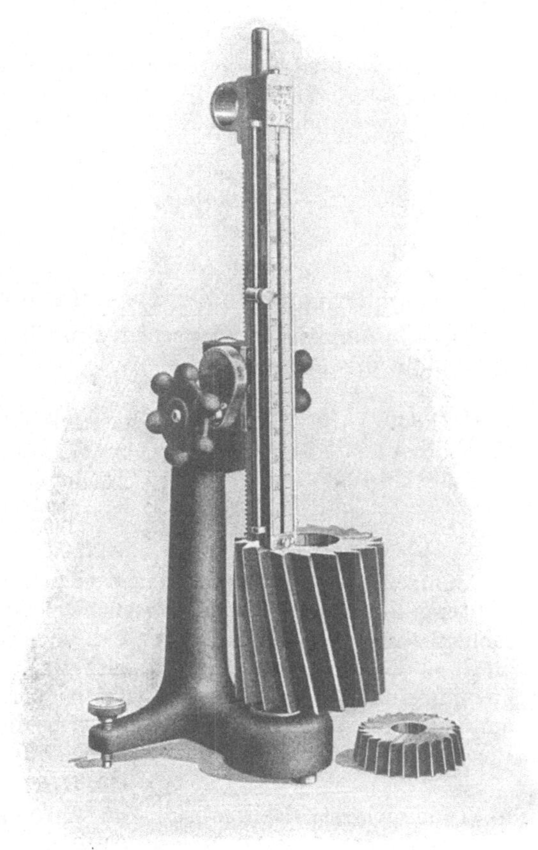

Abb. 183.
Härteprüfer (Skleroskop) von Schuchardt & Schütte.

demnach im wesentlichen durch den Elastizitätsmodul des Werkstoffes bedingt. Der Gebrauch des Skleroskopes empfiehlt sich daher nur in der Härterei, wo Werkstoffe von gleichem Elastizitätsmodul verglichen werden.

Die Härteprüfung bei dem Apparat von Schuchardt & Schütte erfolgt durch Beobachtung der Sprunghöhe eines etwa 2,5 g schweren, mit Diamantspitze versehenen Fallhammers. Nach Druckknopfauslösung fällt der Hammer frei und fast reibungslos innerhalb einer

Führungsbahn, die auf das Prüfstück gedrückt wird. Durch Betätigung eines zweiten Druckknopfes erfolgt die Rückschleuderung des Hammers in die Ausgangsstellung. Die Sprunghöhe des Hammers wird an einer Teilung abgelesen, die Härtezahlen nach A. F. Shore angibt. Diese Härteskala verzeichnet keine absoluten Werte, sondern wurde von Shore angenommen. Er bezeichnete den Rückprall, den er mit gehärtetem Kohlenstoffstahl erzielte, mit 100 und erweiterte die Teilung bis 140°. Daraus ergibt sich, daß diese Härtegrade nur Vergleichszahlen sind.

Vergleicht man zusammenfassend Ritzhärte (H_R), Brinellhärte (H_B) und Skleroskophärte (H_S) für Stahl, so ist mit gewissen, zum Teil recht hohen Abweichungen der Einzelwerte vom Mittel

$$H_B = 25{,}5\,H_R \quad \text{und} \quad H_B = 9{,}4\,H_S,$$

d. h. Ritzhärte, Skleroskophärte und Brinellhärte sind einander proportional und die Ritzhärte ergibt die kleinsten Werte.

e) Beziehungen zwischen Härte und Zugfestigkeit.

Der Zusammenhang zwischen Brinellhärte und Zugfestigkeit läßt sich durch die Formel

$$\sigma_B = k \cdot H$$

ausdrücken. Unter Voraussetzung einer Kraft $P = 3000$ kg fand man für k, das nicht konstant ist, folgende Mittelwerte für Flußeisen:

Härte H	Prüfung senkrecht	parallel
	zur Walzrichtung	
unter 175	0,362	0,354
über 175	0,344	0,324

Demnach ist der Faktor k teils von der Härte, teils von der Walzrichtung abhängig. Neuere Versuche zeigen, daß k auch durch den Kohlenstoffgehalt des Eisens und die Vorbehandlung stark beeinflußt wird, so daß k um mehr als 12% schwankt. Immerhin gibt die Härte einen ungefähren Anhalt für die Zugfestigkeit. Dies hat auch der N. D. I. anerkannt und folgende Beziehung aufgestellt:

für Kohlenstoffstähle (Festigkeit 30—100 kg/qmm)

$$\sigma_B = 0{,}36\,H,$$

für Chromnickelstähle (Festigkeit 65—100 kg/qmm)

$$\sigma_B = 0{,}34\,H,$$

worin σ_B die Zugfestigkeit und H die Härtezahl bedeuten (vgl. Abb. 177 obere 3 Kurven).

f) Meßinstrumente für die Härteprüfung.

Bei Ermittelung der Härte nach dem Eindruckverfahren wird entweder die Tiefe der Kugelkalotte oder der Durchmesser des Eindruckkreises festgestellt. Da diese Größen klein sind, mißt man sie auf $^1/_{1000}$ mm[1]) genau. Zur Messung der Eindrucktiefe werden rein mecha-

---

[1]) Die Vorschriften des Normenausschusses verlangen nur die Genauigkeit von $^1/_{100}$ mm. (Vgl. S. 185.)

nische oder mechanisch-optische Tiefenmesser und zur Messung des Durchmessers des Eindruckkreises Mikroskope oder Komparatoren verwendet.

Tiefenmesser.

Der von Martens konstruierte Tiefenmesser (Abb. 184) ist mechanischer Art. Mittels eines Rollenfühlhebels wird der Weg des Druckstempels im Übersetzungsverhältnis 1 : 50 vergrößert. Der Apparat gleicht im Prinzip dem Bauschingerschen Rollenapparat.

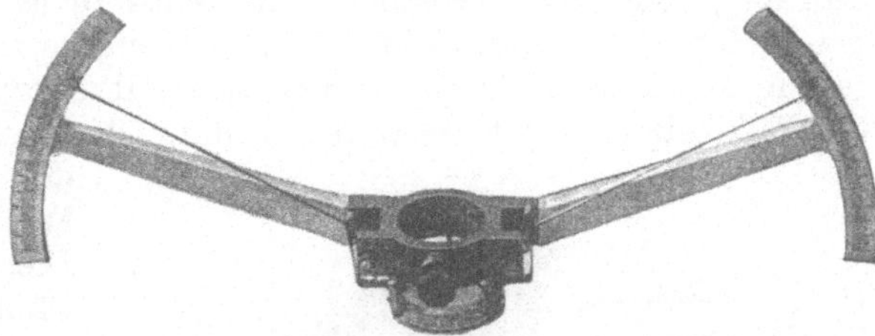

Abb. 184. Tiefenmesser nach Martens.

Zeiss hat eine Anzahl von Meßuhrtiefen und -dickenmessern gebaut, von denen Abb. 185 eine der neueren Konstruktionen eines Dickenmessers darstellt.

Ein stabiler Ständer trägt einen wagerechten Arm. An dessem einen Ende ist ein Taststift und am anderen eine Meßuhr angebracht, deren mechanische Übersetzung $^1/_{1000}$ mm Bewegung des Taststifts abzulesen gestattet. Der Zeiger der Meßuhr macht pro $^1/_{10}$ mm Bewegung des Taststifts eine Umdrehung. Die Uhr ist in 100 Intervalle geteilt, so daß pro Intervall $\dfrac{1}{10 \cdot 100} = \dfrac{1}{1000}$ mm abgelesen werden kann.

Rein optischer Natur ist der Abbésche Dickenmesser, der sich auch als Tiefentaster benutzen läßt.

Zeissscher Dickenmesser nach Abbé.

Der Apparat dient zur Schnellmessung mit einer Genauigkeit von $^1/_{1000}$ mm. Mit ihm können Außenmessungen von Zylindern, Flächen und Kugeln vorgenommen werden. Bei Härtebestimmungen benutzt man ihn zum Messen der Eindrucktiefe. Er wird für die Meßbereiche 50 und 105 mm gebaut. Der Maßstab liegt nicht neben der zu messenden Strecke, sondern in ihrer Verlängerung.

Der Apparat (Abb. 186) besteht aus einer Grundplatte a, auf der eine vollkommen ebene polierte Platte b aus Glas oder Stahl genau senkrecht

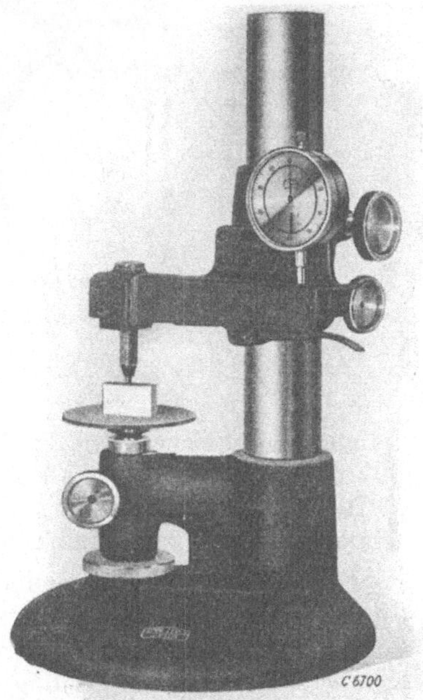

Abb. 185.
Meßuhrdickenmesser von Zeiss.

zum Maßstab angeordnet ist. Mit der Grundplatte ist ein Ständer c verbunden, der in einer prismatischen Führung d den runden Meßstempel e trägt. Zum Ausgleich seines Eigengewichts dient ein Gegengewicht g, das mit ihm durch die Schnur f verbunden ist. Mittels eines Kordelknopfes, auf den die Schnur aufgewickelt werden kann, läßt sich der Meßstempel heben oder senken. Er lastet mit stets gleichbleibendem Meßdruck auf Meßplatte und Werkstück. Der Maßstab ist in einer Aussparung des Meßstempels eingelassen. Seine Teilung beträgt $^1/_{10}$ mm. Die Ablesung am Maßstab erfolgt durch das Mikroskop k. Im Gesichtsfeld des Mikroskopes sind außer der Teilung 2 parallele Striche sichtbar,

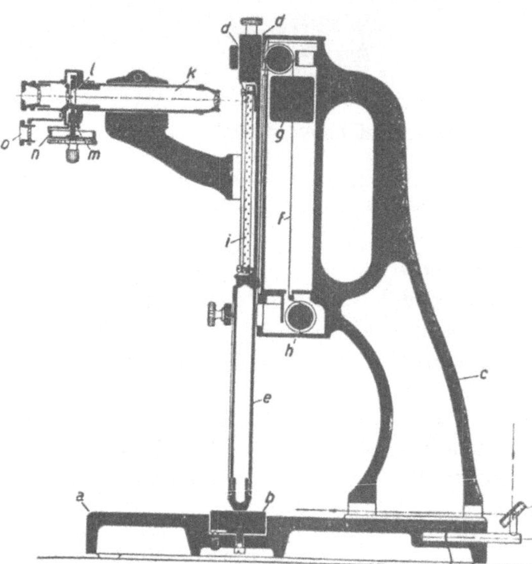

die einen Teilstrich des Maßstabes einschließen. Diese können durch ein Okularmikrometer l, das durch die Spindel m bewegt wird, gegen die sichtbare Teilung verschoben werden. Deckt sich das Strichepaar nicht mit einem Teilstriche des Maßstabs, so dient eine 100 teilige Meßtrommel, die durch die Lupe o betrachtet wird, zur Bestimmung der genauen Länge. Einer Umdrehung der Trommel entspricht eine Längsverschiebung von $^1/_{10}$ mm des Maßstabs, so daß einem Trommelintervall eine Längenänderung von

Abb. 186. Zeiss scher Dickenmesser.

$$\frac{1}{10 \cdot 100} = \frac{1}{1000} \text{ mm ent-}$$

spricht. Die Beleuchtung des Bildfeldes erfolgt durch einen neben dem Mikroskop angeordneten, allseitig drehbaren Spiegel. Ein an der Grundplatte befestigter Spiegel p dient zum Einstellen der Meßstempelschneide parallel zur Meßplatte.

Die Messung geht folgendermaßen vor sich: Der Meßstempel e wird durch Drehen des Kordelknopfes h auf die Meßplatte b gesenkt, und der Doppelstrich des Feinmeßokulars l mit dem Nullstrich der Glasteilung i in Übereinstimmung gebracht. Sodann erfolgt die Ablesung an der Meßtrommel n, wobei der Wert, der dem Nullstrich der Skala entspricht, zu berücksichtigen ist. Nach Anheben des Meßstempels mittels Kordelknopfes h wird das zu prüfende Werkstück auf die Meßplatte b gebracht und der Meßstempel herabgesenkt. Im Mikroskop werden dann die ganzen und zehntel Millimeter unmittelbar am Maßstab abgelesen. Durch Drehen der Meßtrommel n wird der nächst darunterliegende Teilstrich des Maßstabes mit dem Doppelstrich des

Feinmeßokulars in Übereinstimmung gebracht. Darauf werden durch die auf der Trommel zurückgelegten Teilstriche die hundertstel und tausendstel Millimeter bestimmt.

Beispiel: Der Nullstrich des Maßstabs sei mit dem Doppelstrich in Übereinstimmung gebracht, wobei die Marke der Meßtrommel auf 16 zeige. Nach Einschieben des Objektes ergibt sich, daß seine Dicke zwischen 12,3 und 12,2 mm liegt. Man schraubt nun den Doppelstrich auf 12,2 zurück. Dadurch gelangt die Meßtrommel über ihre Null zurück auf 68. Die gesuchte Dicke ist dann

$$12,2 + \frac{(100 - 68) + 16}{1000} = 12,248 \text{ mm}.$$

Bei der Messung sind noch die Fehler des Maßstabs zu berücksichtigen, die in einer Fehlertabelle, die von der Physikalisch‑technischen Reichsanstalt ermittelt wurde, enthalten sind.

Meßmikroskop.

Dies Instrument eignet sich außer zur Bestimmung der Entfernung zweier Punkte oder Kanten zu verschiedenartigen Prüfungen in der Werkstatt. Bei Härteprüfungen benutzt man es zum Messen des Kugeleindruckdurchmessers. Das in Abb. 187 dargestellte Meßmikroskop von Zeiss hat einen Ständer mit hufeisenförmig gestaltetem Fuß. Dieser ruht auf 3 Auflagen, von denen eine als Stellschraube ausgebildet ist. Das eigentliche Mikroskop ist an einem Schlitten befestigt, der sich mittels einer Spindel seitlich verschieben läßt. Der Umfang der Meßtrommel ist in 100

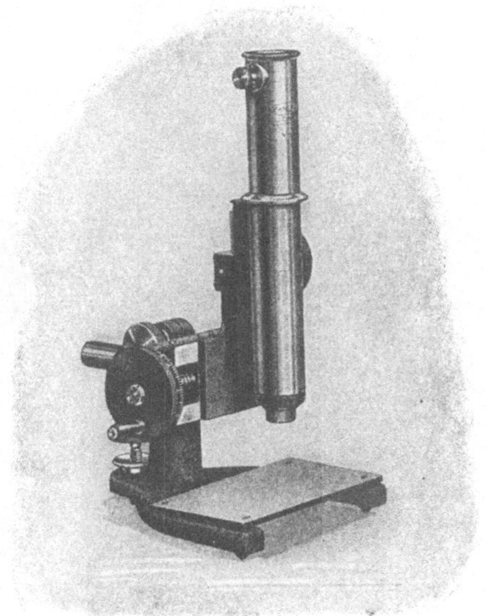

Abb. 187. Meßmikroskop von Zeiss.

gleiche Teile geteilt; ein Intervall entspricht einer Schlittenverschiebung von $^1/_{100}$ mm. Kleinere Beträge lassen sich noch mit genügender Genauigkeit schätzen. Die ganzen Millimeter werden an einer Teilung abgelesen, die auf der Schlittenführung angeordnet ist. Zur Scharfeinstellung wird das Mikroskop mit Hilfe von Trieb- und Zahnstange senkrecht verstellt. Die Vergrößerung ist 21 fach; der größte Meßbereich beträgt bei 2 verschiedenen Konstruktionen 22 bzw. 50 mm.

Die Tischplatte kann durch Abheben entfernt und das Mikroskop dann unmittelbar auf größere zu prüfende Gegenstände gestellt werden.

Beim Messen Brinellscher Kugeleindrücke ist das Mikroskop so einzustellen, daß die Ordinate des im Okular sichtbaren Fadenkreuzes den Umfang des Kugeleindrucks tangiert. Die jeweilige Schlittenstellung wird an der Teilung und der Meßtrommel abgelesen und der Schlitten dann so weit verschoben, bis die Ordinate die gegenüberliegende Seite des Kugeleindrucks tangiert. Der Unterschied beider Ablesungen ergibt den Durchmesser des Kugeleindrucks.

Der Oberbau des Mikroskops ist mit einem runden Zapfen in dem Ständer befestigt. Nach Lösen einer Schraube und Herausziehen eines Stiftes kann das Oberteil entfernt und an einem Stativ zur anderweitigen Verwendung angebracht werden.

Die Komparatoren von Zeiss.

Der Komparator dient zur genauen Bestimmung von Längen z. B. bei Härteprüfungen zum Messen der Eindruckdurchmesser. Wie beim

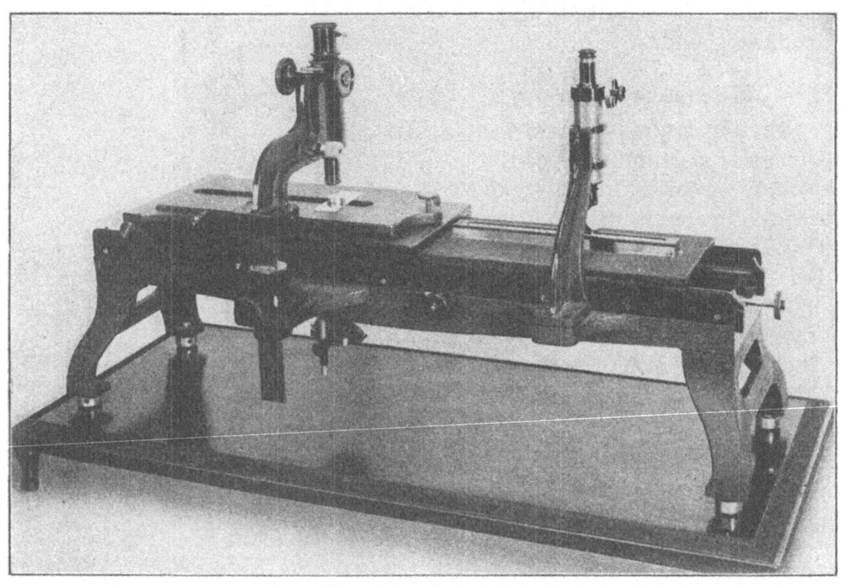

Abb. 188. Großer Komparator von Zeiss.

Dickenmesser liegt der Vergleichsmaßstab nicht neben der zu messenden Strecke, sondern in ihrer Verlängerung. Mit diesem Maßstabe wird die zu messende Länge fest verbunden und jeder ihrer Endpunkte nacheinander mit dem Fadenkreuz eines feststehenden Mikroskops in Übereinstimmung gebracht. Mittels eines zweiten festen Mikroskopes liest man gleichzeitig auf dem Maßstabe die Verschiebung ab.

Der große Komparator von Zeiss (s. Abb. 188) besteht aus einem Gestell mit 2 in festem Abstand befindlichen Mikroskopen, deren Achsen parallel sind. Das rechte Mikroskop ist mit einem Okularschraubenmikrometer versehen und wird zum Ablesen am Vergleichsmaßstab benutzt, während das linke ein Fadenkreuz besitzt, mit dem man die Endmarken des zu messenden Körpers anvisiert. Auf dem Gestell ist ein Schlitten mit fein geteiltem Maßstabe verschiebbar angeordnet, in dessen gerader Verlängerung der Probekörper gelagert wird. Die Ergebnisse sind nötigenfalls wie beim Dickenmesser zu korrigieren.

Der kleine Abbésche Komparator von Zeiss (Abb. 189) beansprucht weniger Raum; er ist für Längenmessungen bis 100 mm mit einer

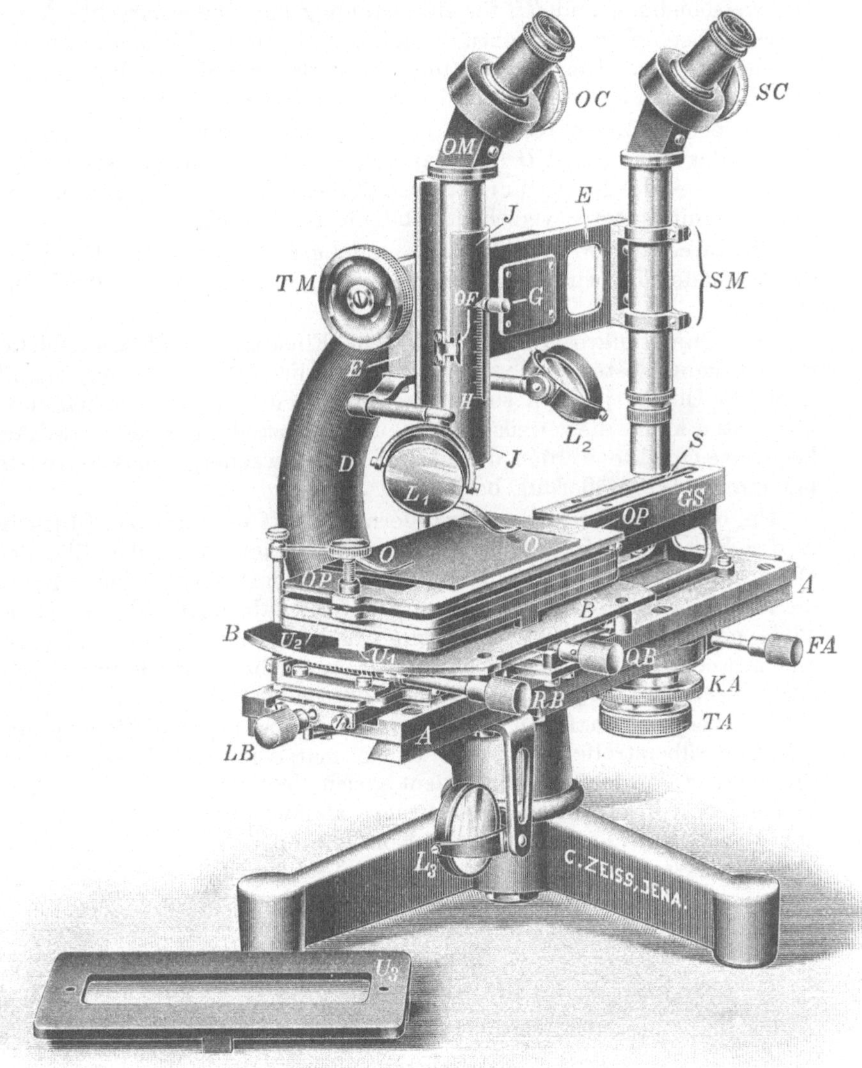

Abb. 189. Der kleine Komparator von Zeiss.

Genauigkeit von $\pm$ 0,001 mm verwendbar. Der etwa 30 cm lange Hauptschlitten AA ruht auf einem mit der Säule des Dreifußes fest verbundenen Schlittenbrett. Er läßt sich mit freier Hand, mittels Triebknopfes TA oder mit der Feinbewegungsschraube FA verschieben.

Der Schlitten AA trägt einerseits das Gehäuse GS für die 100 mm lange Skala S und andererseits den Objekttisch B, U_1, U_2, OP.

Auf AA ruht zunächst der Objektschlitten BB, der mit den Feinverstellungen LB für Längsverschiebung, QB für die dazu senkrechte Querverschiebung und RB für eine Drehung um eine senkrechte Achse versehen ist. Zur Beleuchtung mit auffallendem Licht dienen die Spiegel L_1, L_2. Die Beleuchtung eines durchsichtigen Objektes OO mit durchfallendem Lichte wird durch den Spiegel L_3 bewirkt.

Die beiden Mikroskope sind an einem gemeinsamen Arme EE befestigt, der vom Bügel D (als Handhabe zu benutzen) getragen wird. Zum Ablesen des in $1/_{10}$ mm geteilten Maßstabes dient das mit Okularschraubenmikrometer versehene Skalenmikroskop SM.

Ein Intervall der 100 teiligen Trommel gibt $1/_{1000}$ mm an. Die Mitte des Gesichtsfelds wird durch einen einzelnen senkrechten Strich bezeichnet.

Das Objektmikroskop OM dient zur Einstellung auf das Objekt. Es hat keine feste, sondern eine veränderliche Vergrößerung, damit man das Objekt je nach seiner Beschaffenheit mit der Vergrößerung betrachten kann, die jeweils die genaueste Einstellung liefert; unscharf begrenzte Objekte werden demgemäß mit schwacher, scharf begrenzte mit starker Vergrößerung betrachtet.

Um die Vergrößerung zu verändern, braucht man nur das Objektiv in der Richtung seiner Achse zu verschieben und dann das Bild des Objekts mittels des Triebes TM von neuem scharf einzustellen. Hierzu dient eine Vorrichtung, die durch die Buchstaben JJ, OF, G, H im Bilde gekennzeichnet ist. Man kann dadurch dem Objektmikroskop eine zwischen 5- und 25fach beliebig veränderliche Vergrößerung geben. Auch dieses Mikroskop hat ein Okularschraubenmikrometer.

Der Vergleichsmaßstab besteht entweder aus einem in Messing eingelegten Silberstreifen oder aus einem massiven Nickelstahl, dessen thermischer Ausdehnungskoeffizient gleich dem des Stahles ist. Dies ist insofern von technischer Bedeutung, als hierdurch die Umrechnung der abgelesenen Länge auf eine Normaltemperatur wegfällt, da die Mehrzahl der Objekte aus Eisen oder Stahl besteht. Jeder Maßstab wird durch die Physikalisch-Technische Reichsanstalt auf Richtigkeit geprüft.

Beispiel für die Bestimmung der Ritzhärte.

Die Härte einer Hartaluminiumrundstange ist im Kern und am Rande zu ermitteln.

Zu dem Zwecke wurden in der auf S. 125 beschriebenen Weise auf dem sauber polierten Querschnitt des Werkstoffs sowohl am Rande wie im Kern feine Risse gezogen und die Belastung des zum Ritzen verwendeten Diamanten bestimmt, bei der die Rißbreite 0,01 mm betragen würde. Die Messung der Strichbreite erfolgte mittels eines mit Okularschraubenmikrometer versehenen Mikroskopes. Mit Hilfe eines Objektmikrometers wurde die Größe der Verschiebung des Fadenkreuzes bei Drehung des Schraubenrades um einen Teilstrich festgestellt. Diese betrug 0,000182 mm. Die verschiedenen Belastungen des Diamanten und Strichbreitenmessungen sind im nachstehenden Protokoll verzeichnet.

Protokoll.

Ritz-stelle	Be-lastung g	Ver-such Nr.	Ritzbreite		
			Umdrehungen der Mikrometerscheibe		m × 0,000182
			einzeln	Mittel: m	mm
Mitte	5	1	0,45 0,45 0,46	0,45	0,0082
		2	0,47 0,46 0,47	0,47	0,0086
		3	0,47 0,46 0,46	0,46	0,0084
	6	1	0,52 0,52 0,52	0,52	0,0095
„		2	0,52 0,51 0,52	0,52	0,0095
		3	0,51 0,52 0,52	0,52	0,0095
	7	1	0,56 0,56 0,57	0,56	0,0102
„		2	0,57 0,59 0,58	0,58	0,0106
		3	0,57 0,58 0,58	0,58	0,0106

Ebenso wurde die Ritzbreite am Rande gemessen. Nachstehende Tabelle enthält die Ergebnisse aller Ritzversuche (Mitte und Rand). Durch Interpolation wurde die Belastung in Gramm errechnet, die einer Strichbreite von 0,01 mm entspricht. Diese Belastung gilt als Ritzhärte H_R.

Protokoll.

Ritzstelle	Versuch Nr.	Mittlere Ritzbreite in mm bei den übergeschriebenen Belastungen des Ritzdiamanten in g			Ritzhärte Belastung in g für 0,01 mm
		5	6	7	
Mitte	1	0,0082	0,0095	0,0102	
	2	0,0086	0,0095	0,0106	6,5
	3	0,0084	0,0095	0,0106	
	Mittel	0,0084	0,0095	0,0105	
Rand	4	0,0082	0,0095	0,0104	
	5	0,0084	0,0093	0,0098	6,7
	6	0,0086	0,0095	0,0102	
	Mittel	0,0084	0,0094	0,0101	

Beispiel für die Ermittelung der Kugeldruckhärte von Messingguß.

Die zu untersuchenden 3 Stücke waren 8 mm dick, 24 mm breit und 25 mm lang. Nach Polierung der für den Kugeldruck zu benutzenden Fläche wurden die Proben in die Brinellpresse eingelegt und mittels einer Stahlkugel von 10 mm Durchmesser unter einer Belastung von $P = 1000$ kg in Rücksicht auf die geringe Länge und Breite der Proben jeweils nur ein Eindruck erzeugt (vgl. S. 128). Die Belastung wurde, da es sich um einen stark fließenden Werkstoff handelte, 2 Minuten ausgeübt. Der Durchmesser d wurde in zwei senkrecht zueinander stehenden Richtungen mit Hilfe eines Mikroskopes ausgemessen und die Oberfläche f des Kugeleindruckes aus dem mittleren Durchmesser berechnet. Die Härtezahl ergibt sich dann nach Brinell zu

$$H = \frac{P}{f} = \frac{P}{\pi D \cdot h} = \frac{P}{\pi \cdot D \cdot \frac{1}{2}\left(D - \sqrt{D^2 - d^2}\right)}$$

und nach Meyer zu

$$H = \frac{P}{\dfrac{\pi d^2}{4}}.$$

Protokoll.

Probe Nr.	Belastung P kg	Dauer der Belastung Min.	Eindruckdurchmesser d		Mantelfläche des Kugeleindrucks qmm	Härtezahl H_B		Härtezahl H_M	
			mm	Mittel mm		der Einzelprobe kg/qmm	Mittel	der Einzelprobe	Mittel
1	1000	2	4,507 4,503	4,505	16,8	60		62,7	
2	1000	2	4,308 4,302	4,305	15,2	66	60,7	68,7	63,4
3	1000	2	4,658 4,662	4,660	18,0	56		58,7	

Für die Berechnung von H ist $D = 10$ und z. B. $d = 4,505$ einzusetzen.

Aufgabe.

23. Ein eiserner Bolzen und ein Rundeisenabschnitt, der zur Herstellung von Bolzen verwendet werden soll, sind auf Kugeldruckhärte zu untersuchen.

Lösung: Beide Stücke wurden auf der einen Längsseite abgeflacht und in die blank polierte Fläche eine Kugel von 10 cm Durchmesser 30 Sekunden lang mit $P = 3000$ kg Belastung an 3 Stellen eingedrückt. Die Durchmesser der Eindruckkreise wurden in 3 unter einem Winkel von 60° stehenden Richtungen mittels Mikroskopes in $^1/_{100}$ mm ausgemessen.

Protokoll.

Probe	Eindruck Nr.	Eindruckdurchmesser in mm		Fläche in qmm		Kugeldruckhärte	
		Einzeln	Mittel	der Eindruckkalotte O	des Eindruckkreises $f = \dfrac{\pi d^2}{4}$	$H_B = \dfrac{P}{O}$	$H_M = \dfrac{P}{f}$
	1	4,54 4,52 4,58	4,55	17,20	16,26	174	185
Bolzen	2	4,56 4,55 4,56	4,56	17,28	16,33	174	184
	3	4,52 4,54 4,57	4,54	17,12	16,19	175	185
	Mittel					174	185

Probe	Eindruck Nr.	Eindruckdurchmesser in mm		Fläche in qmm		Kugeldruckhärte	
		Einzeln	Mittel	der Eindruck-kalotte O	des Eindruck-kreises $f=\dfrac{\pi d^2}{4}$	$H_B=\dfrac{P}{O}$	$H_M=\dfrac{P}{f}$
Rund-eisen	1	3,98 4,00 4,00	3,99	13,05	12,50	230	241
	2	3,99 4,00 4,00	4,00	13,11	12,57	229	239
	3	4,00 3,99 4,00	4,00	13,11	12,57	229	239
	Mittel					229	240

Aus den Härtezahlen geht hervor, daß das Rundeisenmaterial wesentlich härter ist als der Bolzen.

XI. Prüfung auf Bearbeitungsfähigkeit.

Es sei zunächst darauf hingewiesen, daß sich Härte und Bearbeitungsfähigkeit keineswegs decken. Wohl gibt die Härtebestimmung einen Anhalt für die Abnutzung von Konstruktionsteilen, nicht aber, wenn es sich um die Bearbeitung mit schneidenden Werkzeugen handelt. Die Bearbeitungsfähigkeit hängt teils von der Härte, teils von der Geschmeidigkeit des zu prüfenden Werkstoffes ab. Nach Keßner bietet der Span bei spröden Metallen geringeren Widerstand als bei geschmeidigen, weil im ersten Falle die Spanelemente abbrechen und dadurch das weitere Eindringen des Stahls erleichtern, während bei zähen Werkstoffen noch eine zum Wegschieben der vor seiner Schneide angestauchten Spanelemente erforderlich ist.

Zur Beurteilung der Bearbeitbarkeit dient der Bohrversuch. Der Bohrer wird durch ein bestimmtes Gewicht belastet. Bei gleicher Umdrehungszahl dringt er um so tiefer ein, je leichter sich der Werkstoff bearbeiten läßt. Die Lochtiefe ist daher ein Maßstab für die Bearbeitbarkeit. Abb. 190 zeigt die von Ludw. Loewe & Co. für Versuchszwecke benutzte Maschine. Es ist dies eine gewöhnliche Bohrmaschine, deren Bohrer durch einen Gewichtshebel beliebig belastet werden kann. Mit der Maschine ist ein Schreibapparat verbunden, dessen Schreibstift sich parallel zur Schreibtrommelachse bewegt, und zwar erfolgt die Bewegung von der Bohrspindel durch Zahnräder und Schraube. Aus dem Wege des Schreibstifts läßt sich also die Umdrehungszahl des Bohrers ermitteln. Andererseits wird die Schreibtrommel durch eine vom Belastungshebel gezogene Schnur gedreht, so daß sich die Bohrtiefe aus der Umfangsbewegung entnehmen läßt. Die Ordinate des aufgezeichneten Linienzuges stellt demnach die Lochtiefe und die Abszisse die Umdrehungszahl dar. Bei gleichmäßigem Werkstoff erhält man eine schräge Gerade, deren Neigung gegen die Abszisse um so größer ist, je leichter sich der Werkstoff bearbeiten läßt. Etwaige Unregelmäßigkeiten in der Zusammensetzung des Werkstoffs kommen im Diagramm zum Ausdruck. Eine Stelle größeren Widerstands wird eine geringere und eine Stelle kleineren Widerstands eine stärkere Neigung der Geraden zur Folge haben.

Zur Erzielung vergleichbarer Werte müssen die Versuche unter gleichen Bedingungen (gleiche Bohrer, gleiche Schnittgeschwindigkeit, gleicher Bohrdruck u. a.) durchgeführt werden. Man geht nun in der Weise vor, daß zunächst ein Normalmetall, sodann der zu untersuchende Werkstoff und hierauf wieder das Normalmetall gebohrt wird. Das Mittel aus den für das Normalmetall gefundenen Werten wird gleich 100 gesetzt. Hierdurch trägt man der Abnutzung des Bohrers Rechnung.

Loewe zieht zum Vergleich die Umdrehungszahlen heran, die zur Erreichung gleicher Bohrtiefe erforderlich sind, während Keßner umgekehrt die bei 100 Umdrehun-

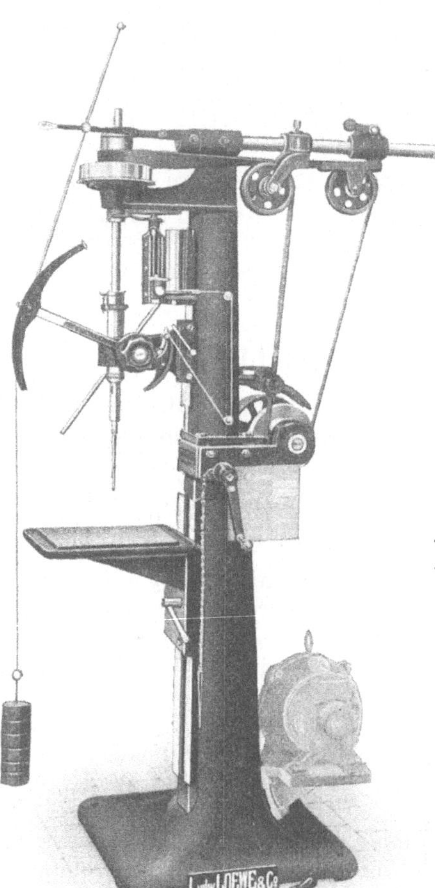

Abb. 190. Bohrmaschine zur Prüfung der Bearbeitungsfähigkeit (von Ludw. Loewe).

Kugeldruckhärte $P\,0{,}05$ in kg	Material	Bearbeitbarkeit t_{100} in mm
259,2	Flußeisen B. O. 5.	2,0
243,7	Gußeisen N. G. 2	4,59
243,5	Nickelstahl E. 220 J	2,34
225,2	Gußeisen N. G. 1	4,79
205,0	Flußeisen A. 3.	1,4
189,7	Flußeisen A. 2.	1,76
173,5	Flußeisen B. O. 3.	2,07
172,7	Messing M. 19.	1,26
169,4	Tombak T. 2.	1,095
143,0	Flußeisen B. O. 1.	1,68
147,6	Deltametall D. 1.	3,84
128,0	Flußeisen A. 1.	1,17
124,5	Flußeisen B. R. E. 1.	3,09
120,7	Messing M. R. F. 1.	3,70
120,7	Messing M. R. H. 1.	4,45
110,0	Kupfer K. 3.	1,27
102,2	Messing M. R. D. 1.	5,19

Abb. 191. Vergleich von Kugeldruckhärte und Bearbeitbarkeit.

gen erreichte Bohrtiefe der Beurteilung zugrunde legt. Loewe benutzt ein bestimmtes Eisen, das er als Normaleisen bezeichnet. Keßner hingegen schlägt geglühtes Elektrolytkupfer als das am wenigsten veränderliche Vergleichsmetall vor.

Wie sehr die Größe der Bearbeitbarkeit von der Härtezahl abweicht, zeigt Abb. 191. Hierin ist unter Bearbeitbarkeit t_{100} die bei gleichem

Bohrdruck nach 100 Umdrehungen erreichte Lochtiefe verstanden. Demnach ist der geschmeidigere Werkstoff schwerer zu bearbeiten als der sprödere (Flußeisen $BO\,5$ und Gußeisen $NG\,2$ oder Kupfer $K\,3$ und Messing $MRD\,1$).

XII. Eichung der Prüfmaschinen.

a) Methoden und Apparate.

Um mit den Maschinen zuverlässig arbeiten zu können, sind die Kraftmeßvorrichtungen der Maschinen (Wage, Meßdose, Manometer) vorher zu prüfen. Dies muß sowohl nach Fertigstellung der Maschine als auch in bestimmten Zeitabschnitten während des Gebrauchs geschehen, um festzustellen, ob die der Kraftanzeige zugrundeliegenden Verhältnisse unverändert geblieben sind. Mit Rücksicht auf die im Werkstoff liegenden Ungleichförmigkeiten genügt im allgemeinen eine Genauigkeit von 1%. Die Grundsätze über die Eichung der Festigkeitsprobiermaschinen sind im Anhang S. 181 und 184 niedergelegt.

Die Prüfung kann auf verschiedene Weise erfolgen entweder mit Kontrollstäben, Druckkörpern oder besonderen Apparaten, von denen hier der Wazausche Kraftprüfer erwähnt sei.

Die Kontrollstäbe sind aus gut elastischem Stahl hergestellt. Sie werden so hoch beansprucht, daß ihre Elastizitätsgrenze (etwa 20—40 kg/qmm) nicht erreicht wird. Die Eichung der Kontrollstäbe geht in der Weise vor sich, daß man sie einer unmittelbaren Gewichtsbelastung unterzieht, bei der man die Dehnung auf eine bestimmte Meßlänge mittels Martensscher Spiegelapparate feststellt. Für eine bestimmte Belastung liefert der Kontrollstab eine bestimmte Dehnung. Es wird so verfahren, daß man zunächst für eine Reihe von Laststufen die entsprechenden Dehnungen feststellt. Sodann wird der Kontrollstab in die zu prüfende Maschine eingespannt. Der Unterschied zwischen der hier angezeigten und der durch Gewichtsbelastung gefundenen Dehnung ist ein Maß für den Richtigkeitsgrad der Maschine. Dehnt sich z. B. der Kontrollstab bei 10 t unmittelbarer Gewichtsbelastung um 900 cm 10^{-5}, während die Dehnung bei einer Kraftmesseranzeige von 10 t in der geprüften Maschine 905 cm 10^{-5} beträgt, so ist der Fehler der Maschine bei 10 t Belastung $\infty -0{,}6\%$.

Abb. 192 zeigt die Vorrichtung, die für unmittelbare Gewichtsbelastung im Staatlichen Materialprüfungsamt zu Dahlem gebraucht wird. Sie besteht aus 10 je 1000 kg schweren gußeisernen Scheiben, deren Gewicht geeicht ist. Die Scheiben können durch eine hydraulische Presse gehoben und gesenkt werden. Der Kontrollstab wird in das obere Querhaupt gehängt und durch die mit dem unteren Querhaupt verbundenen Scheiben belastet. Beim Senken des Preßkolbens hängt sich eine Gewichtsscheibe nach der anderen an das mit Fangscheiben versehene Gestänge des unteren Querhauptes, so daß der Stab stufenweise bis 10 t belastet wird.

Der Wazausche Kraftprüfer ist ein in neuerer Zeit viel zur Prüfung von Festigkeitsmaschinen auf Zug oder Druck benutzter Apparat, mit dem sich die Eichung der Maschine in verhältnismäßig kurzer Zeit durchführen läßt.

Der Kraftprüfer wird in drei verschiedenen Formen hergestellt, von denen die zwei gebräuchlichsten im folgenden beschrieben werden. Es

Abb. 192. Kontrollstabprüfer im Staatl. Materialprüfungsamt Berlin-Dahlem.

sind dies der Plattenkraftprüfer (P.K.P.) und der Hohlkörperkraftprüfer (H.K.P.). Vgl. Abb. 193 und 194. In beiden Kraftprüfern ist

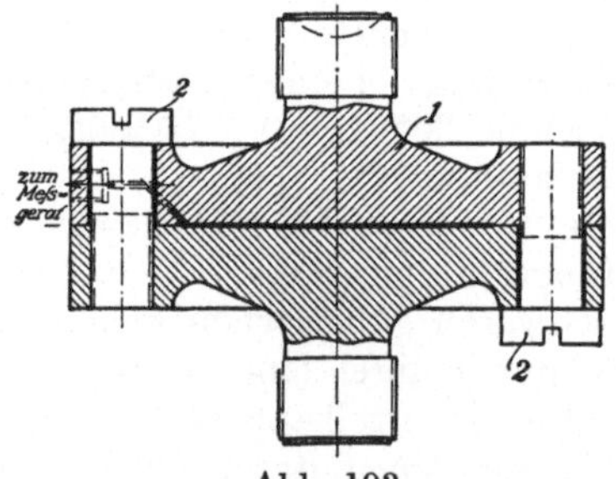

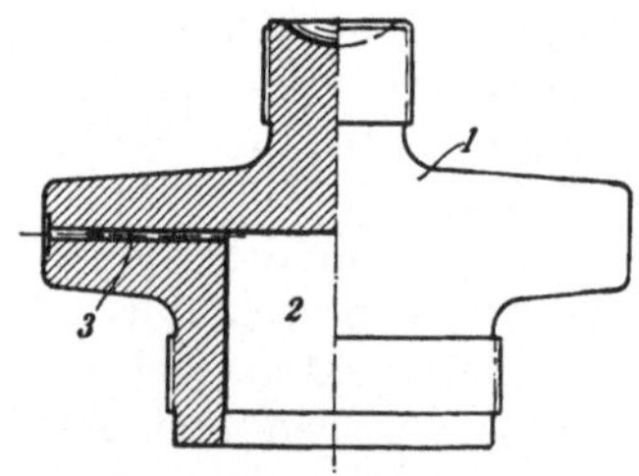

Abb. 193.
Plattenkraftprüfer von Wazau.

Abb. 194.
Hohlkörperkraftprüfer von Wazau.

ähnlich wie bei den Meßdosen ein flacher zylindrischer Hohlraum ausgespart, der mit Quecksilber gefüllt ist und mit einem Meßgefäß in Verbindung steht. Beim Plattenkraftprüfer werden zwei Biegungsplatten 1, die den Hohlraum einschließen, durch kräftige Schrauben 2 verbunden. Beim Hohlkörperkraftprüfer wird ein Hohlkörper 1 durch Ausbohren aus dem Vollen auf die erforderliche Form gebracht und durch das Einsatzstück 2 fest verschlossen. Geteilte Einlagen 3 ver-

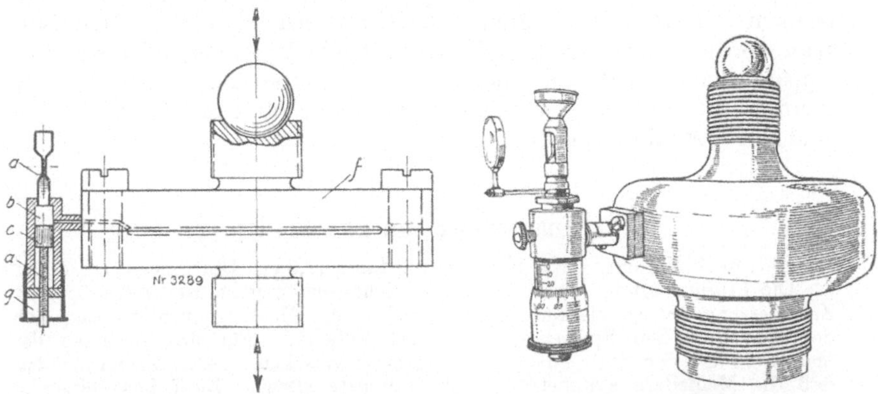

Abb. 195. Plattenkraftprüfer mit dem Meßgefäß von Wazau.

Abb. 196. Hohlkörperkraftprüfer mit Meßgefäß.

ringern die Größe des Hohlraumes, so daß die Menge der Meßflüssigkeit verringert wird.

Die Wirkungsweise des Kraftprüfers ist an Hand der Abb. 195 zu erkennen. Der Zwischenraum des Plattenkraftprüfers steht mit dem kleinen Zylinder b des Meßgefäßes in Verbindung. Im unteren Ende dieses Zylinders befindet sich der Kolben c, der mittels der Meßschraube a zu verschieben ist, während das obere Ende ein mit Strichmarke versehenes Haarrohr (Kapillarrohr) d trägt. Vor Belastung des Kraftprüfers wird mittels der Meßschraube der Stand der Quecksilberkuppe auf die Strichmarke des Haarrohres eingestellt. Bei Zug vergrößert sich der Inhalt des Zwischenraumes der Platten, und das Quecksilber fällt im Haarrohr. Durch Nachdrehen der Meßschraube a wird der Kolben c so lange in dem Zylinder bewegt, bis die Kuppe der Quecksilbersäule in der Kapillare wieder auf der Strichmarke steht. Die Anzahl der Umdrehungen läßt sich an der hundertteiligen Meßtrommel g ablesen, wobei noch $^1/_{10}$ Intervall geschätzt werden kann.

Abb. 197. In eine Prüfmaschine eingebauter Hohlkörperkraftprüfer.

Die Genauigkeit der Wazaukraftprüfer ist größer als die für Prüfmaschinen verlangte von $\pm 1\%$.

10

Abb. 196 stellt einen Hohlkörperkraftprüfer und Abb. 197 den Einbau eines Kraftprüfers in eine Zerreißmaschine dar.

Der Wazausche Kraftprüfer hat verschiedene Vorzüge. Er arbeitet sehr genau und zuverlässig. Infolge seiner gedrängten Bauart ist er bequem von Hand mitzuführen und läßt sich ohne besondere Einspannvorrichtungen leicht in die zu prüfende Maschine einbauen. Der Apparat kann auch von einem weniger geübten Beobachter bedient werden. Er wird zur Prüfung von Maschinen für 1, 3, 10, 20, 50, 100 und 300 t Maximalbelastung gebaut.

b) Auswertung von Protokollen.

Beispiel: Eichung eines 10-t-Kontrollstabes (2,5 cm Durchmesser).

Die Prüfung erfolgt durch direkte Gewichtsbelastung im Kontrollstabprüfer. Zur Messung der elastischen Dehnung auf 15 cm Meßlänge bedient man sich der Martensschen Spiegelapparate nebst Zubehör. Für das Ansetzen der Meßfedern ist der Stab mit einer Ringmarke versehen, die so angeordnet ist, daß die Meßfedern symmetrisch zur Stabmitte sitzen. Zwei Paar einander gegenüberliegende und parallele Längsmarken kennzeichnen den Sitz der Meßfedern. Die Spiegelapparate sind so angesetzt, daß ihre Schneiden unter der halben Höchstbelastung des Stabes, d. h. bei 5000 kg senkrecht zum Stabe stehen. Zu dem Zwecke wird der Stab vor Beginn der Eichung mit 5000 kg belastet; die Spiegel werden dann so angesetzt, daß die Schneiden senkrecht zur Stabachse stehen. Nach der Entlastung kann dann die Prüfung beginnen. Bei der Versuchsausführung ist der Stab möglichst vor Sonnenbestrahlung und Zugluft zu schützen, da die durch Temperaturschwankungen hervorgerufene verschiedene Ausdehnung von Stab und Meßfedern die Ergebnisse schädlich beeinflussen. Um Zufälligkeiten bei einer Versuchsreihe auszuschalten, führt man gewöhnlich etwa 4—6 Reihen bei verschiedenen Stablagen und neuem Spiegelsitz durch.

Zusammenstellung der Prüfungsergebnisse.

Versuchs-reihe Nr.	Dehnungen des Kontrollstabes in cm $\cdot$ 10^{-5} bei den nachbenannten Belastungen in kg										Rest nach dem Ent-la-sten	Bemerkungen zu Stablage und Spiegelsitz
	1000	2000	3000	4000	5000	6000	7000	8000	9000	10000		
1	145	290	435	580	726	871	1017	1163	1309	1456	0	
2	145	290	435	580	725	871	1017	1163	1309	1455	—1	Wiederholung der Reihe.
3	145	290	435	580	725	871	1017	1163	1309	1455	0	Stab um 180° gedreht und Spiegel gekippt.
4	145	290	435	580	725	870	1016	1162	1308	1454	0	Spiegelapparate neu angesetzt.
5	145	290	435	580	725	870	1016	1162	1308	1454	0	Wiederholung der Reihe.
Mittel λ_m	145,0	290,0	435,0	580,0	725,2	870,6	1016,6	1162,6	1308,6	1454,8		
Sollwert für je 1000 kg	145,0	145,0	145,0	145,0	145,0	145,1	145,2	145,3	145,4	145,5		
Mittlerer Sollwert λ_s	145,15											

Aus den Versuchsreihen geht hervor, daß die Dehnung des Stabes der Zugkraft proportional ist.

Prüfung der Kraftanzeige einer Festigkeitsprobiermaschine für 50 000 kg Maximalbeanspruchung.

Die Maschine wurde mit Hilfe eines 50-t-Kontrollstabes geprüft, dessen elastische Dehnung für 10 t 331,4 cm 10^{-5} beträgt. Auf Grund dieser Dehnung wurde dann die Kraftanzeige der Maschine kontrolliert. Aus nachstehender Tabelle ist ersichtlich, daß der mittlere Dehnungswert des Kontrollstabes bei einer Kraftanzeige P_a von 5000 kg $\lambda_m = 165,3$ cm 10^{-5} beträgt. Mithin ist die ausgeübte (wirkliche) Kraft $P_w = \dfrac{10000 \cdot 165,3}{331,4} = 4988$ kg. Demnach ist der Unterschied zwischen der wirkenden und der am Kraftmesser der Maschine abgelesenen Kraft $P_w - P_a = -12$ kg $= -0,24\%$ der Kraftanzeige.

Zusammenstellung der Prüfungsergebnisse.

Versuchsreihe Nr.	Dehnungen des Kontrollstabes in cm · 10^{-5} bei den nachbenannten Belastungen P_a in kg									Rest nach dem Entlasten	Bemerkungen zu Stablage und Spiegelsitz
	5000	10 000	15 000	20 000	25 000	30 000	35 000	40 000	50 000		
1	167	333	500	666	834	1003	1172	1341	1684	0	—
2	166	332	499	665	833	1002	1170	1339	1684	0	Wiederholung der Reihe.
3	—	327	—	662	—	996	—	1334	1676	+2	Stab um 180° gedreht u. Spiegel gekippt.
4	165	330	496	663	829	996	1165	1333	1678	0	Wiederholung der Reihe.
5	163	329	495	661	829	996	1164	1331	1670	—7	Spiegel vertauscht.
Mittel λ_m	165,3	330,2	497,5	663,4	831,3	998,6	1167,8	1335,6	1678,4		
Kräfte P_w in kg	4988	9964	15012	20018	25084	30133	35238	40302	50646		
Unterschied P_w-P_a	—12	—36	+12	+18	+84	+133	+238	+302	+646		
Unterschied $\dfrac{P_w-P_a}{P_a}100\%$	-0,24	-0,36	+0,08	+0,09	+0,34	+0,44	+0,68	+0,76	+1,29		

Der Fehler der Kraftanzeige bis 40 t liegt also innerhalb der zulässigen Grenze von $\pm 1\%$. Bei Versuchen, die eine Kraftäußerung von 40—50 t erfordern, ist indessen eine Fehlerkorrektion vorzunehmen.

Soll die Maschine für kleinere Kräfte, z. B. von 1—10 t, benutzt werden, so ist es zweckmäßig, die Kraftmessung innerhalb dieser Grenzen mittels eines entsprechend kleineren Kontrollstabes zu eichen.

Eichung eines Wazaukraftprüfers für 10 t Kraftäußerung.

Der auf S. 144 beschriebene Kraftprüfer wurde stufenweise von 1000 zu 1000 kg durch direkte Gewichtsbelastung mit Hilfe des Kontrollstabprüfers (s. Abb. 192) bis 10 t geprüft. Im ganzen wurden 5 Versuchsreihen durchgeführt, von denen eine nachstehend wiedergegeben ist. In der darauffolgenden Tabelle sind die Ergebnisse sämtlicher 5 Reihen zusammengestellt.

Protokoll über die erste Versuchsreihe.

Belastung kg	Ablesung in $^1/_{10}$ der Trommelteilung			Rest nach dem Entlasten	Bemerkung
	A	$\triangle A$	$\varSigma \triangle A$		
0	3373				
315*	3540	167	167		* Gewicht des die Ton-
1 315	4089	549	716		nenscheiben tragenden Ge-
2 315	4616	529	1243		stänges
3 315	5160	544	1787		
4 315	5690	530	2317		
5 315	6237	547	2864		
6 315	6777	540	3404		
7 315	7316	539	3943		
8 315	7856	540	4483		
9 315	8395	539	5022		
10 315	8933	538	5560		
0	3381			8	

Zusammenstellung der Ergebnisse aus 5 Reihen.

Reihe Nr.	Zunahme der Ablesungen in $^1/_{10}$ der Trommelteilung für die übergeschriebenen Belastungen in kg											Rest nach dem Entlasten in $^1/_{10}$ der Trommelteilung
	315	1315	2315	3315	4315	5315	6315	7315	8315	9315	10315	
1	167	716	1243	1787	2317	2864	3404	3943	4483	5022	5560	$+ 8$
2	164	711	1246	1788	2317	2862	3402	3942	4487	5022	5563	$- 2$
3	173	718	1252	1785	2315	2863	3402	3937	4482	5022	5554	$- 4$
4	169	716	1243	1786	2314	2857	3396	3934	4478	5018	5558	$+ 3$
5	163	712	1238	1787	2314	2862	3395	3939	4475	5022	5556	0
Mittel m	167,2	714,6	1244,4	1786,6	2315,4	2861,6	3399,8	3939,0	4481,0	5021,2	5558,2	$+ 1$
Zuwachs für je 1000 kg		547,4	529,8	542,2	528,8	546,2	538,2	539,2	542,0	540,2	537,0	
Belastung in kg	1000	2000	3000	4000	5000	6000	7000	8000	9000	10000		
Ablesung in $^1/_{10}$ Trommelteilung	542	1078	1616	2149	2690	3230	3769	4310	4851	5389		

Durch Interpolation wurden die Trommelablesungen auf ganze Tonnen umgerechnet. Die Umrechnung erfolgt in folgender Weise. Der Zuwachs der Ablesung im Mittel bei einer Zunahme der Belastung von 315 auf 1315 kg beträgt z. B. 547,4 Einheiten der Trommelteilung. Folglich entspricht der Differenz $1000 - 315 = 685$ kg eine Ablesung von $\dfrac{685 \cdot 547,4}{1000} = 375$ Einheiten. Hieraus ergibt sich die Ablesung für 1000 kg zu $167 + 375 = 542$ Einheiten.

Prüfung der Kraftanzeige einer 10-t-Festigkeitsprobiermaschine mit Hilfe eines Wazaukraftprüfers.

Nach zentrischer Aufstellung in der Maschine wurde der Kraftprüfer stufenweise belastet. Die Einstellung der Belastung geschah nach dem Kraftmesser der Maschine.

Aus 3 Versuchsreihen ergaben sich im Mittel die folgenden Werte:

	Mittlere Zunahme der Ablesungen in $^1/_{10}$ der Trommelteilung für die übergeschriebenen Belastungen in kg gemessen, am Kraftmesser der Maschine									
	1000	2000	3000	4000	5000	6000	7000	8000	9000	10 000
	547	1087	1630	2167	2712	3257	3799	4342	4889	5429
Sollwert d. Ablesung	542	1078	1616	2149	2690	3230	3769	4310	4851	5389
Fehler der Maschinen i. Prozent.	+ 0,92	+ 0,83	+ 0,86	+ 0,85	+ 0,81	+ 0,83	+ 0,79	+ 0,74	+ 0,78	+ 0,74

Die Fehlerreihe zeigt, daß die Kraftanzeige der Maschine für die Prüfung von Maschinenbau- und Eisenkonstruktionswerkstoffen hinreichend genau ist.

XIII. Entnahme von Festigkeitsproben.

Im Abschnitt über die Zug- und Druckprüfungen (s. S. 7) wurde schon dargelegt, daß die Herrichtung der Proben mit großer Sorgfalt durchgeführt werden muß. Im Anschluß an die Behandlung der verschiedenen Prüfverfahren erscheint es jedoch ratsam, auf einige bisher noch nicht erwähnte Gesichtspunkte einzugehen, die für die Probenentnahme ebenfalls von Bedeutung sind.

Bei einem Werkstück, aus dem Proben zu entnehmen sind, ist es meistens nicht gleichgültig, aus welchem Teil des Stückes dies geschieht. Zweckmäßig wird man sie aus verschiedenen Zonen des Querschnitts entnehmen. Welche Stellen hierfür in Frage kommen, wird man aus der Ätzung des Querschnitts ersehen. Die Struktur des Eisens und der Metalle und Legierungen ist im allgemeinen nicht gleichförmig, sondern infolge von „Saigerungen" verschiedenartig. Zu ihrer Veranschaulichung bedient man sich der Hilfsmittel der Metallographie. Die geschliffenen Querschnitte werden derart geätzt, daß das Gefüge mit bloßem Auge zu erkennen ist. Zur genaueren Feststellung örtlicher Verschiedenheiten wird ein Mikroskop von mäßiger Vergrößerung (ungefähr 5—20fache Ver-

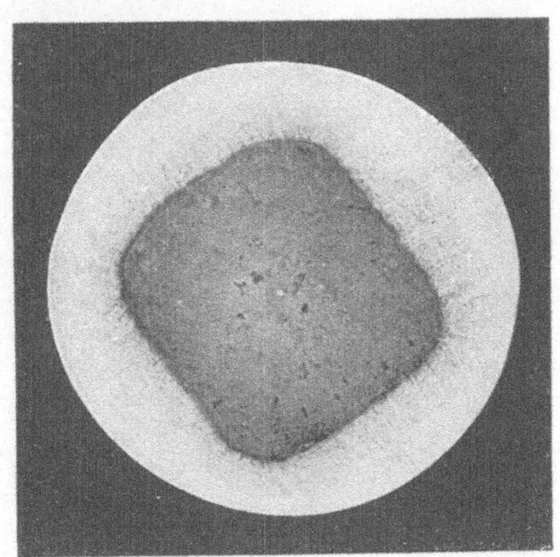

Abb. 198. Rundeisenschliff mit Kupferammoniumchlorid geätzt (Flußeisen).

größerung) benutzt. Man bezeichnet eine derartige Untersuchung als „makroskopische", im Gegensatz zur „mikroskopischen Gefügeuntersuchung", bei der mit ungefähr 100—2000facher Vergrößerung gearbeitet wird.

Zur Erzielung eines schon mit bloßem Auge erkennbaren Gefüges verwendet man eine wässerige Kupferammoniumchloridlösung von etwa 8%, welche die saigerungsreichen Stellen dunkel färbt. Abb. 198 zeigt

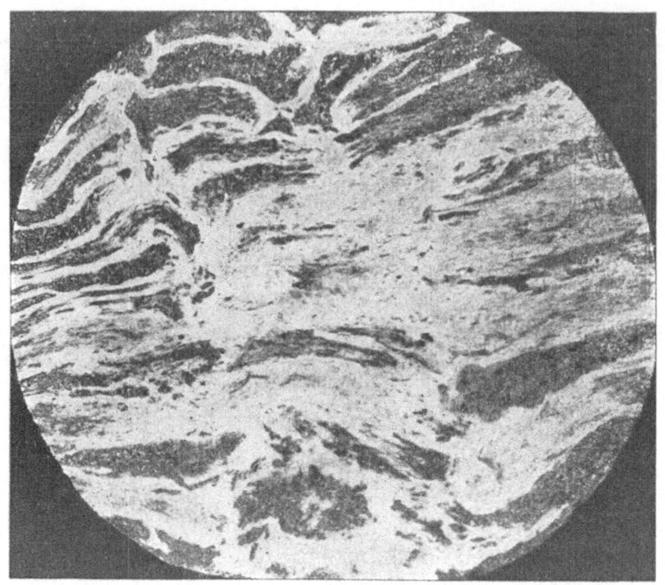

Abb. 199. Geätzter Puddeleisenschliff.

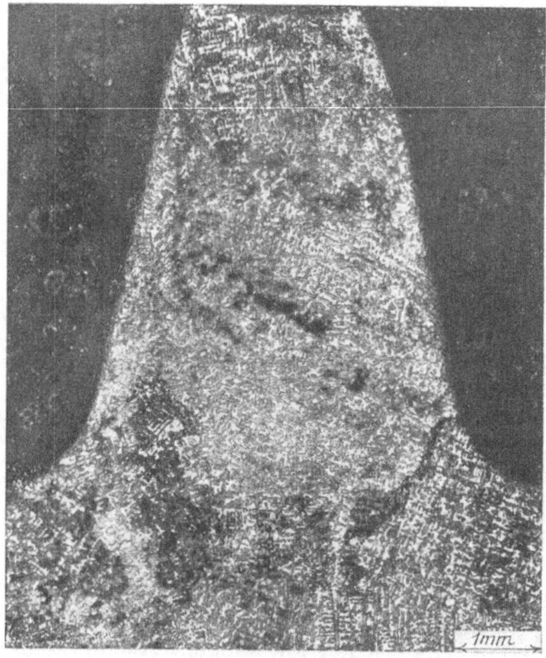

Abb. 200. Zahn eines ausgebrochenen Bronzerades.

den Querschnitt eines Rundeisens mit dunklem Kern, der höheren Phosphor- und Schwefelgehalt aufweist. Durch Ätzen des Schweißeisens werden die einzelnen Schichten nebst Schlackeneinschlüssen erkenntlich (Abb. 199).

In gleicher Weise läßt sich das Makrogefüge der Metalle und Legierungen veranschaulichen. Abb. 200 entstammt dem Zahne eines ausgebrochenen Bronzerads mit 82% Cu. Auch hier kommt eine starke Ungleichmäßigkeit des Werkstoffs zum Ausdrucke. In Abb. 201 ist die Ungleichförmigkeit von Messing deutlich sichtbar gemacht. Dieses besteht nicht aus gleichartigen Kristallen, sondern hellen, kupferreicheren (etwa bis 33% Zn) und dunklen, zinkreicheren Kristallen. Aus diesen Beispielen geht hervor, welche wertvollen Aufklärungsdienste das Ätzen zu leisten vermag. Wird keine Ätzung vorgenommen, so muß man sich bewußt sein, daß die

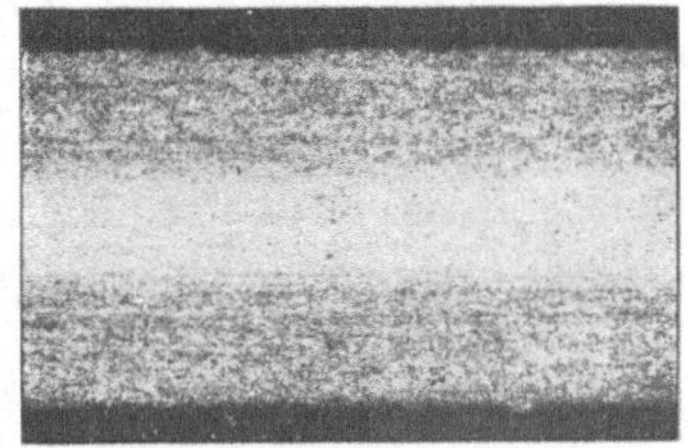

Abb. 201.
Ätzung eines Messingschliffes.

Stoffe im allgemeinen nicht gleichartig und demgemäß aus verschiedenen Stellen des Querschnitts Proben zu entnehmen sind.

Außer Kupferammoniumchlorid kommen für die makroskopische Gefügeuntersuchung noch folgende Ätzmittel in Betracht: das von

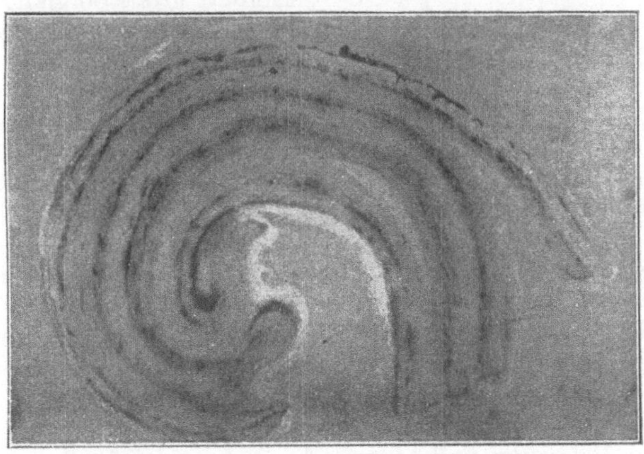

Abb. 202. Baumannscher Schwefelabdruck von Schweißeisen.

Oberhoffer verbesserte Rosenhainsche Ätzmittel und zum Nachweis von Sulfiden das Abdruckverfahren auf Seide nach Heyn und Bauer sowie das Baumannsche Abdruckverfahren mit Bromsilberpapier. Bei dem letzten können nach längerer Einwirkung auch Phosphorsaigerungen erkannt werden. Nach dem Baumannschen Verfahren wird die Ätzung in der Weise ausgeübt, daß man ein Stück mit 5 proz. Schwefelsäure getränkten Bromsilberpapiers etwa 1 Minute lang auf die Schliffstelle aufpreßt. Abb. 202 zeigt einen solchen Schwefelabdruck von einem Schweißeisenblechquerschnitt.

XIV. Prüfung von Treibriemen, Seilen und Ketten.

a) Treibriemen.

Bei stufenweiser Belastung werden meistens die gesamten und bleibenden Dehnungen sowie die Zugfestigkeit des Werkstoffs bestimmt. Man errechnet dann aus dem Metergewicht g und der Bruchbelastung P_B die Reißlänge $R = \dfrac{P_B}{g}$. R ist somit die Länge des Riemens in Meter, bei der er unter seinem Eigengewicht zerreißt, wenn er an einem Ende frei aufgehängt ist.

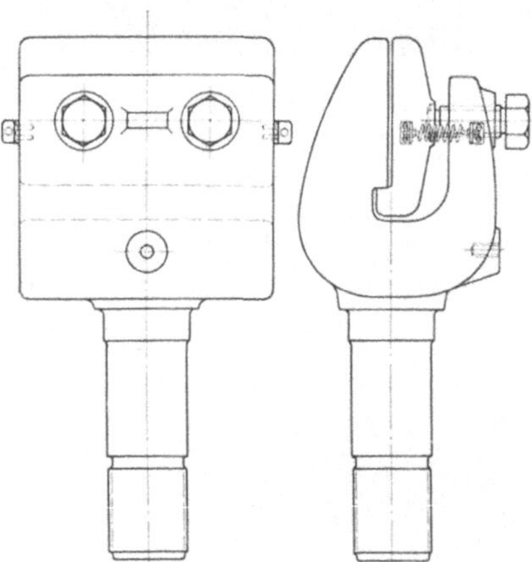

Abb. 203.
Einspannklauen für Treibriemen.

Ist genügend Material vorhanden, so prüft man gewöhnlich 2 m lange Stücke, an denen die Dehnung auf 1 m Länge mittels Anlegemaßstabs festgestellt wird. Bei geringerer Probenlänge begnügt man sich auch mit kürzeren Meßlängen.

Das Einspannen der Riemen erfordert große Sorgfalt, da schon geringe Verletzungen der Proben in der Einspannung oder einseitige Pressung der Einspannklauen zu vorzeitigem Bruch Veranlassung geben können. Bei dem in Abb. 203 dargestellten Einspannkopf verteilt das exzentrisch beanspruchte Druckstück den Druck in vorteilhafter Weise derartig, daß er am Ende des Riemens stärker ist als am Eintritt in das Maul des Einspannkopfes.

Sind die elastischen Federungen eines Riemens zu bestimmen, so be- und entlastet man so oft zwischen zwei Spannungsgrenzen, bis die Federungen konstant werden.

Aus Versuchsergebnissen geht hervor, daß die Federungen bei wachsender Belastung und hiermit die daraus berechneten Dehnungszahlen $\alpha = \dfrac{\varepsilon}{\sigma}$ kleiner und die entsprechenden Elastizitätsmoduli E größer werden. Für den Betrieb ergibt sich demnach die praktische Schlußfolgerung, nur gut vorgereckte, also elastische Riemen zu verwenden, da sie sich sonst bald dauernd verlängern und häufiges Nachspannen der Riemen erforderlich wird.

Nach Rudeloff schwankt die Zugfestigkeit
für lohgares Leder zwischen 150 und 360 kg/qcm, die Reißlänge zwischen 1750 und 4570 m,

für Baumwollriemen zwischen 350 und 540 kg/qcm, die Reißlänge zwischen 3300 und 6100 m,

für Hanfriemen zwischen 340 und 970 kg/qcm, die Reißlänge zwischen 5000 und 10 000 m,

für Haarriemen zwischen 275 und 400 kg/qcm, die Reißlänge zwischen 2500 und 3700 m,

für Balatariemen zwischen 455 und 590 kg/qcm, die Reißlänge zwischen 4300 und 6100 m.

Beispiele für Treibriemenprüfungen.

a) Prüfung eines Kamelhaarriemens auf Zugfestigkeit. Nach Feststellung der Abmessungen und des Gewichtes spannt man den Riemen in die Maschine ein, wobei die Spannschrauben der Einspannvorrichtung möglichst gleichmäßig stark anzuziehen sind. Darauf wird der Riemen mit der sog. Nullast P_0 belastet, d. i. diejenige Last, die ausreicht, um den Riemen straff zu spannen und bei der die Dehnungsmessungen beginnen. P_0 pflegt man gleich $\frac{1}{6}$ der Nutzlast P_N zu wählen, wobei P_N gleich $\frac{1}{6}$ der Bruchlast P_B ist. Diese wird aus den Abmessungen des Riemens und der Bruchspannung ähnlicher Riemen errechnet. Bei Kamelhaarriemen ist σ_B erfahrungsgemäß etwa 320 kg/qcm, daher

$$P_B = a \cdot b \cdot \sigma_B = 0{,}71 \cdot 14{,}4 \cdot 320 = 3280 \text{ kg.}$$

Demnach ist die Nutzlast

$$P_N = \tfrac{1}{6} 3280 = \sim 600 \text{ kg}$$

und die Nullast

$$P_0 = \tfrac{1}{6} P_N = \sim 100 \text{ kg.}$$

Für die abwechselnde Be- und Entlastung ist im Materialprüfungsamt Berlin-Dahlem die folgende Belastungsreihe üblich:

$$\frac{1}{6}; \ \frac{2}{6}; \ \frac{1}{6}; \ \frac{2}{6}; \ \frac{4}{6}; \ \frac{1}{6}; \ \frac{4}{6}; \ \frac{6}{6}; \ \frac{1}{6}; \ \frac{6}{6}; \ 2, 3 \ldots P_N.$$

Hierbei werden die Dehnungen mittels Schleppmaßstabes (s. S. 32) ermittelt.

Protokoll.

Abmessungen: Dicke $a = 0{,}71$ cm.

Breite $b = 14{,}4$ cm.

Querschnitt $f = 10{,}22$ qcm.

Freie Länge $L = 95{,}0$ cm.

Meßlänge $l = 50{,}0$ cm.

Gesamtgewicht des Riemens $G = 1{,}405$ kg.

Gewicht für 1 m Probenlänge $\dfrac{G}{l} = 1{,}018$ kg/m.

Dehnungen in $^1/_{100}$ cm bei den übergeschriebenen Belastungen in kg														Bruchlast
100	200	100	200	400	100	400	600	100	600	1200	1800	2400	3000	kg
0	56	30	68	130	61	140	195	95	198	359	638	1080	2065	3200

Der Riemen riß im freien Teil.

In nachstehender Tabelle sind die Versuchsergebnisse zusammengestellt:

Dehnungen in % bei den übergeschriebenen Belastungen in kg							Bleibende Dehnungen in % nach den übergeschriebenen Belastungen in kg			Bruchlast		Bruchspannung σ_B	Reißlänge
										Gesamt	für 1 cm Breite		
200	400	600	1200	1800	2400	3000	200	400	600	kg	kg	kg/qcm	m
1,1	2,6	3,9	7,2	12,8	21,6	41,3	0,6	1,2	1,9	3200	222	310	3140

Die bleibenden Dehnungen wurden jedesmal nach Entlasten auf die Nullast bestimmt.

b) Prüfung eines Ledertreibriemens auf elastisches Verhalten und Zugfestigkeit. Die Versuchsausführung unterschied sich von der vorherbeschriebenen dadurch, daß mehrmals so oft zwischen je 2 verschiedenen Belastungen gewechselt wurde, bis die Längenänderungen beim Be- und Entlasten nahezu gleich waren. Die Ablesungen wurden nach je 2 Minuten dauernder Lasteinwirkung vorgenommen. Danach wurde die Bruchlast bestimmt.

Der Riemen lagerte vor Beginn des Versuches mehrere Tage in einem Raum mit konstanter Luftfeuchtigkeit, bis er keine Gewichtsänderung mehr zeigte. Der Belastungswechsel erfolgte zunächst zwischen 50 und 100, darauf zwischen 100 und 150 und schließlich zwischen 150 und 200 kg.

Protokoll.

Abmessungen: Dicke $a = 0,467$ cm.

                Breite $b = 5,90$ cm.

                Querschnitt $f = 2,76$ qcm.

                Freie Länge $L = 110$ cm.

                Meßlänge $l = 100$ cm.

Gesamtgewicht des Riemens $G = 0,380$ kg.

Gewicht für 1 m Probenlänge $\dfrac{G}{l} = 0,253$ kg/m.

Belastung	Spannung	Längenänderung	Längenänderung bei		Elastische Längenänderung	
			Belastung	Entlastung	Mittlere Federung	Elastizitätsmodul
kg	kg/qcm	cm	cm	cm	cm	kg/qcm
50	18,1	0,01	—	—		
100	36,2	2,00	1,99	—		
50	18,1	1,22	—	0,78		
100	36,2	2,17	0,95	—		
50	18,1	1,40	—	0,77		
100	36,2	2,28	0,88	—		
50	18,1	1,54	—	0,76		
100	36,2	2,41	0,87	—		
50	18,1	1,68	—	0,73		
100	36,2	2,47	0,79	—		
50	18,1	1,76	—	0,71		
100	36,2	2,54	0,78	—		
50	18,1	1,86	—	0,72		
100	36,2	2,60	0,74	—		
50	18,1	1,90	—	0,70		
100	36,2	2,61	0,71	—		
50	18,1	1,92	—	0,69		
100	36,2	2,62	0,70	—	0,70	2590
50	18,1	1,92	—	0,70		

usw.

Nach mehrmaligem Be- und Entlasten zwischen 100 und 150 kg betrug die mittlere Federung 0,64 cm und der zugehörige Elastizitätsmodul 2830 kg/qcm. Das wiederholte Wechseln zwischen 150 und 200 kg ergab eine mittlere Federung von 0,5 cm, der ein Elastizitätsmodul von 3070 kg/qcm entspricht. Die Berechnung des Elastizitätsmoduls erfolgt nach der Formel

$$E = \frac{1}{\alpha} = \frac{\sigma}{\varepsilon} = \frac{\sigma}{\dfrac{\lambda}{l}}.$$

Hierin ist σ die Spannungsänderung. In dem vorstehenden Beispiel ist demnach der Elastizitätsmodul für den ersten Belastungswechsel

$$E = \frac{18,1}{\frac{0,70}{100}} = 2590 \text{ kg/qcm.}$$

Die Gesamtbruchlast betrug $P_B = 320$ kg; dem entspricht die Spannung $\sigma_B = 116$ kg und die Reißlänge $R = 1270$ m. Die Bruchlast für 1 cm Breite beträgt 54 kg.

b) Seile.

Da die Bestimmung des Querschnitts sowohl für Hanf- wie für Drahtseile ungenau ist, wird im allgemeinen von der Ermittlung der Bruchspannung $\sigma_B = \dfrac{P_B}{f}$ abgesehen und nur die Reißlänge $R = \dfrac{P_B}{g}$ errechnet. Außer der Prüfung des Seiles im ganzen prüft man bisweilen auch die einzelnen Seilgarne bzw. -drähte, um die Bruchlast des Elements mit derjenigen des Seiles vergleichen zu können.

Die Einspannung der Seile erfordert große Sorgfalt. Die Seilenden werden entweder zwischen sog. Beißkeilen (s. Abb. 204) eingespannt, oder mittels leicht schmelzbarer Legierungen in konische Buchsen (Muffen) vergossen.

Durch leichtes Schmieren der Ein-

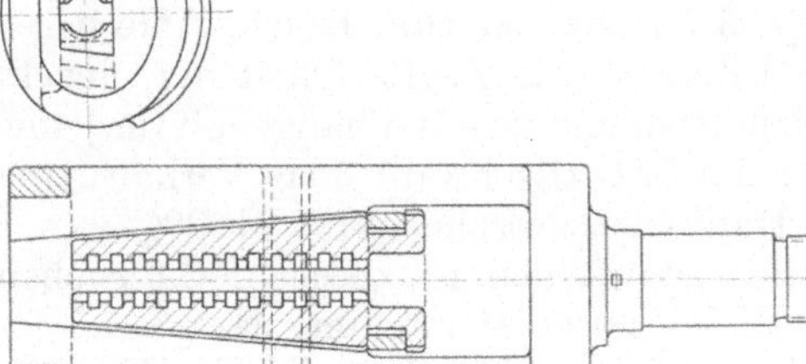

Abb. 204. Einspannvorrichtung für Seile.

spannkeile an den äußeren konischen Gleitflächen wird ein gleichmäßiges Anziehen der Keile gewährleistet.

Zum Vergießen von Hanfseilen eignet sich die Rosesche Legierung (1 Zinn, 1 Blei, 2 Wismut), die in kochendem Wasser schmilzt. Drahtseile vergießt man mit einer Blei-Zinn-Antimonlegierung (68 Blei, 20 Zinn, 12 Antimon), deren Schmelzpunkt so niedrig liegt, daß die Festigkeit der Drähte nicht unter der Erwärmung leidet.

Da erfahrungsgemäß die Versuchslänge die Seilfestigkeit sehr beeinflußt, so prüft man gewöhnlich etwa 2,5 m lange Abschnitte bei einer Meßlänge von 1 m. Die Einspannlänge beeinflußt vornehmlich die Festigkeit der Hanfseile, was Rudeloff durch umfangreiche Versuche nachgewiesen hat. Er setzte die Reißlänge für 3 m Einspannungslänge gleich 100 und fand für kleinere Einspannlängen die folgenden Verhältniszahlen:

Einspannlänge	3,0	1,5	1,0	0,5	0,25
Reißlänge	100	104	107	123	134

Die Dehnung mißt man mittels Schleppmaßstabes, und zwar werden die elastischen und die bleibenden Längenänderungen bei bestimmten Laststufen gemessen.

Die Größe der Laststufen findet man nach folgender Überlegung: Ist i die Anzahl der Drähte, f ihr Querschnitt und σ_B ihre Zugfestigkeit, so ist die ungefähre Bruchlast des Seiles

$$P_B = i\,f\,\sigma_B.$$

Für Stahldrähte ist z. B. $\sigma_B = 100-180$, demnach wäre für einen mittleren Wert
$$P_B = 140\,i\,f,$$

worin i und f aus der Probe bestimmt werden. Als Nutzlast P_N gilt dann für geteerte Hanfseile $\frac{1}{6}\,P_B$, für ungeteerte $\frac{1}{8}\,P_B$ und für Drahtseile $\frac{1}{10}\,P_B$.

Von der so errechneten Nutzlast P_N wird $\frac{1}{6}$ als Null- oder Anfangsbelastung genommen. Setzt man die Anfangslast $= 1$, so wird für die Reihenfolge der Belastungen gewöhnlich das folgende Schema genommen

1, 2, 1;　2, 4, 1;　4, 6, 1;　6; 12; 18; 24 usw.

Man geht also von der Anfangslast in der angedeuteten Weise vor bis zur errechneten Nutzlast P_N und steigert dann die Belastung auf $2\,P_N$, $3\,P_N$ usw. bis zum Bruch. Wie bereits erwähnt, ist es bisweilen von Interesse, die Zugfestigkeit der einzelnen Drähte bzw. der Garne zu ermitteln und ihre Reißlänge mit derjenigen des Seiles zu vergleichen. Nach Rudeloff schwankt das Verhältnis, also der Ausnutzungsfaktor, bei Hanfseilen zwischen $31,5-100\%$.

Bei Drahtseilen ist dieser Faktor ebenfalls schwankend, erreicht jedoch bei guter Herstellung 90%.

In ähnlicher Weise läßt sich das Verhältnis zwischen der Dehnungszahl des einzelnen Drahtes und derjenigen des ganzen Seiles aufstellen. Wenn ε die elastische Dehnung, α die Dehnungszahl des Drahtes bzw. des Seiles bei der Beanspruchung σ ist, so besteht die Beziehung

$$\varepsilon = \alpha \cdot \sigma.$$

Die Dehnungszahl α ist beim Seil erheblich größer als beim Einzeldraht, mithin der reziproke Wert, der Elastizitätsmodul E kleiner. Es ist daher

$$E = \eta \cdot E_0.$$

$E\ \ =$ Elastizitätsmodul des Seils,
$E_0 =$ Elastizitätsmodul des Drahtes,
$\eta\ \ =$ Reduktionsfaktor.

Nach Versuchen von Bach ist für ein zweimal geflochtenes Drahtseil $\eta = 0,35$.

In den Prüfungsprotokollen ist stets die Konstruktion der Seile anzugeben. Bei Hanf- oder Baumwolleseilen sind die Fasern zu Garnen verdreht. Mehrere Garne bilden eine Litze. Einige Litzen, die um eine in der Mitte liegende Seele geschlagen sind, bilden ein Seil. Diese Konstruktion nennt man „Rundschlag“. Hierbei ist der Drehsinn der Litzen entgegengesetzt demjenigen der Garne in den Litzen.

Sind Litzen zu einer Hauptlitze vereinigt und einige solcher zum Seil gedreht, so heißt die Konstruktion „Kabelschlag“.

Die gleiche Bezeichnung gilt bei Drahtseilen, nur treten an Stelle der Garne die Drähte. In der Mitte der Litzen liegt gewöhnlich ein gerader Seelendraht aus weichem Eisen und in der Mitte des Seiles eine Hanfseele.

Nachstehend seien einige Konstruktionen von Hanfseilen angegeben:

Rundschlag rechtsgängig, 4 linksgängige Litzen zu je 85 Garnen. Seele linksgängig aus 16 Garnen.

Oder: Kabelschlag linksgängig, 5 Hauptlitzen um eine Seele. Rechtsgängige Hauptlitzen aus 3 linksgängigen Nebenlitzen zu je 9 Garnen.

Seele linksgängig aus 3 rechtsgängigen Litzen zu je 7 Garnen.

Für Drahtseile kommen unter anderem die folgenden Konstruktionen in Betracht:

Rundschlag rechtsgängig, 6 Litzen um eine geteerte Hanfseele. Litzen linksgängig aus 36 Drähten um 1 Kerndraht. Mittlerer Drahtdurchmesser = 0,07 cm. Hanfseele linksgängig aus 6 Garnen.

Oder: Kabelschlag linksgängig, 6 Hauptlitzen um eine rechtsgängige geteerte Hanfseele zu 8 Garnen. Hauptlitzen rechtsgängig aus 5 Nebenlitzen um eine linksgängige Hanfseele zu 4 Garnen. Nebenlitzen linksgängig aus 7 Drähten von 0,07 cm Durchmesser.

Im Protokoll einer eingehenden Drahtseilprüfung sind außer der Konstruktion folgende Angaben erforderlich:

Länge der Seilprobe.

Gewicht des Seiles pro Meter.

Mittlerer Umfang.

Duchtenzahl (Anzahl der Gänge) pro Meter.

Versuchslänge (Abstand von Einspannung zu Einspannung).

Meßlänge.

Verlängerung bei stufenweiser Belastung und Bruchfestigkeit. Ferner ist anzugeben, ob der Bruch frei oder an der Einspannung erfolgte und wieviel Litzen gerissen sind.

Für Kran- und Förderseile ist meistens auch die Prüfung der einzelnen Drähte auf Zug- und Verdrehungsfestigkeit sowie auf Hin- und Herbiegefestigkeit vorgeschrieben. Hierbei sind die Proben der 3 Versuchsarten des besseren Vergleiches wegen aus einem Draht zu entnehmen.

Sind mehrere Seile geprüft, so pflegt man die Versuchsergebnisse der besseren Übersicht halber tabellarisch zusammenzustellen, eine Maßnahme, die selbstverständlich auch für alle übrigen Materialprüfungen von Nutzen ist.

Prüfung eines Hanfseiles auf Zugfestigkeit.
Protokoll.

Konstruktion: Rundschlag rechtsgängig aus 3 linksgängigen Litzen. Jede Litze enthält 27 Garne und außerdem einen gelben Kennfaden.

Länge der Seilprobe 260 cm.

Gesamtgewicht $G = 1,531$ kg.

Gewicht des Seiles pro Meter $g = 0,589$ kg/m.

Mittlerer Umfang: $U = 9,3$ cm (mit Bandmaß gemessen).

Errechneter Durchmesser $d = 2,96$ cm.

Duchtenzahl pro Meter 39.

Versuchslänge $L = 132$ cm.

Meßlänge $l = 100$ cm.

Nullast 130 kg.

Dehnungen in $^1/_{100}$ cm bei den übergeschriebenen Belastungen in kg													Gesamt-bruch-last kg	Lage des Bruches
130	260	130	260	520	130	520	780	130	780	1560	2340	3120		
0	120	85	133	287	185	300	410	250	440	710	900	1030	3710	frei in einer Litze

Entsprechend wurde ein zweiter Abschnitt desselben Seiles geprüft. Die Hauptprüfungsergebnisse beider Versuche sind nebenstehend zusammengestellt.

Das Seil ist demnach sowohl hinsichtlich der gesamten und bleibenden Dehnungen wie der Bruchlasten gleichmäßig.

Prüfung eines Drahtseiles auf Zugfestigkeit.
Protokoll.

Konstruktion: Rundschlag rechtsgängig, 6 Litzen um eine Hanfseele, Litzen rechtsgängig, bestehend aus 3 Innendrähten und 9 Deckdrähten. Mittlerer Drahtdurchmesser gleich 0,158 cm. Hanfseele linksgängig aus 9 Garnen, von denen 8 um ein Seelengarn geschlagen sind.

Länge 118 cm.
Gesamtgewicht $G = 1,570$ kg.
Gewicht pro Meter $g = 1,330$ kg/m.
Mittlerer Durchmesser $d = 1,96$ cm (mit Schublehre gemessen).
Errechneter mittlerer Umfang $U = 6,16$ cm.
Duchtenzahl pro Meter 36.
Versuchslänge $L = 56$ cm.
Meßlänge $l = 40$ cm.
Nullast 500 kg.

Dehnungen in $^1/_{100}$ cm bei den übergeschriebenen Belastungen in kg														Gesamt-Bruchlast kg	Lage des Bruches
500	1500	500	1500	3000	500	3000	6000	500	6000	9000	12000	15000	18000		
0	7	0	8	10	2	11	20	8	21	29	40	52	79	19 900	frei in 4 Litzen

Bei Drahtseilprüfungen pflegt man nach verschiedenen Laststufen je einmal zu entlasten, bis mindestens eine bleibende Dehnung von 0,2% der Meßlänge erreicht ist.

Nachstehende Tabelle enthält die wesentlichsten Prüfungsergebnisse.

Dehnungen in % bei den übergeschriebenen Belastungen in kg							Bleibende Dehnungen in % nach den übergeschriebenen Belastungen in kg			Bruchlast in kg	Reißlänge in m	Lage des Bruches und Zahl der gerissenen Litzen
1500	3000	6000	9000	12000	15000	18000	1500	3000	6000			
0,2	0,3	0,5	0,7	1,0	1,3	2,0	0	0,1	0,2	19 900	14 960	frei in 4 Litzen

Mit der Versuchszahl wächst auch hier die Zuverlässigkeit der gefundenen Werte.

Es ist ratsam, mindestens 2, besser 3 Proben zu prüfen.

c) Ketten.

Man unterscheidet Probebelastung der Kette und Prüfung von Kettengliedern bis zum Bruch. Steht eine besondere Kettenprüfmaschine zur Verfügung, so wird die Probebelastung an möglichst langen Kettenabschnitten (etwa 20 m) vorgenommen, andernfalls werden nur so lange Stücke geprüft, wie es die Maschine jeweils gestattet (Abb. 205).

Unter der vorgeschriebenen Probebelastung darf sich die Kette nicht wesentlich recken und nach dem Abklopfen mit einem Holzhammer keine schadhaften Stellen aufweisen.

Zur Prüfung auf Zerreißfestigkeit werden im allgemeinen 5 Kettenglieder benötigt, von denen 2 als Einspannung dienen. Hierfür benutzt

| u | d | L | l | g | Anzahl der Duch- ten | Dehnungen in % bei den übergeschriebenen Belastungen | | | | | | Bleibende Dehnungen in % nach den übergeschrie- benen Belastungen in kg | | | Bruch- last P_B | Reiß- lage R | Anzahl der gerissenen Litzen |
cm	cm	cm	cm	kg/m		260	520	780	1560	2340	3120	260	520	780	kg	m	
9,3	2,96	132	100	0,589	39	1,2	2,9	4,1	7,1	9,0	10,3	0,9	1,9	2,5	3710	6300	frei
9,2	2,93	140	100	0,579	38	1,3	3,2	4,4	7,1	9,1	10,4	0,9	2,3	3,1	3580	6180	in einer Litze

Abb. 205.
Kettenprüfmaschine von Mohr & Federhaff für 300000 kg.

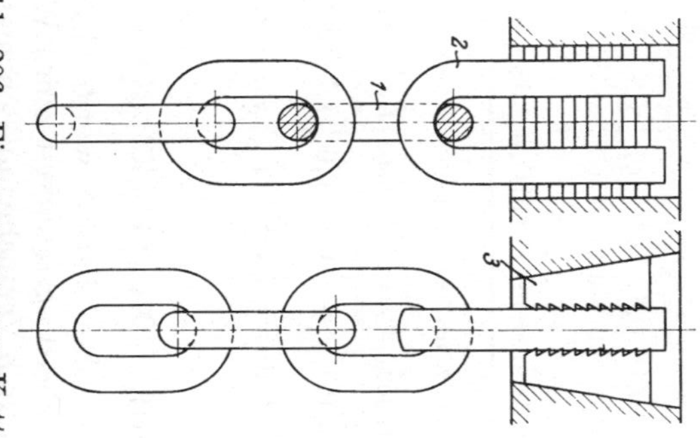

Abb. 206. Einspannung von Ketten mittels Bügel und Beißkeilen.

man Einspannköpfe, die sich der Form der Glieder anpassen, oder Bügel, die durch die Endglieder gesteckt und von Beißkeilen gehalten werden (s. Abb. 206). Die Prüfung erstreckt sich auf die Bestimmung der Dehnung, der Streckgrenze, der Zerreißfestigkeit und bisweilen der Querzusammenziehung. Die Dehnung wird über 2 Glieder von Mitte des 2. bis Mitte des 4. Gliedes mittels Schleppmaßstabes gemessen, der durch Klebewachs oder Bügelklemme befestigt ist. Als Ablesemarke dient eine Strichmarke auf dem Kettengliede. Die Querzusammenziehung mißt man mittels Schublehre oder Taster.

Um die Belastungsstufen zweckmäßig wählen zu können, berücksichtigt man vorliegende Erfahrungswerte über zulässige Beanspruchung und Bruchfestigkeit. Man rechnet:

für Kran- und Förderketten $k_2 = 630$ kg/qcm, $\sigma_B = 2400$ kg/qcm,
für Ankerketten . . . . . . $k_2 = 950$ kg/qcm, $\sigma_B = 2700$ kg/qcm.

Ist auch das Kettenmaterial zu prüfen, so entnimmt man zweckmäßig an verschiedenen Stellen des Querschnittes eines ungeprüften Kettengliedes Zugstäbe. Die Festigkeit des Ketteneisens soll mindestens 3500 kg und seine Dehnung 12—20% betragen.

Prüfung einer Kette auf Zugfestigkeit.
Protokoll.

Mittlere Stärke des Kettengliedes $d = 1,95$ cm.
Gewicht des Kettenabschnittes von 5 Gliedern $G = 2,512$ kg.
Mittlere Länge eines Gliedes 10,04 cm.
Mittlere Breite eines Gliedes 6,64 cm (Außenmaße).

Mittlerer Querschnitt eines Gliedes $2 \cdot \dfrac{d^2 \pi}{4} = 5,97$ qcm.
Meßlänge $l = 12$ cm.

Dehnungen in $^1/_{100}$ cm bei den übergeschriebenen Belastungen in kg												Bruch-last kg	Lage des Bruches
1000	2000	3000	4000	4500	5000	5500	6000	6500	6750	7000	7250		
0	0,1	0,3	0,4	0,5	0,5	0,7	1,3	2,4	2,9	3,2	3,9	17 390	in der Schweiß-stelle.

Zusammenstellung der Festigkeitswerte.

Dehnungen δ in % bei den übergeschriebenen Belastungen in kg												Streck-grenze σ_S kg/qcm	Bruch-spannung σ_B kg/qcm
1000	2000	3000	4000	4500	5000	5500	6000	6500	6750	7000	7250		
0	0,1	0,3	0,3	0,4	0,4	0,6	1,1	2,0	2,4	2,7	3,3	920	2910

Die Festigkeit dieser Kette ist etwas höher als die für Ankerketten vorgeschriebene.

XV. Prüfung von Werkzeugen auf Leistungsfähigkeit.

Wie früher schon betont wurde, hat die Werkstatt ein Interesse daran, die Bearbeitungsfähigkeit eines Werkstoffs kennenzulernen, wie dies meistens durch Versuche mit Bohrmaschinen geschieht. Diese geben im allgemeinen guten Einblick in die Bearbeitungsfähigkeit, da sich der Werkstoff auch in anderen Werkzeugmaschinen ähnlich verhält. Die effektive Leistung wird hierbei allerdings durch die Form und den Schliff des Werkzeugs beeinflußt. Ein Gütevergleich läßt sich auch durch die Drehbank erzielen, wenn die verschiedenen Werk-

Abb. 207. Prüfmaschine für Werkzeugstähle.

stoffe unter gleichen Bedingungen abgedreht werden. Daß dies umständlicher ist als an der Bohrmaschine, liegt auf der Hand. Dagegen eignet sich die Drehbank besser zum Prüfen der Werkzeuge. Wesentlich hierbei ist, daß die Stähle in ihrer Gebrauchsform und Größe sowie unter den gleichen Arbeitsverhältnissen untersucht werden. Dabei müssen Schnittgeschwindigkeit, Vorschub, Anstellung und Anpressung des Stahls gegen das Werkstück nach Bedarf geändert und der Versuch wiederholt werden können. Für solche Prüfungen liefern Mohr und Federhaff die in Abb. 207 dargestellte Maschine. Es handelt sich um eine normale Drehbank mit angebauten Meßeinrichtungen. Auf dem Support sind mit Manometern ver-

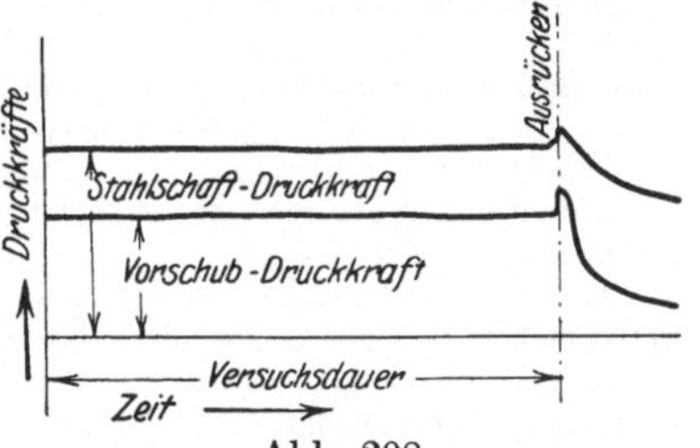

Abb. 208.
Schaubild einer Drehstahlprüfung.

bundene Meßdosen aufgestellt. An Hand der Kraftmessung läßt sich der Beginn der Schneidenzerstörung erkennen. Wird nämlich der Druck in Richtung des Vorschubs und des Stahlschaftes gemessen, so erfahren beide Drücke eine sichtbare Steigerung in dem Augenblicke, in dem die Werkzeugschneide oder -spitze ihre ursprüngliche Arbeitsfähigkeit verliert. Durch eine neben den Manometern angebrachte Schreibvorrichtung werden die Drücke in ihrem zeitlichen Verlauf festgelegt. Die nach unten wirkende Kraftkomponente ist für die

Beurteilung der Schneidenzerstörung belanglos. Infolgedessen kann das Werkzeug eine starre Auflagerung erhalten und gestattet daher eine standfeste, gedrungene Bauart des Meßsupports. Im übrigen sind Vorkehrungen getroffen, die eine sichere und bestimmte Lage des Stahles gewährleisten.

Um Durchbiegungen des Arbeitsstückes zu verhindern, erfolgt seine Mitnahme durch einen starken schmiedeeisernen Ring, in dem es durch 8 Druckschrauben festgehalten wird. Die Schnittgeschwindigkeiten können zwischen 15 und 35 m/min geändert werden. Zu ihrer Einstellung dient ein als Geschwindigkeitsregler ausgebildetes Riemenvorgelege. Die Umdrehungszahl wird mittels Tachometer gemessen.

Der Vorschub ist in den Grenzen 0,4 und 2 mm für eine Umdrehung veränderlich.

Die Druckkräfte im Stahlschaft und für den Vorschub in Abhängigkeit von der Zeit bilden eine Parallele zur Abszissenachse, bis ihr gleichzeitiges Ansteigen den Zerstörungsbeginn der Schneide oder Spitze des Werkzeuges anzeigt (s. Diagramm Abb. 208).

XVI. Anhang.

1. Grundsätze für einheitliche Materialprüfungen.

Aufgestellt vom Deutschen Verband für die Materialprüfungen der Technik
am 29. September 1900.

I. Allgemeine Grundsätze für Materialprüfungen.

1. Bei Versuchen zu wissenschaftlichen Zwecken sind, wenn irgendmöglich, die Art des Materials, dessen Herkunft und Entstehungsart, die mechanischen, physikalischen, mikroskopischen und chemischen Eigenschaften festzustellen und nebst Angabe über die Behandlung der Probe vor dem Versuch in den Veröffentlichungen mitzuteilen.

2. Jede zur Prüfung von Materialien benutzte Vorrichtung muß so beschaffen sein, daß sie leicht und sicher auf ihre Richtigkeit geprüft werden kann.

3. Für praktische Versuche empfiehlt es sich, die zu erstrebende Genauigkeit der Prüfungsvorrichtungen und Prüfungsergebnisse nicht über diejenigen Grenzen auszudehnen, die durch die unvermeidlichen Fehler und Unvollkommenheiten der Materialien bedingt sind.

4. Für wissenschaftliche Versuche ist es selbstverständlich geboten, den Genauigkeitsgrad zu erstreben, der unter den gegebenen Verhältnissen erreicht werden kann.

5. Den Prüfungszeugnissen und Veröffentlichungen sind diejenigen Angaben über die gebrauchten Vorrichtungen und angewandten Prüfungsverfahren in möglichst kurzer Fassung beizufügen, die zur Beurteilung des Wertes und besonders auch des erreichten Genauigkeitsgrades der Versuchsergebnisse notwendig sind.

II. Prüfung der mechanischen Eigenschaften.

1. Festigkeitsversuche.

A. Allgemeine Grundsätze.

6. Die Materialien sollen in erster Linie auf diejenige Art der Festigkeit geprüft werden, auf welche sie bei ihrer Verwendung beansprucht sind.

7. Der Einfluß der Zeit auf die Ergebnisse der Festigkeitsversuche ist im allgemeinen nicht zu verkennen, doch liegt, da vorausgesetzt werden darf, daß

die Versuchsdauer nicht außergewöhnlich kurz gewählt werden wird, zur Zeit kein genügender Grund vor, in praktischen Fällen für die Prüfung der hauptsächlichsten Konstruktionsmaterialien, nämlich Eisen in allen Formen, Kupfer und Bronze vorzuschreiben, daß eine bestimmte Streckgeschwindigkeit eingehalten werden muß.

B. Prüfung unter ruhender Belastung.

a) Maschinen und Meßinstrumente.

8. Die Probiermaschinen müssen so gebaut sein, daß sie bei achtsamer Handhabung stoßfrei wirken.

9. Die Prüfung der Maschinen und Instrumente auf ihre Richtigkeit soll ausreichend oft wiederholt werden.

b) Einspannvorrichtungen.

10. — — — — —

11. Eine gute Einspannvorrichtung muß so beschaffen sein, daß der Zug oder Druck möglichst gleichförmig über den Querschnitt des Versuchsstückes verteilt wird.

Hierzu sind erforderlich:

12. Beim Druckversuch: freie und möglichst leichte Beweglichkeit der einen der beiden glatten und ebenen Druckplatten nach allen Seiten hin (Kugellager).

13. Beim Zugversuch: freie und möglichst leichte Beweglichkeit des Stabes zur Selbsteinstellung bei Beginn des Zuges.

Diese Bedingungen erfüllen erfahrungsgemäß:

14. Bei Rundstäben die Kugellagerung, am besten die mit ungeteilter Kugelschale.

15. Bei Flachstäben Einspannloch und Bolzen, wenn die Löcher genau in der Stabmittellinie stehen.

16. Köpfe mit eingefrästen Nuten und entsprechenden Keilen, wenn schiefe Beanspruchungen ausgeschlossen sind.

17. Einbeißkeile (Keile mit rauhen Greifflächen), wenn sie den Stab in der Mitte der Kopffläche fassen.

c) Beschaffenheit und Form der Probekörper.

Beim Druckversuch:

18. Die Druckflächen der Probekörper müssen möglichst eben und parallel sein und senkrecht zur Stabachse stehen; sie sind, soweit möglich, abzuhobeln, abzufräsen oder abzudrehen.

19. Wenn möglich, ist beim Druckversuch die Würfelform zu benutzen.

20. Wenn quadratischer Querschnitt unmöglich ist, so empfiehlt es sich, die Länge l des prismatischen Körpers gleich $\sqrt{f}$ ($f =$ Querschnittsgröße) zu machen, weil das Verhältnis $\dfrac{l}{\sqrt{f}}$ die Druckfestigkeit erheblich beeinflußt.

Beim Zugversuch:

21. Querschnittsgröße und Querschnittsform haben bei langen Stäben erfahrungsgemäß keinen Einfluß auf die Festigkeitswerte.

22. Bei den einschnürenden Materialien ist das Längenverhältnis $= n \cdot \sqrt{f}$ ($l =$ Meßlänge und $f =$ Stabquerschnitt) von wesentlichem Einfluß auf die Bruchdehnung; daher ist es notwendig, den benutzten Wert von n (am einfachsten als Index, z. B. $\delta_{5,65} = x\%$ oder $\delta_{11,3} = y\%$) anzugeben.

23. Ohne die Kenntnis von n ist die Bruchdehnung ein unbestimmter Wert und für die Beurteilung eines einschnürenden Materials nicht verwendbar.

24. Es wird empfohlen, im Anschluß an den in sehr vielen Ländern gebräuchlichen Rundstab von 20 mm ($^3/_4$ Zoll engl.) Durchmesser und 200 mm (8 Zoll engl.) Meßlänge als

$$\text{normales Verhältnis } l = 11,3 \sqrt{f}$$

anzuwenden.

Bei Rundstäben ergibt diese Beziehung den 10 fachen Durchmesser als Meßlänge.

25. Für kurze Stäbe wird die Meßlänge

$$l = 5{,}65 \sqrt{f}$$

empfohlen.

26. In der Praxis ist das Bedürfnis vorhanden, kurze Stäbe mehr als bisher in Anwendung zu bringen. Um diesem Bedürfnis entgegenzukommen, empfiehlt es sich, die Dehnung bei langen Stäben außer auf $l = 11{,}3 \sqrt{f}$ tunlichst auch auf $l = 5{,}65 \sqrt{f}$ zu messen.

Vorgeschlagen wird:

27. Für Rundstäbe (Abb. 209 und 210)

$$l = 11{,}3 \sqrt{f}; \quad lg = 12{,}5 \sqrt{f}; \quad L = 20 \sqrt{f} \quad \text{oder}$$
$$l = 5{,}65 \sqrt{f}; \quad lg = 7{,}0 \sqrt{f}; \quad L = 12 \sqrt{f}.$$

28. Für Flachstäbe (Abb. 211)

$$l = 11{,}3 \sqrt{f}; \quad lg = 12{,}5 \sqrt{f}; \quad L = 12{,}5 \sqrt{f} + 2\,b \quad \text{oder}$$
$$l = 5{,}65 \sqrt{f}; \quad lg = 7{,}0 \sqrt{f}; \quad L = 7{,}0 \sqrt{f} + 1{,}5\,b.$$

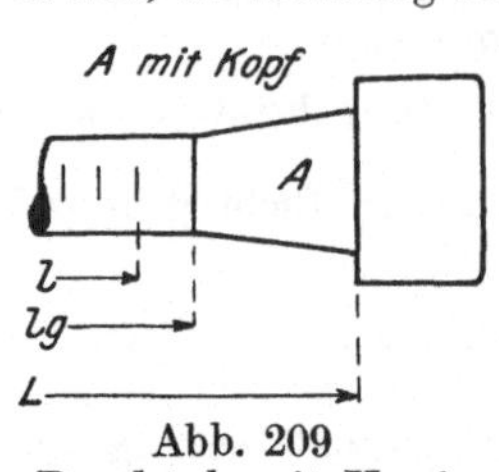

Abb. 209
Rundstab mit Kopf.

(Hierbei ist b die Breite des prismatischen Stabteils, und L wird von Beginn zu Beginn der Einspannung an den Köpfen gerechnet.)

29. — — — — —

30. Für die Bedürfnisse der Praxis kann bei Flachstäben von über 300 qmm Querschnitt die Meßlänge 200 mm bzw. 100 mm (vgl. Satz 24 bzw. 25) und bei solchen von 200—300 qmm Querschnitt die Meßlänge 160 bzw. 80 mm angewendet werden.

Diese Feststellung trägt zunächst dem Umstande Rechnung, daß die Lieferungsbedingungen für Bleche und Flacheisen sich unter Annahme einer Meßlänge von 200 mm entwickelt haben, und entspricht auch den praktischen Rücksichten auf

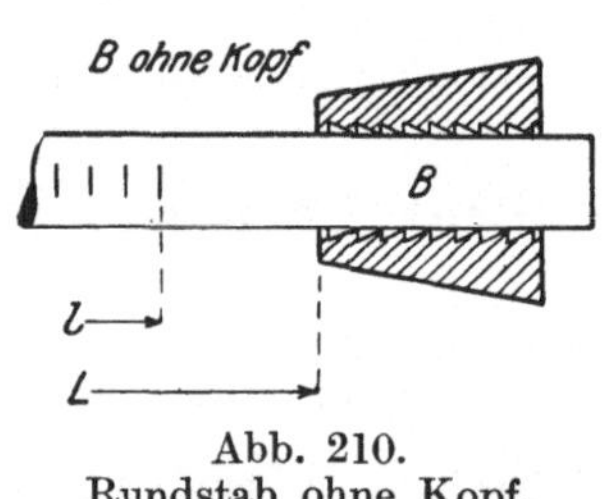

Abb. 210.
Rundstab ohne Kopf.

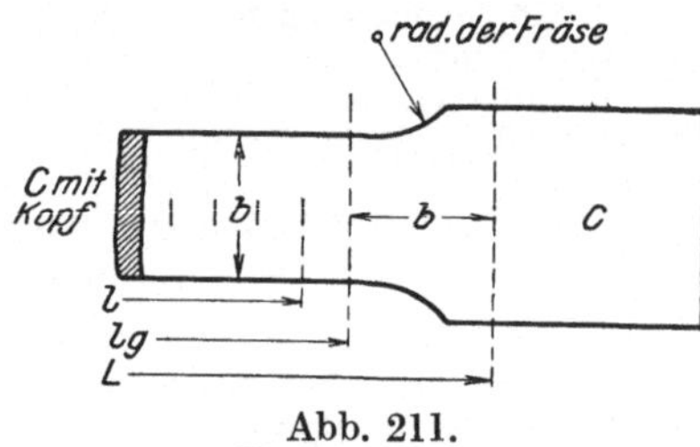

Abb. 211.
Flachstabkopf.

die Herstellung der Proben. Stäbe verschiedener Dicke können beim Fräsen gemeinsam bearbeitet werden. Rundstäbe müssen ohnehin einzeln bearbeitet werden; daher kann man leicht dem Grundsatze von Satz 27 voll Rechnung tragen.

d) Versuchsausführung.

31. Der Zugversuch kann ein abgekürzter, einfacher oder ein vollständiger sein.

α) Einfacher Zugversuch.

32. Es sind festzustellen:
Die Bruchbelastung (Zugfestigkeit).
Die Länge der ursprünglichen Meßlänge nach dem Zerreißen (Bruchdehnung).

β) Vollständiger Zugversuch.

33. Zu den unter Satz 32 angegebenen Ermittlungen tritt noch die Bestimmung:
des Querschnitts an der Bruchstelle (Querschnittsverminderung),
der gesamten bleibenden und federnden Längenänderungen bei verschiedenen Belastungen und aus ihnen zutreffendenfalls:

der Dehnungszahl und des Elastizitätsmoduls,
der Proportionalitätsgrenze,
der Fließ- oder Streckgrenze,
der Elastizitätsgrenze, d. h. derjenigen Spannung, bis zu der hin die bleibenden Dehnungen als verschwindend klein erscheinen.

34. Beim vollständigen Zugversuch sind die Einzelheiten des Versuches ausführlich anzugeben.

γ) Bestimmung der Bruchdehnung.

35. Die Bruchdehnung wird entweder an einer am Stabe angebrachten Teilung oder zwischen den Endmarken der Meßlänge (Verfahren der Praxis) gemessen.

36. Die Teilung geschehe nach $1/_{20}$ der Meßlänge (vgl. S. 7).

37. Bei Bestimmung der Bruchdehnung an Stäben mit Endmarken (Verfahren der Praxis) soll man bei einschnürenden Materialien diejenigen Stäbe von der Dehnungsbestimmung ausschließen, bei denen der Bruch innerhalb der Endviertel liegt.

C. Prüfung unter Schlagwirkung.
a) Allgemeiner Grundsatz.

38. Soll die Widerstandsfähigkeit des Materials gegen Stöße festgestellt werden, so sind Schlagversuche auszuführen.

b) Schlagwerke.

Schlagwerke sollen den folgenden Bestimmungen genügen:

39. Schlagwerke bis zu 6 m Fallhöhe können leichter in geschlossenen Räumen untergebracht werden als höhere; es empfiehlt sich daher, bei Neuanlagen 6 m Höhe nicht zu überschreiten und den Aufbau in Eisen auszuführen.

40. Es sind Einrichtungen zu treffen, welche verhindern, daß das Versuchsstück aus den Auflagern springt oder umkippt; die freie Beweglichkeit des Stückes darf dadurch nicht beeinflußt werden.

41. Das normale Bärgewicht sei 1000 oder 500 kg, für besondere Fälle sind kleinere Bärgewichte zuzulassen.

42. Die Bärmasse kann aus Gußeisen, gegossenem oder geschmiedetem Stahl bestehen.

43. Die Bärform ist so zu wählen, daß der Schwerpunkt der ganzen Bärmasse möglichst tief liegt.

44. Die Schwerlinie des Bären muß in die Mittellinie der Bärführungen fallen.

45. Das Verhältnis der Führungslänge des Bären zur Lichtweite zwischen den Führungen soll größer als 2 : 1 sein.

46. Die Bärführungen sind aus Metall, z. B. aus Eisenbahnschienen, so herzustellen, daß dem Bären kein großer Spielraum bleibt.

47. Es wird empfohlen, die Führungen mit Graphit zu schmieren.

48. Die Hammerbahn ist aus Stahl einzusetzen und durch Schwalbenschwanz und Keil zentrisch zur Schwerlinie des Bären zu befestigen. Durch besondere Marken ist die Erfüllung dieser Bedingung erkennbar zu machen.

49. Bei Bären von 1000 und 500 kg soll die Hammerbahn nach 150 mm Halbmesser abgerundet sein und die Antrefflinie senkrecht zur Schwerlinie stehen.

50. Die Auflagerstücke für den Probekörper sind an der Schabotte sicher zu befestigen, z. B. zu verkeilen.

51. Die Schabotte soll aus einem Stück Gußeisen bestehen und ihr Gewicht mindestens das 10fache des Bärgewichts betragen.

52. Das Fundament soll aus einem Mauerkörper gebildet sein, dessen Größe zwar durch die Baugrundverhältnisse bedingt ist, dessen Höhe aber mindestens 1 m betragen muß.

53. Die Höhenteilung zum Ablesen der Fallhöhe soll an der Geradführung verschiebbar und in Zentimeter geteilt sein.

54. Die Auslösevorrichtung für den Bären soll so beschaffen sein, daß sie den freien Fall des Bären nicht beeinflußt.

55. Es ist eine Einrichtung zu treffen, durch welche verhindert wird, daß der teilweise oder ganz gehobene Bär zufällig herabfällt.

c) Versuchsausführung.

56. Vor dem Versuch ist festzustellen, daß die Führung senkrecht steht und der Bär sich in der ganzen Führungslänge leicht bewegt.

57. Um die Ergebnisse vergleichen zu können, wird empfohlen, möglichst alle Einzelheiten des bei den Versuchen beobachteten Verfahrens anzugeben.

2. Technologische Proben.

A. Biegeprobe.

a) Allgemeine Grundsätze.

58. Die Biegeprobe muß mit einer langsam und stetig wirkenden Maschine ausgeführt werden.

59. Die am meisten gebogene Stelle der gezogenen Stabseite muß dem Auge frei sichtbar bleiben.

60. Zur Materialbearbeitung dient am besten das Verhältnis zwischen Probendicke a und dem Krümmungshalbmesser ϱ der neutralen Schicht beim Eintritt von deutlichen Rissen.

61. Als Gütemaßstab benutzt man die Biegegröße $Bg = 50\,\dfrac{a}{\varrho}$.

b) Biegevorrichtungen.

Die Maschine biegt:

62. entweder den über zwei Stützen gelegten Stab mit Mitteldruck oder

63. den einseitig eingespannten Stab mit Seitendruck.

Die Biegung kann hierbei erfolgen:

64. entweder frei um eine abgerundete Kante (Dorn) des Druckstempels oder der Einspannbacke,

65. oder gezwungen um einen Dorn, so daß die innere Probefläche sich satt an den Dorn anlegt.

66. Bei Biegung um einen Dorn ist dessen Durchmesser entsprechend dem zu prüfenden Material nach dem Vielfachen der Probedicke zu bemessen.

c) Beschaffenheit und Form der Probekörper.

Das Material kann geprüft werden:

67. im Zustande der Anlieferung, dann ist der Probestreifen kalt und möglichst so abzutrennen, daß er keine Formänderungen erleidet (nicht mit Schere, s. Satz 100 und 101);

68. geglüht, dann ist das Glühen in einer der Materialgattung angepaßten Weise zu besorgen;

69. abgeschreckt, d. h. geglüht und in Wasser von 15—30° C unter Umrühren schnell abgekühlt;

70. unverletzt, an prismatischen Stäben (s. Satz 72 und 73);

71. verletzt, an eingekerbten, gelochten usw. Stäben (s. Satz 74 und 75).

72. In der Regel sollen die Probekörper rechteckigen Querschnitt erhalten und an der Biegestelle mit stark abgerundeten Kanten versehen werden.

73. Bei Profilstäben sollen die Querschnittsabmessungen tunlichst erhalten bleiben.

74. Die Einkerbung an der späteren Zugseite der Probe soll mit spitzem Stahl durch Einhobeln bis auf 0,2 der Probendicke a erfolgen.

75. Die Lochung soll, wenn möglich, mit einem Stempel von $2\,a$ Durchmesser in der Mitte eines Stabes von den Abmessungen $a : b = 1 : 5$ erfolgen.

d) Versuchsausführung.

Die Prüfung kann erfolgen als:

76. Kaltbiegeprobe,

a) entweder bei Luftwärme (10—30° C),

b) oder künstlich abgekühlt (unter 0° C).

77. Warmbiegeprobe,
a) als Blauwarmprobe,
b) als Rotwarmprobe.

78. Bei der Blauwarmprobe muß Eisen so stark erwärmt sein, daß es auf einer blankgemachten Stelle blau anläuft und diese Farbe behält (es wird nicht blau, wenn es zu kalt ist, und bleibt nicht blau, wenn es zu warm ist).

79. Bei Rotwarmprobe soll Eisen 500—600° C haben (es erscheint im Schatten deutlich rotwarm).

80. Der Biegungshalbmesser wird am einfachsten und hinreichend genau mit Lehren ermittelt, die auf der Zugseite des Stabes angelegt werden.

81. Die Lehren sollen in Stufen für ϱ von 2 zu 2 mm fortschreiten.

82. Die Öffnung der Lehren soll immer 45° betragen.

B. Hin- und Herbiegeprobe (Drähte).
a) Biegevorrichtung.

83. Die Hin- und Herbiegeproben sind so auszuführen, daß die Biegungen um runde Kanten erfolgen, deren Krümmungshalbmesser gleich der doppelten Probendicke ($r = 2\,a$) ist.

84. Die Biegevorrichtung muß an das freie Probenende so angreifen, daß keine Zugbeanspruchungen entstehen können und der Hebelarm h vom Krümmungsanfang bis zum Angriffspunkt gleich der 15 fachen Probendicke ist ($h = 15\,a$).

b) Versuchsausführung.

85. Als volle Biegung gilt die Biegung aus der gestreckten Lage um 90° nach rechts und wieder zurück; die zweite volle Biegung erfolgt nach links um 90°, die dritte geht dann wieder nach rechts usw.

86. Als Wertmaß für das Material gilt die Zahl der Biegungen bis zum Bruch.

C. Verwindeprobe (Drähte).

87. Die Verwindeprobe ist mit einer Vorrichtung auszuführen, welche die Umdrehungen bis zum Bruch zählt, und zwar soll die freie Länge der Probe gleich der 75 fachen Dicke ($l = 75\,a$) sein.

88. Die Vorrichtung soll den Längenänderungen der Probe keinen Zwang entgegensetzen.

D. Schmiedeproben.
a) Ausbreiteprobe.

89. Die Ausbreiteprobe wird mit einem Handhammer, Vorschlaghammer oder schnell arbeitenden Hammerwerk ausgeführt; die Hammerfinne soll einen Abrundungsdurchmesser von 15 mm haben und quer zur gewünschten Ausbreiterichtung stehen.

90. Der Probestreifen soll ein Breitenverhältnis $a : b = 1 : 3$ haben und auf eine Länge $l = 1{,}5$—2 b ausgebreitet oder ausgestreckt werden.

91. Als Maß für die Ausbreitung Ag von b auf b' oder für die Streckung Sg von l auf l' gilt der bei der Rißbildung erreichte Wert von $Ag = \dfrac{b'}{b} \cdot 100$ oder $Sg = \dfrac{l'}{l} \cdot 100$.

b) Stauchprobe.

92. Die Stauchprobe wird mit einem Hammer oder einem schnellgehenden Hammerwerk ausgeführt.

93. Die Probekörper sollen tunlichst Zylinder sein, deren Höhen gleich den doppelten Durchmessern sind ($h = 2\,d$).

94. Als Maß für die Stauchung Stg gilt der bei der Rißbildung erreichte Wert von $Stg = \dfrac{h - h'}{h} \cdot 100$.

c) Aufdornprobe.

95. Bei der Aufdornprobe wird im hellrotglühenden Stabe vom Breitenverhältnis $a : b = 1 : 5$ mit dem Lochhammer ein Loch vom Durchmesser $2\,a$ hergestellt und mit kegelförmigen Dornen aufgetrieben.

96. Die Dorne sollen auf 10 mm Länge um 1 mm im Durchmesser wachsen.

97. Die Probe ist nötigenfalls wieder zu erhitzen.

98. Als Maßstab für die Erweiterung Eg gilt der bei der Rißbildung erreichte Wert von $Eg = \dfrac{d'}{d} \cdot 100.$

d) Lochprobe.

99. Bei der Lochprobe auf dem Amboß wird an einem rotglühenden Probestück, dessen Breitenverhältnis $a : b$ größer als $1 : 5$ ist, mit dem Lochstempel vom Durchmesser a geprüft, wie nahe man das Loch an den Rand setzen kann, ohne daß das Stück aufreißt.

III. Prüfung der Materialien für besondere Zwecke.

1. Schmiedbares Eisen.

A. Allgemeine Grundsätze.

100. Die Probestücke müssen im kalten Zustande abgetrennt werden, und zwar tunlichst mit schneidenden Werkzeugen (hobeln, sägen usw.), ohne daß die Probestücke verbogen werden.

101. Werden die Proben abgeschoren, gelocht oder geschrotet, so sind von den Stäben für den Zugversuch innerhalb der Gebrauchslänge (s. Satz 26) mindestens 5 mm fortzunehmen (hobeln, fräsen), um den Einfluß des Scherenschnittes usw. zu beseitigen.

102. Gekrümmte Stücke sollen in der Regel kalt unter der Presse oder mittels Kupferhämmern gerade gerichtet werden.

103. Müssen die Stücke warm gerichtet werden, so darf man sie nicht über Kirschrotglut (650° C) erhitzen.

104. Es bedarf besonderer Vereinbarung, wenn Probestreifen vor dem Versuch ausgeglüht werden sollen. Das Glühen muß bei 800—900° C stattfinden; die Abkühlung muß langsam geschehen.

Die Glühhitze muß oberhalb des kritischen Punktes — etwa 750° C — liegen und sollte nicht über 900° C gehen, um die Gefahr des Verbrennens zu vermeiden.

105. Die Walzhaut muß an den Proben tunlichst erhalten bleiben.

106. Bei beschnittenen Blechen sind die Probestreifen für Längs- und Querstäbe an den Längs- und Querseiten, bei unbeschnittenen (Rohblechen) aus den Kantenabfällen oder aus den Kopfenden zu nehmen.

107. Bei unbeschnittenen Rohblechen dürfen die äußersten Randstreifen in Breite von mindestens 30 mm nicht zu Proben verwendet werden.

In den folgenden Sätzen 108—132 und Abschnitten B—G sind Angaben über die Prüfungsarten bei Eisenbahnschienen, Achsen, Radreifen, Brückenbaumaterial, Kesselbaumaterial, Schiffsbaumaterial enthalten.

H. Drähte.

133. Drähte sollen dem einfachen Zugversuch (Satz 32) der Hin- und Herbiegeprobe (Sätze 83—86) und der Verwindeprobe (Sätze 87—88) unterworfen werden.

134. Die freie Probelänge für den Zugversuch, besonders aber für die Verwindeprobe, soll gleich der 75fachen Drahtdicke sein.

135. Die Meßlänge l beim Zugversuch ist $l = 50\,a.$

J. Drahtseile.

136. Drahtseile sollen in erster Linie dem einfachen Zugversuch (Satz 32) unterworfen werden.

137. Das Verhältnis der freien Probenlänge L zwischen den Einspannvorrichtungen zur Seildicke a betrage wenigstens $L = 30\,a.$

138. Die Meßlänge nehme man $l = 25\,a.$

2. Gußeisen.

139. Die Probestücke zur Prüfung von Gußeisen erhalten quadratischen Querschnitt von 3 cm Seite und 110 cm Länge.

140. Über Art und Umfang der Prüfungen, Herstellung der Proben usw. ist nach Anhörung der beteiligten Kreise und unter Berücksichtigung der Arbeiten anderer Länder später Beschluß zu fassen.

3. Kupfer, Bronze und andere Metalle.

a) Kupfer.

α) Platten, Bleche und Stangen.

141. Das Material ist dem einfachen Zerreißversuch (Satz 32), der Biegeprobe im kalten und warmen Zustande (Sätze 70, 76a und 79) sowie bei Stangenform auch der Stauchprobe (Sätze 92—94) zu unterwerfen.

β) Drähte.

142. Kupferdrähte sind dem einfachen Zugversuch (Satz 32), der Hin- und Herbiegeprobe (Sätze 83—86) und der Verwindeprobe (Sätze 87 und 88) zu unterwerfen.

γ) Vorbereitung und Ausführung der Versuche.
Vorbereitung des Materials.

143. Die Prüfungen werden im Anlieferungszustande des Materials oder, wenn erwünscht, bei Kupfer in Platten-, Blech- und Stangenform auch im weichen Zustande vorgenommen.

144. Um die Eigenschaften des Kupfers im natürlichen Zustande festzustellen, müssen die Probestücke in den weichen Zustand übergeführt werden.

145. Dies geschieht nach dem Abtrennen der Probestücke, d. h. vor der endgültigen Bearbeitung, indem sie bei 600—700° C (aber nicht darüber) im Glühofen geglüht, dann bis zum Verschwinden des Glühens an der Luft und hierauf in Wasser von 15° abgekühlt werden.

Entnahme und Bearbeitung der Proben.

146. Die Proben dürfen nur kalt mit der Säge, Feile oder auf der Arbeitsmaschine vom Probestück abgetrennt werden, wobei nachträgliches Richten möglichst zu vermeiden ist.

147. Das Richten muß unter allen Umständen vorsichtig und tunlichst mit Holz- oder Kupferhämmern ausgeführt werden.

148. Soll Kupfer in weichem Zustande geprüft werden, so können die im Rohen bereits annähernd auf die Endform vorbereiteten Proben zum Zwecke des Richtens erwärmt werden, jedenfalls sind sie aber dann zur Überführung in den weichen Zustand nochmals zu erhitzen.

149. Da die Bearbeitung der Proben beim Kupfer außerordentlichen Einfluß auf die Versuchsergebnisse hat, so ist die letzte Bearbeitung zur endgültigen Form mit größter Vorsicht auszuführen und namentlich darauf zu achten, daß mit den Schneidstählen niemals innerhalb der Versuchslänge abgesetzt wird und daß die letzten Spanschichten nur dünn genommen werden. Die Stäbe sind in der Längsrichtung zu schlichten und dann mit feinem Schmirgelpapier abzuziehen.

150. Bei Flachstäben für den Zugversuch sind die Kanten mit der Feile etwas zu brechen.

151. Die Biegeproben sind nach Satz 72 und 73 herzurichten.

Versuchsausführung.

152. Die Kaltbiegeprobe mit Kupfer darf nicht bei weniger als 10° C ausgeführt werden.

153. Bei den Proben aus Platten, Blechen und Stangen werden die Stücke, die die Biegung bis zur Berührung der Schenkelenden ausgehalten haben, nachher bis zum vollständigen Aneinanderliegen der Innenflächen zusammengedrückt.

154. Bei der Warmbiegeprobe sollen die Probestücke im Glühofen bis zur Kirschrotglut (600° C) erhitzt werden; die Biegung geschieht bis zum Eintreten von Rissen oder bis zum Zusammentreffen der Innenflächen.

155. Die Hin- und Herbiegeprobe mit Drähten wird im kalten Zustande nach den Sätzen 83—86 ausgeführt.

156. Die Verwindeprobe mit Drähten geschieht nach den Sätzen 87 und 88.

b) Metalle und Metallegierungen.

157. Metalle und Metallegierungen sind dem einfachen Zugversuch (Satz 32), dem Druckversuch, dem Biegeversuch und der Kalt- (Satz 76a) und Warmbiegeprobe (Satz 79) zu unterwerfen.

158. Je nach den Eigenschaften der Metalle oder Metallegierungen lehnen sich die Versuche an die für die Prüfung von Gußeisen oder von Kupfer gegebenen Vorschriften an; im ersten Falle sind einfache Zug-, Druck- und Biegeversuche, im letzten Falle einfache Zug- und Druckversuche sowie Kalt- und Warmbiegeproben zu empfehlen.

2. Vorschriften für Drahtprüfungen.

Aufgestellt vom Verein Deutscher Eisenhüttenleute 1904.

Allgemeine Bemerkungen.

Es ist weder möglich noch zweckdienlich, für alle Drähte aus Flußeisen bzw. Flußstahl Qualitätsbedingungen festzustellen, weil die Verwendungszwecke derselben außerordentlich verschieden sind und jeder der letzteren besondere, teils höhere, teils niedere Qualitätsanforderungen bedingt, die sich in einen festen Rahmen schwerlich bringen lassen.

1. Gezogene Stiftdrähte, Zahndrähte u. dgl.

Es kommen nur folgende Bestimmungen in Betracht:

a) Dichtigkeit: Der Draht darf nicht langrissig oder splitterig sein.

b) Die Weichheit oder Härte richtet sich nach der Verwendungsart.

c) Dicke: Eine Abweichung von $2^{1}/_{2}\%$ nach oben und unten ist gestattet.

Zerreißprobe.

2. Verzinkter geglühter Telegraphendraht (Flußeisen).

Es soll betragen:

Die Zerreißfestigkeit mindestens 40 kg auf das Quadratmillimeter.

Verwindungsprobe.

Der Draht ist auf Torsionsfestigkeit unter Anwendung einer entsprechenden Vorrichtung bei einer freien Länge von 15 cm zu prüfen:

Draht von	6	5	4	3	2,5	2	1,7 mm Durchmesser
soll aushalten	16	19	23	28	30	32	38 Windungen

Biegeprobe.

Der Draht wird unter Anwendung einer entsprechenden Vorrichtung zwischen Klemmbacken von 10 bzw. 5 mm Halbmesser eingespannt und dann mittels eines Hebels um 180° bis zum Zerbrechen hin- und hergebogen. Als einzelne Biegung um 180° wird die Biegung — abwechselnd nach rechts und links — um 90° und wieder in die Anfangsstellung zurück angesehen.

Draht von	6	5	4	3	2,5	2	1,7 mm Durchmesser
soll aushalten	6	7	8	8	10	14	16 Biegungen um einen

Halbmesser von   10 mm   5 mm

3. Verzinkter Telephondraht (Flußstahl).

Zerreißprobe.

Es soll betragen:

Die Zerreißfestigkeit 130—140 kg auf das Quadratmillimeter.

Die Dehnung 5% an einer eingespannten und bis zum Zerreißen belasteten Drahtlänge von 500 mm.

Biegeprobe.

Biegungen wie bei Telegraphendraht über 5 mm Halbmesser

bei 2,5   2,2   2   1,8   1,6 mm Durchmesser

4   6   7   8   10 Biegungen

3. Vorschriften für die Lieferung von Gußeisen[1].

Aufgestellt vom Deutschen Verband für die Materialprüfungen der Technik.

Diese Vorschriften gelten für nachstehend bezeichnete, aus Gußeisen dargestellte Gußwaren:

A. Maschinenguß.

B. Bau- und Säulenguß.

C. Rohrguß.

Die Abnahme anderweitiger Gußwaren bleibt besonderer Vereinbarung überlassen.

I. Allgemeine Vorschriften.

Umfang der Prüfungen.

Die Prüfung der Gußwaren erstreckt sich:

a) auf die Form und die Abmessungen der Gußstücke;

b) auf die Eigenschaften des Materials der Gußstücke.

Als maßgebend werden die Biegefestigkeit und die Durchbiegung des verwendeten Gußeisens sowie der Widerstand gegen inneren Druck angesehen.

Zur Bestimmung der Biegefestigkeit und der Durchbiegung sind mit besonderer Sorgfalt herzustellende Probestäbe zu verwenden. Sollen die Probestäbe an die Gußstücke angegossen werden, so sind besondere Vereinbarungen zu treffen.

Die Probestäbe sollen bei kreisrundem Querschnitt 30 mm Durchmesser, 650 mm Gußlänge haben und bei 600 mm Auflagerentfernung der Untersuchung unterworfen werden.

Die Probestäbe sind in getrockneten, möglichst ungeteilten Formen stehend bei steigendem Guß und bei mittlerer Gießtemperatur des Gußeisens aus demselben Abstiche, welcher zur Anfertigung der Gußstücke Verwendung fand, herzustellen und bis zur Erkaltung in den Formen zu belassen. Müssen die Probestücke aus irgendeinem Grunde in geteilten Formen zum Abguß kommen, so ist der Probestab bei der Prüfung derart auf die Probiermaschine zu legen, daß der Druck senkrecht zur Ebene der Gußnaht erfolgt.

Die Probestäbe werden in unbearbeitetem Zustande, also mit Gußnaht, der Probe unterworfen. Die Biegefestigkeit und die Durchbiegung bis zum Bruche ist bei allmählich zunehmender Belastung in der Mitte der Probestäbe an 3 Stäben festzustellen. Mit Gußfehlern behaftete Probestäbe bleiben bei dieser Feststellung außer Betracht. Als maßgebende Ziffer gilt das Mittel der Ergebnisse fehlerfreier Probestäbe.

II. Besondere Vorschriften.

A. Maschinenguß.

Die Gußstücke sollen nach Form und Abmessungen der Aufgabe entsprechen; der Guß soll glatt und sauber, frei von Höhlungen und Sprüngen sein. Das Eisen soll sich mittels Feile und Meißel bearbeiten lassen. — Alles dieses insoweit es die Verwendungsart des Gußstückes bedingt.

1. Maschinenguß von gewöhnlicher Festigkeit.

Es soll betragen:

Die Biegefestigkeit des Probestabes (30 mm Durchmesser, 600 mm Auflagerentfernung) = 28 kg auf 1 qmm bei einer Bruchbelastung von ca 495 kg. Die Durchbiegung nicht unter 7 mm.

---

[1] Vergleichende Zusammenstellung der Lieferbedingungen von Gußeisen für Deutschland und die Vereinigten Staaten von Nordamerika finden sich in den Mitteilungen des Internationalen Verbandes für die Materialprüfungen der Technik Bd. II, S. 240, Mai 1910 bis Mai 1913.

2. Maschinenguß von hoher Festigkeit.

Es soll betragen:
Die Biegefestigkeit des Probestabes (30 mm Durchmesser, 600 mm Auflager-
entfernung) = 34 kg auf 1 qmm bei einer Bruchbelastung von ca. 600 kg. Die
Durchbiegung nicht unter 10 mm.

B. Bau und Säulenguß.

Die Gußstücke müssen, wenn nicht Hartguß oder andere Gußeisensorten ausdrücklich vorgeschrieben sind, aus grauem, weichem Eisen sauber und fehlerfrei
gegossen und einer langsamen den Formverhältnissen entsprechenden Abkühlung
zur möglichsten Vermeidung von Spannungen unterworfen sein.

Das Gußeisen soll zähe und so weich sein, daß es mittels Meißel und Feile
zu bearbeiten ist.

Festigkeit des Gußeisens.

Es soll betragen:
Die Biegefestigkeit des Probestabes (30 mm Durchmesser, 600 mm Auflagerentfernung) = 26 kg auf 1 qmm bei einer Bruchbelastung von ca. 460 kg.

Die Durchbiegung nicht unter 6 mm.

Der Unterschied der Wanddicken eines Querschnittes, der überall mindestens
den vorgeschriebenen Flächeninhalt haben muß, darf bei Säulen bis zu 400 mm
mittleren Durchmessers und 4 m Länge die Größe von 5 mm nicht überschreiten.
Bei Säulen von größerer Länge wird der zulässige Unterschied für je 100 mm
mehr Durchmesser und für je 1 m Mehrlänge um $^{1}/_{2}$ mm erhöht.

Die Einhaltung der vorgeschriebenen Wandstärke ist durch Anbohren an
geeigneten Stellen, jedesmal an zwei einander gegenüberliegenden Punkten, bei
liegend gegossenen Säulen in der dem etwaigen Durchsacken der Kerne entsprechenden Richtung nachzuweisen.

Sollen Säulen aufrecht gegossen werden, so ist das besonders anzugeben.

C. Rohrguß.

Hierbei sind folgende Unterabschnitte vorhanden: 1. Art der Rohre, 2. Abweichungen vom Durchmesser der Rohre, 3. Abweichungen in der Wandstärke,
4. Abweichungen in der Länge, 5. Gewichtsabweichungen, 6. Bezeichnung, 7. Material, 8. Festigkeit des Gußeisens, 9. Fabrikation, 10. Qualität der Gußstücke,
11. Reinigung und Bearbeitung, 12. Probieren der Rohre, 13. Asphaltierung,
14. Gewichtsfeststellung, 15. Abnahme. Hier soll nur Abschnitt 8 aufgeführt
werden.

8. Festigkeit des Gußeisens.

Das zu prüfende Gußeisen wird an Probestäben von 30 mm Durchmesser bei
600 mm Auflagerentfernung der Untersuchung unterworfen. Es sollen nachstehende Mindestwerte erreicht werden:

Bei	Biegefestigkeit auf 1 qmm	Durch-biegung
a) Muffenrohren	26 kg	6 mm
b) Flanschenrohren aus gewöhnlichem Gußeisen . .	26 kg	6 mm
Flanschenrohren aus Gußeisen von hoher Festigkeit	34 kg	10 mm

4. Grundsätze für die Kerbschlagprobe.

Aufgestellt vom Ausschuß für Kerbschlagproben des Deutschen Verbandes für
die Materialprüfungen der Technik am 5. Oktober 1907 und vom Internationalen Verband genehmigt.

1. Der Ausschuß hält die Kerbschlagprobe für eine nützliche Erweiterung
der bestehenden Prüfungsmethoden und empfiehlt dieselbe zur Einführung und
Anwendung. Bestimmte Werte vorzuschreiben, denen die Materialien genügen
müssen, dürfte verfrüht sein. Die Kerbschlagprobe hätte zunächst additionell
und informatorisch zur Anwendung zu kommen.

2. Die Kerbschlagprobe ist auszuführen mit dem Charpyschen Pendelhammer.

3. Drei Typen der Pendelhämmer sind vorzusehen, und zwar mit 250, 75 und 10 mkg Schlagarbeit.

4. Die Pendelhämmer haben in ihrer Konstruktion den von der Firma Krupp gelieferten Zeichnungen zu entsprechen.

5. Für die Probestäbe werden folgende Abmessungen vorgeschrieben: Länge 160 mm, 30 mm × 30 mm im Quadrat, in der Mitte der Länge ein Loch von 4 mm, welches nach der Seite aufgeschnitten wird. Die verbleibende Höhe soll 15 mm betragen (vgl. Abb. 138).

Bei dünneren Proben, z. B. Blechen von geringerer Dicke als 30 mm, wird die Dicke des Stabes entsprechend der Blechdicke gewählt. Alle übrigen Abmessungen bleiben ungeändert.

Für Proben, welche auf dem kleinsten Fallwerk geschlagen werden, genügt 100 mm Länge und 8—10 mm Dicke mit einem scharfen Kerb von 2 mm. Da dieser kleinste Hammer wohl nur für besondere Untersuchungen gebraucht wird, erübrigt es sich vielleicht, hierfür besondere Normalien aufzustellen.

6. Die zur Kerbschlagprobe zu verwendenden Proben sind kalt auszuschneiden und dürfen nachträglich nicht erwärmt werden.

7. Von Blechen sind Lang- und Querproben zu nehmen.

8. Die Versuchstemperatur ist anzugeben. In der Regel sind die Proben bei gewöhnlicher Temperatur vorzunehmen, das ist 15—25°. In besonderen Fällen können andere Temperaturen vorgeschrieben werden.

9. Beim Versuch wird nur die zum Durchschlagen des Stabes benötigte lebendige Kraft gemessen.

10. Der gewonnene Wert ist zu bezeichnen als „spezifische Schlagarbeit" und zu beziehen auf 1 qcm als Flächeneinheit.

11. Die Probe wird bezeichnet als „Kerbschlagprobe". Die bei derselben entwickelte Eigenschaft des Materials heißt „Kerbzähigkeit". Die Form des Kerbes wird mit „Rundkerb" im Gegensatz zu „scharfer Kerb" bezeichnet.

12. Der scharfe Kerb wird nur für interne Versuche empfohlen. Wird er angewendet, so sollen die Querschnitte im Kerb dieselben bleiben. Der Winkel hat 45° zu betragen.

5. Auszug aus den Materialvorschriften der Deutschen Kriegsmarine. Ausgabe 1915.

§ 25. Kalt-Zerreißprobe.

I. Die Zerreißmaschinen müssen bis auf eine Fehlergrenze von $\pm 1\%$ richtige Lastanzeigen liefern, leicht und sicher auf ihre Richtigkeit geprüft werden können und bei achtsamer Handhabung stoßfrei wirken.

Die Einspannvorrichtung muß so beschaffen sein, daß der Probestab bei Beginn des Zuges sich selbständig einstellt, damit die Zugkraft innerhalb der Maßstrecke möglichst gleichmäßig über den Querschnitt verteilt wird. Die Zerreißmaschinen sollen in einem abgeschlossenen, größeren Erschütterungen nicht ausgesetzten, heizbaren Raume aufgestellt sein, dessen Temperatur zwischen 10 und 30° C zu liegen hat. Es ist darauf zu achten, daß die Belastung langsam und stetig, nicht stoßweise geschieht. Die Beanspruchung des Zerreißquerschnitts muß in immer kleiner werdenden Belastungsstufen erfolgen, je näher die Beendigung der Probe bevorsteht.

Womöglich soll eine Vorrichtung zur Aufzeichnung des Spannungs-Dehnungsdiagramms vorhanden sein.

II. Bei der Zerreißprobe sind festzustellen (je nach den Forderungen bei den einzelnen Materialien):

a) Die Fließgrenze.

α) Bei Material mit ausgeprägter Fließgrenze gilt als solche diejenige Spannung des Materials in Kilogramm/Quadratmillimeter, bei welcher sich plötzlich eine starke Formänderung (Strecken, Fließen) vollzieht, ohne daß eine Erhöhung der Belastung erforderlich wäre. Sie ist erkennbar an dem Eintreten des ersten Maximums im Spannungsdehnungsdiagramm (§ 25, 1) oder am Fallen der Quecksilbersäule bzw. dem erstmaligen Zurückgehen des Belastungszeigers.

β) Bei Material ohne ausgeprägte Fließgrenze gilt als solche diejenige Spannung, bei welcher eine bleibende Dehnung von 0,2% der Meßlänge zurückbleibt in Kilogramm/Quadratmillimeter.

b) Die Bruchfestigkeit als die höchste Spannung in Kilogramm/Quadratmillimeter (bezogen auf den ursprünglichen Querschnitt), welche das Material während des Versuches erreicht.

c) Die Bruchdehnung als die bleibende Dehnung, gemessen nach dem Bruche in Prozent der Meßlänge.

III. Die Bruchstelle soll im mittleren Drittel der gesamten Meßlänge liegen, andernfalls ist bei ungünstigem Ausfall die Probe zu wiederholen.

IV. Herrichtung der Probestäbe:

Wenn möglich ist der in Abb. 4 und 6 dargestellte Normalstab herzustellen. Ist die Bemessung des Probestabes in den normalen Abmessungen mit Rücksicht auf das Werkstück nicht möglich, so ist ein Proportionalmaßstab herzustellen. Meßlänge stets $= 11,3 \sqrt{\text{Zerreißquerschnitt}}$, d. h. für Probestäbe mit Kreisquerschnitt gleich 10 mal Stabdurchmesser. Vgl. Abb. 6 und 7.

Im allgemeinen soll die Meßlänge 200 mm betragen; nur wenn sich eine solche Meßlänge wegen der Form oder Wanddicke der Versuchsstücke nicht erzielen läßt, ist eine andere Meßlänge gestattet, jedoch muß das vorgschriebene Verhältnis von Meßlänge zu Zerreißquerschnitt gewahrt bleiben (Proportionalstab).

a) Probestäbe mit Kreisquerschnitt (für Schmiede- und Gußstücke, Rundstangen usw.).

Innerhalb der Meßlänge sind die Stäbe sauber abzudrehen. Die Kopfformen sind der Zerreißmaschine anzupassen.

b) Probestäbe mit prismatischem Querschnitt (für Bleche, aufgerollte Rohre, Profilstangen usw.).

Die geringste Breite der Probestäbe darf die Blech- oder Stegdicke nicht unterschreiten.

Für Bleche unter 5 mm Dicke ist die Breite der Probestäbe stets gleich der 12fachen Dicke zu nehmen.

Für Bleche bis 18 mm Dicke ist die Breite tunlichst so zu bemessen, daß der Querschnitt 314 qmm beträgt.

Für Bleche über 18 mm Dicke ist die Breite mindestens gleich der Dicke zu nehmen. Nur bei nicht ausreichender Größe an Zugkraft und Hub der Zerreißmaschine darf die Breite des Probestabes den Kraft- oder Hubverhältnissen entsprechend verringert werden; jedoch muß sie der Formel $L = 11,3 \sqrt{\text{Zerreißquerschnitt}}$ entsprechen, soweit nicht in den besonderen Vorschriften ausdrücklich anderes festgelegt ist.

Die Probestäbe sind innerhalb der Meßlänge an den Schnittflächen durch Fräsen, Hobeln usw. genau auf gleichmäßige Breite zu bearbeiten.

Die scharfen Kanten sind bei Biegeproben leicht zu brechen.

Die Walz- bzw. Ziehhaut ist, soweit angängig, zu belassen.

V. Bei Drähten soll die Meßlänge 225—300 mm, bei Drahtseilen 1000 mm betragen.

§ 26. Kalt-Zerreißprobe mit ganzen Rohrabschnitten.

a) Für Rohre bis zu 40 mm lichtem Durchmesser aus Flußeisen.

Die Proben sind von den Rohren im Anlieferungszustande kalt abzutrennen. Nach dem Messen der Wanddicke an 4 über Kreuz liegenden Stellen sind die Rohrstücke an den Enden zum bequemeren Einspannen flachzuschlagen. Die ganze Länge der Proben ist so groß zu nehmen, daß die dem Zerreißquerschnitt der Rohre entsprechende Meßlänge $L = 11,3 \sqrt{\text{Zerreißquerschnitt}} + 20$ mm noch im rundbleibenden mittleren Teile der Rohrprobe enthalten ist.

b) Für Rohre bis zu 40 mm lichtem Durchmesser aus Kupfer und Kupferlegierungen.

Die Proben sind von den Rohren im Anlieferungszustande abzutrennen. Nach dem Messen der Wanddicken an 4 über Kreuz liegenden Stellen sind die Rohrstücke an den Enden über einen Dorn zu ziehen und als Rundprobe zu zerreißen. Die Meßlänge zur Feststellung der Dehnung ist $L = 11,3 \sqrt{\text{Zerreißquerschnitt}}$ zu nehmen. Zulässig ist für Rohre größerer Wanddicken auch folgendes Verfahren: Aus dem Rohre ist ein Rohrstreifen mittels zweier Längsschnitte herauszutrennen. Dieser ist nach Art eines prismatischen Probestabes ohne Spannköpfe mit Beißkeilen einzuspannen und im Anlieferungszustande zu zerreißen. Der Querschnitt ist entweder durch Ausmessen oder durch Auswägen unter Berücksichtigung des spezifischen Gewichts und der Streifenlänge zu bestimmen.

§ 27. Warm-Zerreißprobe.

I. Herrichtung der Probestäbe wie in § 25.

II. Die Probestäbe sind innerhalb der Meßlänge gleichmäßig auf 200° C zu erwärmen und bei dieser Temperatur zu zerreißen.

§ 28. Schweiß-Zerreißprobe.

I. Herrichtung der Probestäbe nach ihrem Zusammenschweißen wie in § 25.

II. Die Schweißstelle soll im mittleren Drittel der Meßlänge liegen. Die Bruchfestigkeit muß wenigstens 90% der für den nicht geschweißten Probestab geforderten geringsten Bruchfestigkeit betragen.

§ 29. Schlag-Zerreißprobe für Panzerbolzen.

I. Die Schlagwerke sind mit Einrichtungen zu versehen, welche verhindern, daß das Versuchsstück aus den Auflagern springt oder umkippt; die freie Bewegung desselben darf hierdurch nicht beeinflußt werden. Die Bärform ist so zu wählen, daß ein Ecken des Bären beim Fallen ausgeschlossen ist. Es soll deshalb der Schwerpunkt der Bärmasse möglichst tief liegen und das Verhältnis der Führungslänge des Bären zur Lichtweite zwischen den Führungen größer als 2:1 sein.

II. Der an beiden Enden mit Gewinde versehene Probebolzen ist auf etwa 300 mm Länge bis 35 mm Durchmesser abzudrehen und mit dem einen Ende in die untere Seite einer horizontal gelagerten Panzerplatte oder eines eisernen Balkens zu schrauben. Die Platte (bzw. der Balken) ist gemäß Abb. 212 abzustützen.

Über das andere Ende des Bolzens ist ein starkes eisernes Querstück zu schieben und sodann die Bolzenmutter aufzuschrauben. Das Querstück, welches demgemäß nur von der Panzerbolzenmutter getragen wird, ist so einzurichten, daß es den Schlag eines Fallgewichtes von 500 kg bei 7 m Fallhöhe aufnehmen und gleichmäßig auf die Mutter des Panzerbolzens übertragen kann.

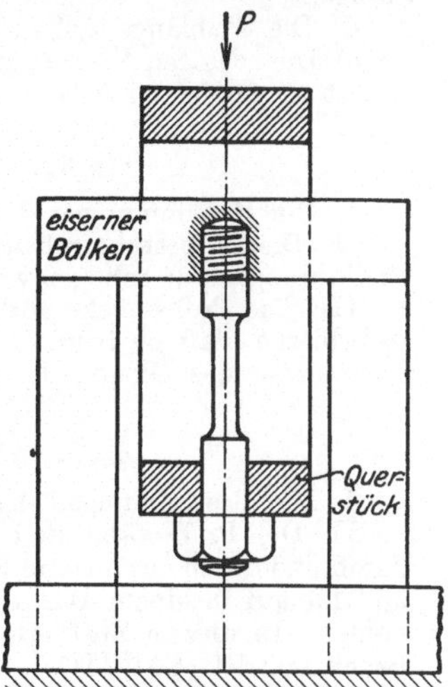

Abb. 212.
Schlag-Zerreißprobe.

§ 30. Abscherprobe.

I. Die Probestäbe sind auf gleichmäßigen Durchmesser abzudrehen. Bei Nieten darf der Kopf nicht auf der Einspannvorrichtung aufsitzen; falls der Niet zu kurz ist, ist der Kopf abzudrehen.

II. Die Proben sind auf einer Zerreißmaschine mittels einer Einspannvorrichtung auszuführen, welche für jeden Durchmesser des Probestückes besonders herzustellen ist.

Ihre Backen sind aus Stahl anzufertigen und zu härten.

III. Die Zwinge soll das Aufbiegen der beiden äußeren Laschen verhindern und darf bei der Probe nicht fest angezogen werden, um keinen erheblichen Gleitwiderstand zu erzeugen.

§ 31. Kalt-Biegeprobe für Stäbe.

I. Die Biegevorrichtungen (Presse usw.) müssen langsam und stetig wirken, in Sonderfällen ist das Biegen unter einem Dampfhammer mittels leichter Schläge statthaft. Die am meisten gebogene Stelle der auf Zug beanspruchten Stabseite muß dem Auge frei sichtbar bleiben. Bei zwangläufiger Biegung über einen Dorn dürfen die Kanten des Probestücks nicht über den Dorn hervorragen.

II. Die Probe ist, wenn möglich, bis zum Anbruch durchzuführen. Maßgebend ist die sog. Biegegröße $Bg = \dfrac{50\,a}{R - \dfrac{a}{2}}$.

Die Messung von R erfolgt durch Anlegen von Blechschablonen.

III. Der Stab gilt als gebrochen, wenn sich auf der Außenseite der Biegungsstelle ein deutliches Zerreißen der Fasern im Metalle zeigt.

IV. Herrichtung der Probestäbe.

a) Für Guß- und Schmiedestücke sowie Rundstangen über 100 mm Durchmesser: Stab von quadratischem Querschnitt mit 30 mm Seitenlänge.

b) Für Rundstangen bis 100 mm Durchmesser: Stab von Kreisquerschnitt. Bis zu 35 mm Durchmesser sind die Stäbe unbearbeitet zu lassen, bei größerem Durchmesser auf 35 mm abzudrehen.

c) Für Bleche, aufgerollte Rohre, Profil- und Vierkantstangen: Stab von prismatischem Querschnitt von 40—69 mm Breite mal der Blech- bzw. Stangen- oder Stegdicke. Ist bei Vierkantstangen die Lang- oder Quadratseite des Querschnitts weniger als 40 mm lang, so behält der Probestab den Querschnitt der Stange.

d) Die Stablänge soll in allen Fällen etwa 300 mm betragen.

e) Die scharfen Kanten sind leicht zu brechen. Die Walz- oder Ziehhaut ist, soweit angängig, zu belassen.

§ 32. Warm-Biegeprobe für Stäbe.

I. Die Bestimmungen des § 31 gelten sinngemäß.

II. Die Probestäbe müssen in kirschrotem Zustande bzw. in dem geforderten Erwärmungsgrade gebogen werden können, ohne daß der Bruch eintritt (§ 31, III).

III. Die Probestücke für dampfführende Gußstücke sind im Ölbade so weit zu erhitzen, daß sie beim Biegen eine Temperatur von etwa 200° C haben. Die Temperatur des Ölbades ist mittels Thermometers zu messen.

§ 33. 'Abschreck-Biegeprobe für Stäbe.

I. Die Bestimmungen des § 31 gelten sinngemäß.

II. Die Probestäbe sind, falls keine andere Temperatur vorgeschrieben ist, durch und durch auf niedere Kirschrothitze, mindestens aber auf 700° C zu bringen und hierauf in einem Wasserbade von 25—30° C unter Umrühren schnell abzukühlen. In diesem Zustande müssen sie gebogen werden können, ohne daß der Bruch eintritt (§ 31, III).

III. Bei aufgerollten Rohrabschnitten soll die Biegung im Sinne der ursprünglichen Krümmung erfolgen.

§ 34. Gewinde-Biegeprobe für Stäbe.

I. Die Bestimmungen des § 31 gelten sinngemäß; an Stelle des quadratischen ist jedoch ein Kreisquerschnitt zu wählen.

II. Probestäbe von etwa 300 mm Länge (Vierkant- und sonstige Profilstangen sind auf den nächstkleineren Durchmesser abzudrehen) sind mit dem ihrem Durchmesser entsprechenden Gewinde zu versehen und müssen sich in kaltem Zustande um den geforderten Biegewinkel und Krümmungshalbmesser (kleinster innerer Halbmesser) biegen lassen, ohne daß sich Querrisse im Gewindegrunde zeigen. Längsrisse an der auf Druck beanspruchten Stabseite sind statthaft.

§ 35. Schweiß-Biegeprobe für Stäbe.

I. Die Bestimmungen des § 31 gelten sinngemäß.

II. Ein aus 2 Stücken zusammengeschweißter Probestab ist an der Schweißstelle zu biegen; hierdurch darf an der Schweißstelle keine Trennung eintreten.

§ 36. Kalt-Biegeprobe für Rohre.

Gefüllte Rohrstücke (nicht aufgerollte) müssen sich in dem angegebenen Zustande um den geforderten Biegewinkel und Krümmungshalbmesser (Halbmesser der inneren gebogenen Faser) ohne Rißbildung biegen lassen.

§ 37. Ausbreitprobe für Winkel.

Probestücke von mindestens 100 mm Länge sind in kaltem Zustande so weit auszubreiten, daß die Schenkel in eine Ebene fallen. Risse oder sonstige Anzeichen einer Zerstörung dürfen sich hierbei nicht zeigen.

Die Probe ist nicht auszuführen, sobald die Maße der Winkel über die im deutschen Normalprofilbuch angegebenen Höchstdicken hinausgehen.

§ 38. Zusammenschlagprobe für Winkel.

Probestücke von mindestens 100 mm Länge sind in kaltem Zustande derart zusammenzuschlagen, daß die Schenkel aufeinanderliegen. Risse oder sonstige Anzeichen einer Zerstörung dürfen sich hierbei nicht zeigen.

Die Probe ist nicht auszuführen, sobald die Maße der Winkel über die im deutschen Normalprofilbuch angegebenen Höchstdicken hinausgehen.

§ 39. Doppelfalzprobe für Bleche.

I. Probestücke erhalten die Abmessungen 200×200 mm.

II. Die Probestücke sind doppelt zu falzen, ohne daß sich Risse zeigen dürfen.

§ 40. Durchbiegeprobe für Gußeisen.

Ein Stab von 30 mm Durchmesser und 650 mm Gußlänge wird, auf 2 Schneiden im Abstande von 600 mm frei aufliegend, in der Stabmitte allmählich bis zum Bruch belastet. Die Biegungsfestigkeit ist dann $0{,}0567\,P$, wobei P die Bruchbelastung in Kilogramm.

Gleichzeitig ist die größte bis zum Bruch erreichte Durchbiegung in der Mitte des Probestabes festzustellen. Die Normalprobestäbe sind mit der Gußhaut zu prüfen.

§ 41. Hin- und her-Biegeprobe für Drähte.

I. Die Proben sind auf einem Biegeapparate auszuführen, dessen Backen für Drähte von

a) kleinerem Durchmesser als 0,5 mm (in unverzinktem Zustande) nach einem Halbmesser von 2,5 mm,

b) 0,5 mm bis zu 3 mm Durchmesser nach einem Halbmesser von 5 mm,

c) 3 mm bis zu 5 mm Durchmesser nach einem Halbmesser von 10 mm,

d) 5 mm bis zu 7 mm Durchmesser nach einem Halbmesser von 15 mm und

e) 7 mm bis zu 10 mm Durchmesser nach einem Halbmesser von 20 mm

abzurunden sind.

Die Probedrähte sind zwischen diese Backen einzuklemmen und in einer senkrecht zum Backenmaul gelegenen Ebene um je 90° so lange hin- und herzubiegen, bis der Bruch eintritt.

II. Die Biegevorrichtung muß an das freie Probeende so angreifen, daß keine Zugbeanspruchungen entstehen können und die Entfernung vom Krümmungsanfang bis zum Angriffspunkt für Drähte von

a) 0,5 mm bis 5 mm Durchmesser 45—50 mm,

b) 5 mm bis zu 10 mm Durchmesser 80—100 mm beträgt.

III. Als volle Biegung gilt die Biegung aus der ausgestreckten Lage um 90° nach rechts und wieder zurück. Die zweite volle Biegung erfolgt nach links und wieder zurück, die dritte dann wieder nach rechts usw.

§ 42. Verwindeprobe für Drähte.

Die Proben sind mit einer Vorrichtung auszuführen, welche der Längenausdehnung des Probedrahtes keinen Zwang entgegensetzt und die Umdrehungen bis zum Bruch zählt. Die freie Länge der Probedrähte soll 250 mm betragen.

§ 42. Kerbbiegeprobe.

I. Die Bestimmungen des § 31 gelten sinngemäß.

II. Die Probestäbe sind in kaltem Zustande durch Einhobeln an der späteren Zugseite oder Eindrehen des Umfangs so weit unter einem Seitenwinkel von 60° einzukerben, daß die Tiefe der Einkerbung 20% der Probestabdicke beträgt und dann langsam über einen Amboß oder unter einer Presse zu biegen.

Zur Beschleunigung des Prüfungsverfahrens ist es statthaft, die Kerbe auch durch Einhieb mit einem Meißel herzustellen; bei ungünstigem Ausfall ist jedoch der für die Wiederholung zu benutzende Stab nur durch Einhobeln oder Eindrehen einzukerben.

§ 44. Schlagbiegeprobe.

I. Bezüglich der Schlagwerke gilt § 29, I.

II. Bezüglich der Stabform gilt § 31, IV.

III. Der Stab ist auf einem Fallwerk mit 200 kg Bärgewicht so zu lagern, daß die Stützpunkte 240 mm voneinander entfernt sind. Die Stützen sind mit etwa 5 mm abzurunden. Der Stab erhält aus 1 m Fallhöhe so viel Schläge auf seine Mitte, bis der verlangte Biegewinkel erreicht ist. Wegen Bärform s. § 29, I. Der Halbmesser der Abrundung der Bärscheide soll gleich der Dicke des Probestabes sein.

Das Schabottegewicht des Fallwerkes soll mindestens das 10fache des Bärgewichtes betragen.

§ 45. Fallprobe.

Man läßt die Stücke horizontal und flachkant (nicht hochkant) aus einer Höhe von 3,5 m auf einen Boden von der Härte und Beschaffenheit eines gut chaussierten Weges fallen. Risse und Sprünge dürfen sich nach der Fallprobe nicht zeigen.

§ 46. Klangprobe.

I. Die Stücke sind in freischwebender oder sonst geeigneter Lage von allen Seiten mit einem Hammer anzuschlagen und nach dem Klange auf Fehler zu untersuchen. Der Klang muß bei gesunden Stücken klar, nicht dumpf sein. Gußstücke, besonders größere Stücke aus Stahlformguß wie Steven, Wellenböcke, Ruder sind an zweifelhaften Stellen mit einem feinen Bohrer anzubohren, um etwaige Hohlräume und deren Größe durch Wassereinlassen feststellen zu können.

Das Anbohren hat besonders an den Stellen zu erfolgen, wo eine Anhäufung von Material (Kreuz- und T-Stellen) vorhanden ist, und an Übergangsstellen von dünnem in dickes Material (z. B. bei Wellenböcken zwischen Nabe und Armen).

II. Bleche, deren Klang nicht klar und glockenähnlich ist, sind horizontal zu legen, nur an den Ecken zu stützen und mit trockenem Sand zu bestreuen. Schnellt beim leichten Anschlagen mit einem Hammer gegen die Unterseite der Sand über der angeschlagenen Stelle nicht empor, so ist das Blech wegen innerer Fehler zu verwerfen.

§ 47. Bördelprobe für Rohre.

a) Bördelproben sollen im allgemeinen nur mit Rohren von 10 mm lichtem Durchmesser aufwärts und bis zu einer Wanddicke von 8 mm vorgenommen werden.

b) Ausgeglühte Rohrenden müssen sich in kaltem Zustande um den angegebenen Bördelwinkel (90 oder 180°) umbörteln lassen, ohne daß die Bördelung einreißt, ausspringt oder unganze Stellen zeigt.

c) Ist der verlangte Bördelwinkel größer als 90°, so sind nach der Bördelung um 90° Rohrende und Bördel nochmals auszuglühen.

d) Breite des Bördels für alle Wanddicken (von Innenkante Rohr gerechnet) gemäß folgender Tabelle:

Lichter Rohrdurchmesser mm	Breite des Bördels in Millimetern für Rohre aus			
	Schweißeisen	Flußeisen bzw. Stahl	Messing	Kupfer
unter 20	—	—	7,5	10,0
20—49	7,5	7,5	10,0	15,0
50—149	12,5	12,5	15,0	25,0
150 und darüber	15,0	15,0	20,0	30,0

§ 48. Aufbruchprobe für Bleche.

Ein Stück Blech ist in dem in den besonderen Materialvorschriften angegebenen Zustande mit einem Loch vom Durchmesser d zu versehen, aus welchem sich ein Börtel (Aufbruch) von der Höhe H und dem Durchmesser D ohne Rißbildung herausbörteln lassen muß.

§ 49. Aufdornprobe für Rohre.

I. Aufdornproben sind im allgemeinen nur mit Rohren bis zu 75 mm Durchmesser auszuführen. Mit größeren Rohren sollen an ihrer Stelle Zerreißproben quer zur Zieh- bzw. Walzrichtung vorgenommen werden.

II. Die Rohrenden müssen sich durch Eintreiben eines Dornes in ausgeglühtem kalten Zustande auf eine Länge von etwa 50 mm um den für das betreffende Material geforderten Prozentsatz des Rohrdurchmessers ohne Rißbildung aufweiten lassen.

§ 50. Aufdornprobe für Muttern.

I. Die Bestimmungen des § 49, II gelten sinngemäß.

II. Die Muttern müssen sich um den für das betreffende Material geforderten Prozentsatz des inneren Gewindedurchmessers ohne Rißbildung aufweiten lassen.

§ 51. Stauchprobe.

Probestücke von der Höhe (H) des doppelten Stangen- oder äußeren Rohrdurchmessers müssen sich auf den angegebenen Teil (T) der Höhe ohne Rißbildung niederstauchen lassen.

§ 52. Polterprobe für Bleche.

Aus einem Stück Blech muß sich eine Kugelhaube vom Durchmesser $2R$ und der Höhe H ohne Bildung von Rissen und unganzen Stellen treiben lassen.

§ 53. Sickenprobe für Kondensatorrohre.

In ein ausgeglühtes Rohrende muß sich in kaltem Zustande eine Sicke von 3 mm Breite und 1,25 mm Höhe von innen nach außen eindrillen lassen, ohne daß sich Risse, Brüche oder unganze Stellen zeigen.

§ 54. Wasserdruckprobe.

I. Diejenigen Stücke, welche Flüssigkeiten, Dämpfe oder Gase leiten sollen, sowie diejenigen, bei denen es in den besonderen Vorschriften verlangt ist, sind einer Wasserdruckprobe zu unterwerfen.

II. Wo nicht besondere Vorschriften gegeben sind, soll der Druck dem doppelten des höchsten Druckes gleich sein, dem der betreffende Teil im Betriebe ausgesetzt wäre; bei Preßwasserleitungen dem $1\frac{1}{2}$fachen.

III. Rohre sind, abgesehen von den ganz dünnen (Kondensatorrohre usw.), während sie unter Druck stehen, mit einem Handhammer abzuklopfen. Bei der Druckprobe dürfen sich Undichtigkeiten, bleibende Formänderungen, Risse und poröse Stellen nicht zeigen.

§ 55. Schmiedeprobe für Bleche, Profileisen usw.

Parallel zur Walzrichtung geschnittene Probestäbe von einer Breite gleich der dreifachen Blechdicke und etwa 400 mm Länge sind in rotwarmem Zustande mit einem Handhammer, Vorschlaghammer oder einem schnell arbeitenden Hammerwerk quer zur Walzrichtung auf den $1\frac{1}{2}$fachen Betrag ihrer Breite auszubreiten, ohne daß sich Spuren von Trennungen im Material zeigen dürfen. Die Hammerfinne soll nach einem Halbmesser von 15 mm abgerundet sein.

§ 56. Schmiedeprobe für Niete.

Die Nietköpfe müssen sich in rotwarmem Zustande ohne Rißbildung auf eine Höhe von $\frac{1}{5}$ des Nietstangendurchmessers flachschlagen lassen.

§ 57. Lochprobe für Bleche.

Probestücke, die in rotwarmem Zustande mit einem konischen, völlig durch das Loch zu treibenden Lochstempel so gelocht werden, daß ein Rand gleich der halben Dicke des Probestückes stehen bleibt, dürfen von dem Loche nach der Kante zu nicht aufreißen.

Der Lochstempel soll bei etwa 50 mm Länge für alle Blechdicken einen kleinsten Durchmesser von etwa 10 mm und einen größten Durchmesser von etwa 20 mm haben.

§ 58. Lochprobe für Niete und Rundstangen.

Die Niete und Rundstangen müssen in rotwarmem Zustande, ohne einzureißen, so durchlocht werden können, daß der Lochdurchmesser gleich dem Nietdurchmesser wird.

§ 59. Festigkeitsprobe für Muttern.

Die Muttern sind auf die zugehörigen Bolzen oder auf Bolzen gleichen Materials aufzuschrauben und so lange anzuziehen, bis die Bolzen abreißen. Die Muttern selbst dürfen hierbei nicht reißen.

Es folgen in den §§ 60—63 Proben anderer Art, so die Verzinnungsprobe für Kupferbleche, die Beschußprobe für Panzerplatten, die Magnetisierungsprobe und die chemische Analyse.

6. Auszug aus den „allgemeinen polizeilichen Bestimmungen über die Anlegung von Landdampfkesseln".

Wasserrohre.

Schweißeisen.

3. Rohrenden sollen sich in kaltem Zustand auf eine Länge von 30 mm aufweiten lassen, und zwar:

a) bei einer Wanddicke der Rohre bis zu 4 mm um 5% des inneren Durchmessers,

b) bei einer Wanddicke der Rohre bis zu 6 mm um 3% des inneren Durchmessers.

Das Aufweiten der Rohrenden muß durch Hämmern über einem Dorne erfolgen.

4. Rohrenden sollen sich in kaltem Zustande nach außen umbördeln lassen, und zwar:

a) bei Rohren bis 76 mm Weite und 3,5 mm Wanddicke um 75°,

b) bei Rohren über 76 mm Weite und bis 4,5 mm Wanddicke um 45°,

c) bei Rohren über 4,5 mm Wanddicke um 30°.

Die Breite des Bördels muß bei a 12%, bei b und c 8% des inneren Rohrdurchmessers betragen.

5. Rohrabschnitte von 100 mm Länge sollen sich im kalten Zustande bis auf $^1/_3$ des Durchmessers zusammendrücken lassen, ohne daß sich in den am stärksten gebogenen Teilen Anbrüche zeigen, doch soll die Schweißnaht nicht in den am stärksten gebogenen Teilen liegen.

6. Die Rohre sollen einem Wasserdrucke von der dreifachen Höhe des Betriebsüberdrucks, mindestens aber von 30 at Überdruck widerstehen, ohne eine Formveränderung oder Undichtigkeit zu zeigen. Die Rohre sind, während sie unter dem Probedrucke stehen, abzuhämmern, namentlich auch an der Schweißnaht.

Flußeisen.

3. Rohrenden sollen sich im kalten Zustande auf eine Länge von 30 mm aufweiten lassen, und zwar:

a) bei einer Wanddicke bis zu 4 mm bei geschweißten Rohren um 7%, bei nahtlosen Rohren um 10% des inneren Durchmessers,

b) bei einer Wanddicke über 4—6 mm bei geschweißten Rohren um 4%, bei nahtlosen Rohren um 6% des inneren Durchmessers.

Das Aufweiten der Rohrenden muß durch Hämmern über einem Dorne erfolgen.

4. Rohrenden müssen sich im kalten Zustande nach außen umbördeln lassen, und zwar bei allen Rohrdurchmessern und Wanddicken um 90°.

Die Breite des Bördels muß 12% des inneren Rohrdurchmessers betragen.

5. Nach dem Härten[1]) sollen sich Rohrabschnitte geschweißter Rohre von 100 mm Länge ganz zusammendrücken lassen, doch soll die Schweißnaht nicht in den am stärksten gebogenen Teilen liegen.

Rohrabschnitte nahtloser Rohre von 100 mm Länge sollen sich nach dem Härten so zusammendrücken lassen, daß sie in der Mitte aufeinanderliegen, während die Enden einen Bogen bilden, dessen Radius gleich der doppelten Wanddicke ist.

6. Die Rohre sollen einem Wasserdrucke von der dreifachen Höhe des Betriebsüberdrucks, mindestens aber von 30 at Überdruck, widerstehen, ohne eine Formänderung oder Undichtigkeit zu zeigen. Die Rohre sind, während sie unter dem Probedrucke stehen, abzuhämmern, namentlich auch an der Schweißnaht.

7. Grundsätze für die Eichung von Festigkeitsprobiermaschinen nach den Mitteilungen aus dem Materialprüfungsamt Dahlem. 1920. 4. und 5. Heft.

1. Stark benutzte Prüfmaschinen sollten nicht nur einer erstmaligen amtlichen Prüfung unmittelbar nach ihrer Aufstellung, sondern in längstens einjährigen Zwischenräumen wiederholten Prüfungen durch das Amt unterzogen werden.

2. Man soll die Prüfung nicht nur vornehmen lassen, weil Abnahmebehörden oder dergleichen Beibringung des amtlichen Prüfungszeugnisses verlangen, sondern im eigenen Interesse, weil unrichtige Lastanzeigen schwere wirtschaftliche Schädigungen des eigenen Betriebes mit sich bringen können.

3. Nur wenn eigenes größeres Prüfungslaboratorium und genügend vorgebildetes, sachverständiges Personal vorhanden, empfiehlt sich Beschaffung eigener Kontrollstäbe oder Kontrollvorrichtungen (Kraftprüfer, Meßdosen u. dgl.), die erstmalig vom Amte zu eichen und zweckmäßig alljährlich einmal einer amtlichen Nacheichung zu unterziehen sind. In solchen Fällen sollten regelmäßige Nachprüfungen der Maschinen in längstens vierteljährlichen Zwischenräumen mit den eigenen Hilfsmitteln und Personal ausgeführt werden. Die Mitwirkung des Amtes wäre dann nur heranzuziehen, wenn ein amtliches Prüfungszeugnis verlangt oder besondere Beobachtungen bei den eigenen Prüfungen der Aufklärung bedürfen.

4. Ein gangbarer Weg, um die Kosten amtlicher Maschinenprüfungen wesentlich zu verbilligen, ist vielleicht der, daß sich mehrere Werke eines Industriebezirkes zwecks Tragung der Prüfungskosten vereinigen und die Prüfungen der

---

[1]) Die Rohrabschnitte sind gleichmäßig zu erwärmen und bei niedriger Kirschrotglut (im dunklen Raume beobachtet) in Wasser von 28° C abzukühlen.

Maschinen eines Bezirkes dann turnusweise erfolgen, wodurch sich die zur Zeit sehr hohen Reisekosten wesentlich vermindern ließen, weil dann die mehrmaligen zeitraubenden und kostspieligen Hin- und Herreisen der Beamten in Fortfall kommen würden.

5. Zur Vermeidung von Verzögerungen in der Erledigung von Anträgen auf Prüfung von Maschinen ist es dringend erforderlich, daß dem Prüfungsantrage beigefügt werden: Angaben über die Bauart (Benennung), Höhe der anzuwendenden Probebelastung und Zeichnungen, aus denen die Abmessungen der vorhandenen Einspannvorrichtungen und der größte erreichbare Abstand zwischen ihnen, d. h. die größtzulässige Stablänge, zu ersehen sind.

6. Das noch häufig angewendete Verfahren der Prüfung von Maschinen mit Hilfe von Zerreißstäben aus demselben Material, von denen eine Serie amtlich geprüft und die andere auf der zu prüfenden Maschine zerrissen wird, kann keinesfalls die Eichung mit Kontrollstäben ersetzen, weil dabei nur ein sehr beschränkter Anzeigebereich des Lastanzeigers der Maschine, nämlich derjenige innerhalb der Bruchlasten der Stäbe, geprüft wird. Der Fehler der Lastanzeige der Maschinen ist aber über den ganzen Bereich der Lastanzeige sehr selten konstant. Es bedarf daher der Prüfung über den ganzen Bereich der Lastanzeige.

7. Maschinen mit Meßdosen als Kraftmesser bedürfen stets besonders sorgfältiger und sachkundiger Wartung und dementsprechend auch häufigerer Prüfung.

8. Die Anbringung nur eines Manometers an Maschinen mit hydraulischer Kraftmessung ist unbedingt zu verwerfen. Es sollte stets neben dem eigentlichen Gebrauchsmanometer ein zweites Manometer als Kontrollmanometer vorgesehen werden, das sicher abstellbar ist und nur eingeschaltet wird, um von Zeit zu Zeit seine Anzeigen mit denen des Gebrauchsmanometers zu vergleichen. Hierbei darf jedoch mit der Belastung nicht bis zum Bruch eines etwa eingebauten Probestücks vorgegangen werden, denn der hierbei eintretende Schlag würde auch die Richtigkeit der Anzeige des Kontrollmanometers gefährden.

9. Unzweckmäßig ist die Anbringung des Manometerstutzens in die Rohrleitung, die von der Pumpe zum Preßzylinder der Maschine führt. Der Manometerstutzen für die Kraftmessung ist zweckmäßig am Preßzylinder selbst bzw. an einer unmittelbar vom Preßzylinder nach dem Manometerstutzen führenden Rohrleitung anzubringen.

10. Nachprüfung einzelner Manometer der Maschine kann die regelmäßige Nachprüfung der Lastanzeige der Maschine und ihres Erhaltungszustandes nicht ersetzen, weil andere Umstände (Kolben- und Manschettenreibung, unvollständige Meßdosenfüllung u. a.) am Zustandekommen unrichtiger Lastanzeige ebenso mitwirken wie unrichtig anzeigende Manometer.

11. Es ist falsch, Maschinen mit hydraulischer Kraftmessung, die für größere Kraftanzeigen gebaut sind, für kleinere Belastungsbereiche etwa dadurch nutzbar zu machen, daß das eigentliche Maschinenmanometer durch ein empfindlicheres Manometer mit kleinerem Anzeigebereich ersetzt wird, denn bei größeren Maschinen sind erfahrungsgemäß gerade in den unteren Belastungsbereichen die Lastanzeigen infolge anderer Umstände (Kolben- und Manschettenreibungen u. a.) unsicher und ungleichmäßig. Maschinen sollten daher nur für den Belastungsbereich benutzt werden, für den die amtliche Eichung ausreichende Zuverlässigkeit der Lastanzeige bei Verwendung der für die Maschine vorgesehenen Betriebsmanometer ergeben hat, aber nicht außerhalb dieser Grenzen.

12. Manometer für Lastanzeiger sollten nicht nach Kilogramm, Tonnen oder Atmosphären eingeteilt, sondern mit einfacher aber zweckmäßig ausgeführter Gradeinteilung und sachgemäß ausgeführtem Zeiger versehen sein. Eine Gebrauchstabelle, aus der auf Grund der amtlichen Prüfung der Maschine für jede Manometeranzeige die zugehörige Belastung der Maschine zu entnehmen ist, ist nicht zu entbehren, auch wenn keine Gradeinteilung, sondern Einteilung nach Kilogramm oder dgl. am Manometer vorgesehen ist. Die Gradeinteilung weist aber ohne weiteres auf die Benutzung solcher Gebrauchstabelle hin, während Kilogramm-, Tonnen- und Atmosphärenteilung dazu verleitet, die Anzeigen des Manometers als absolut richtig hinzunehmen.

13. Sog. Schleppzeiger bei Manometern bieten nur Vorteil, wenn sie sehr sorgfältig konstruiert, gut ausgeglichen sind und mit gleichbleibender Reibung

arbeiten; sie sind besonders bedenklich bei Manometern für niedrige Drucke, weil Schleppzeigerreibung hier die Anzeige unverhältnismäßig stark beeinflussen kann.

14. Steuerorgane hydraulisch betriebener Prüfungsmaschinen müssen so gebaut und instandgehalten sein, daß Einstellung und Hochhaltung einzelner Laststufen möglich ist. Das ist nicht nur wichtig für die Durchführung der Eichung der Maschine mit Kontrollkörpern, sondern auch für deren gewöhnliche Benutzung, besonders wenn Entlastungen vorgenommen werden müssen (z. B. Feststellung der 0,2 proz. Streckgrenze, Reckprobe bei Ketten u. a.).

15. Auch Maschinen mit mechanischem Antrieb (elektromotorisch) sollten Vorrichtungen besitzen, um einzelne Laststufen genau nach der Lastanzeige einstellen und hochhalten zu können.

8. Normblattentwürfe (Werkstoffprüfung) des Normenausschusses der Deutschen Industrie (D. I. N.).

Vorgeschlagen vom Deutschen Verband für die Materialprüfungen der Technik
(8. Juli 1922).

Begriffe.

1. Versuchslänge L ist die gesamte zylindrische oder prismatische Länge des Zerreißstabes.

Bei unbearbeiteten, in der ganzen Länge prismatischen oder zylindrischen Stäben bedeutet die Versuchslänge L die Länge zwischen den Einspannungen.

2. Meßlänge l ist derjenige Teil der Versuchslänge, für den die Formänderung gemessen wird, d. h. die Längenänderung beim Zug- und Druckversuch und die Durchbiegung beim Biegeversuch.

3. Stützweite ist der Abstand zwischen beiden Auflagestellen des Probestabes beim Biegeversuch.

4. Spannungsgrenzen σ beim Zugversuch sind die Quotienten aus Belastung P und Querschnitt ($\sigma = P/F$).

5. Die Spannungsgrenzen, σ_S Spannung an der Fließgrenze und σ_B Bruchgrenze (Bruchfestigkeit), sind mit dem ursprünglichen Stabquerschnitt F zu berechnen.

6. Fließgrenze ist bei scharfer Ausprägung diejenige Spannung, bei der trotz zunehmender Formänderung die Belastung erstmalig nicht mehr wächst, die Kraftanzeige unverändert bleibt oder zurückgeht. Je nach der Belastungsart wird die Fließgrenze benannt: „Streckgrenze" beim Zugversuch, „Quetschgrenze" beim Druckversuch und „Biegegrenze" beim Biegeversuch.

Ist die Streckgrenze σ_S nicht scharf ausgeprägt, so gilt als solche die Spannung, bei der die bleibende Dehnung 0,2% beträgt.

7. Bruchbelastung ist die höchste vom Stabe getragene Belastung. Mit ihr wird die Bruchspannung (Bruchfestigkeit) berechnet (s. Punkt 5).

8. Verlängerung λ, Verkürzung $-\lambda$, Durchbiegung λ sind die beim Zug-, Druck- und Biegeversuch in Maßeinheiten beobachteten Formänderungen in der Kraftrichtung.

9. Dehnung δ in Prozenten ist beim Zugversuch die Verlängerung für 100 Maßeinheiten der ursprünglichen Meßlänge l, also

$$\delta = \frac{\lambda}{l} \cdot 100.$$

10. Stauchung $-\delta$ in Prozent ist beim Druckversuch die Verkürzung für 100 Maßeinheiten der ursprünglichen Meßlänge l, also

$$\delta = \frac{-\lambda}{l} \cdot 100.$$

11. Biegepfeil ist beim Biegeversuch die Durchbiegung innerhalb der Meßlänge l, bezogen auf letztere $= \frac{\lambda}{l}$.

12. Querschnittsverminderung q ist der Unterschied zwischen dem ursprünglichen Querschnitt F des Zerreißstabes und seinem kleinsten Querschnitt f am Bruch bzw. an der Einschnürung, ausgedrückt in Hundertteilen von F, also

$$q = \frac{F - f}{F} \cdot 100.$$

Richtlinien für Prüfung der Maschinen und Apparate zu Abnahmeprüfungen.

Abnahmeprüfungen sind auf Festigkeitsprüfmaschinen auszuführen, deren Kraftanzeige durch sachgemäße Prüfung für richtig befunden und bescheinigt ist.

Die erstmalige Prüfung hat bei neu aufgestellten Maschinen vor deren Ingebrauchnahme durch eine amtliche Materialprüfungsstelle zu erfolgen.

Nachprüfungen sind in Zeitabschnitten zu wiederholen, die der Bauart der Maschine und der Häufigkeit ihrer Benutzung anzupassen sind. Der Befund der Nachprüfungen ist dem Abnahmebeamten vorzulegen, der hiernach entscheidet, ob eine Nachprüfung unmittelbar vor Beginn der Abnahmeversuche vorzunehmen ist.

Die Prüfung der Maschinen hat sich in der Regel bis zur höchsten Kraftleistung der Maschine zu erstrecken, jedenfalls aber bei der vom Abnahmebeamten veranlaßten Nachprüfung mindestens bis zu der bei seinen Versuchen zu erwartenden höchsten Belastung.

Die Nachprüfung der Kraftanzeige kann entweder durch eine amtliche Materialprüfungsstelle oder durch die Prüfeinrichtung des Werkes erfolgen. Im letzteren Falle hat das Werk den amtlichen Nachweis zu erbringen, daß seine Prüfeinrichtung zuverlässige Werte liefert.

Fehler in der Kraftanzeige bis zu $\pm 1\%$ bleiben unberücksichtigt; ist der Fehler größer, so ist die Maschine zu berichtigen oder der Fehler in Rechnung zu stellen.

In Zweifelsfällen entscheidet eine amtliche Materialprüfungsstelle.

9. Kugeldruckversuch nach Brinell (D. I. N.).

Die Brinellhärte H wird berechnet aus der Formel:

$$H = \frac{2\,P}{\pi\,D\,(D - \sqrt{D^2 - d^2})\ \text{kg/qmm}}.$$

Hierin bedeutet: D Kugeldurchmesser in mm,
P Belastung der Kugel in kg,
d Durchmesser der Eindruckfläche in mm.

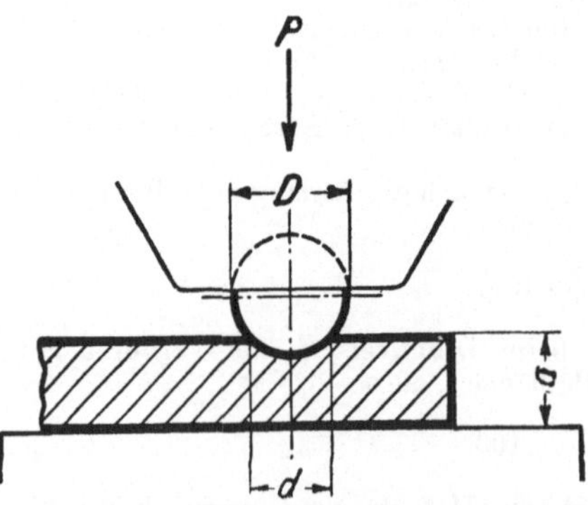

Abb. 213. Erläuterungsfigur zu der Brinellschen Kugeldruckprobe.

Beispiel: Die Brinellhärte H bei $D = 5$ mm, $P = 250$ kg und 30 Sekunden Belastungsdauer wird bezeichnet mit:

H 5/250/30.

Für H 10/3000/30 wird das Kurzzeichen Hn benutzt (Regelversuch).

Der Druckversuch ist an einer blanken ebenen Fläche auszuführen.

Der Abstand der Eindruckmitte vom Rande der Probe ist so zu wählen, daß keine das Ergebnis wesentlich beeinflussenden Nebenerscheinungen (Aufbeulen des Randes, Ausbauchen) auftreten.

Die Belastung ist stoßfrei während 15 Sekunden gleichmäßig zu steigern und in der Regel 30 Sekunden auf ihrem Endwert zu belassen. Für Stahl von $H > 140$ kg/qmm genügen 10 Sekunden.

Der Eindruckdurchmesser ist bis auf hundertstel Millimeter anzugeben.

Bei unrunden Eindrücken ist der mittlere Durchmesser maßgebend.

Maßgebend ist der Mittelwert aus mindestens zwei Eindrücken.

Anwendung der Kugeln und Belastungen.

Kugel-durchmesser D mm	Dicke der Probe a mm	Belastung P kg		
		$30\,D^2$ für Eisen und Stahl	$10\,D^2$ für hartes Kupfer, Messing, Bronze u. a.	$2,5\,D^2$ für weichere Metalle
10	über 6	3000	1000	250
5	von $6 \div 3$	750	250	62,5
2,5	unter 3	187,5	62,5	15,625

Werkstoff der Kugeln: Gehärteter Stahl.

Die Härte der Kugeln kann durch Aneinanderdrücken zweier gleich harter Kugeln mit der Belastung $P = 5\,D^2$ kg (D in Millimetern) bestimmt werden, und als Kugelhärte gilt die mittlere Pressung in der Berührungsfläche vom Durchmesser d, $di \dfrac{P}{\dfrac{\pi}{4}d^2}$. Sie ergibt sich für gute Kugeln zu mindestens 630 kg/qmm.

Kugeln mit einer Härte über 670 kg/qmm kommen nur ausnahmsweise vor.

Zwischen der Brinellhärte H und der Bruchspannung σ_B besteht angenähert die Beziehung:

für Kohlenstoffstahl (Bruchspannung $30 \div 100$ kg/qmm) $\sigma_B = 0,36\,H$,
für Chromnickelstahl (Bruchspannung $65 \div 100$ kg/qmm) $\sigma_B = 0,34\,H$.

Literaturnachweis.

Bach, C.: Elastizität und Festigkeit. 8. Aufl. Berlin: Julius Springer 1920.
— — u. Baumann, R.: Festigkeitseigenschaften und Gefügebilder. 2. Aufl. Berlin: Julius Springer 1921.
Bauer, O., u. Deiß, E.: Probeentnahme und Analyse von Eisen und Stahl. Berlin: Julius Springer 1912.
Beermann, M.: Die Funken als Erkennungszeichen der Stahlsorten. Z. d. V. d. I. 1920.
Berndt, G.: Die Härte der Körper. Monatsblätter d. Berliner Bezirksvereins d. I. 1920.
Demuth, W., Bergh, K., u. Franz, H.: Die Materialprüfung der Isolierstoffe der Elektrotechnik. Berlin: Julius Springer 1920.
Drucksachen des Deutschen Verbandes für die Materialprüfungen der Technik.
Ernst, A.: Hebezeuge. 4. Aufl. Berlin: Julius Springer 1903.
Irion, E.: Neuere Prüfmaschinen. Z. d. V. d. I. 1920 u. 1921.
Kataloge der Firmen: Mohr u. Federhaff, Mannheim; Schuchardt u. Schütte, Berlin; Louis Schopper, Leipzig; Ernst Krause u. Co., Berlin.
Kessner, A.: Die Prüfung der Bearbeitbarkeit der Metalle und Legierungen unter besonderer Berücksichtigung des Bohrverfahrens. Forschungsarbeiten des V. d. I. Nr. 208.
Kruppsche Monatshefte.
Martens, A.: Handbuch der Materialienkunde für den Maschinenbau. Berlin: Julius Springer 1898.
— — u. Guth, M.: Denkschrift zur Eröffnung des Königl. Materialprüfungsamtes der Technischen Hochschule, Groß-Lichterfelde-West. Berlin: Julius Springer 1904.
— — u. Heyn, E.: Handbuch der Materialienkunde für den Maschinenbau. Berlin: Julius Springer 1912.
Memmler, K.: Materialprüfungswesen. 3. Aufl. Göschen.
Meyer, E.: Untersuchungen über Härteprüfung und Härte. Z. d. V. d. I. 1908.
Mitteilungen aus dem mechanisch-technischen Laboratorium der Technischen Hochschule München.
Mitteilungen aus dem Staatl. Materialprüfungsamte Berlin-Dahlem.
Müller, A., u. Leber, H.: Querschnittsübergänge und Biegefestigkeit bei Dauerbeanspruchung durch Stöße. Z. d. V. d. I. 1921.
Reichelt: Die Prüfung der Konstruktionsstoffe für den Maschinenbau. Jänecke.
Rudeloff, M.: Hilfsmittel und Verfahren der Materialprüfung. W. Engelmann.
Schulze, G.: Die wirtschaftliche Bedeutung des Materialprüfungswesens der Technik. Bonneß u. Hachfeld.
Schwarz, M. v.: Metallographie in der Werkstatt. Z. d. V. d. I. 1920.
Vorschriften für die Benutzung des Königl. Materialprüfungsamtes der Techn. Hochschule, Groß-Lichterfelde-West (Dahlem). Berlin: Julius Springer 1904.
Wawrziniok, O.: Handbuch des Materialprüfungswesens. Berlin: Julius Springer 1908.
Wazau, G.: Neue Kraftmesser für Festigkeitsprüfungen. Forschungsarbeiten des V. d. I. Heft 3. Sonderreihe M.

Handbuch des Materialprüfungswesens für Maschinen- und Bauingenieure. Von Dipl.-Ing. **Otto Wawrziniok,** ord. Professor an der Technischen Hochschule, Dresden. Zweite, vermehrte und vollständig umgearbeitete Auflage. Mit 641 Textabbildungen. 1923. Gebunden 22 Goldmark / Gebunden 5.30 Dollar

Handbuch der Materialienkunde für den Maschinenbau. Von Dr.-Ing. **A. Martens †,** Professor und Direktor des Materialprüfungsamtes in Groß-lichterfelde. In 2 Bänden.
I. Band: **Materialprüfungswesen, Probiermaschinen und Meßinstrumente.** Von Professor **A. Martens.** Zweite Auflage. In Vorbereitung
II. Band: **Die technisch wichtigen Eigenschaften der Metalle und Legierungen.** Von **E. Heyn,** etatsmäßiger Professor für mechanische Technologie, Eisenhütten- und Materialienkunde an der Technischen Hochschule Berlin und Direktor im Materialprüfungsamt Groß-Lichterfelde. Hälfte A: Die wissenschaftlichen Grundlagen für das Studium der Metalle und Legierungen. Metallographie. Zweite Auflage. In Vorbereitung

Die Werkstoffe für den Dampfkesselbau. Eigenschaften und Verhalten bei der Herstellung, Weiterverarbeitung und im Betriebe. Von Oberingenieur Dr.-Ing. **K. Meerbach.** Mit 53 Textabbildungen. 1922.
6 Goldmark; gebunden 7.50 Goldmark / 1.50 Dollar; gebunden 1.80 Dollar

Die Kessel- und Maschinenbaumaterialien nach Erfahrungen aus der Abnahmepraxis kurz dargestellt für Werkstätten- und Betriebsingenieure und für Konstrukteure. Von **O. Hönigsberg,** Zivilingenieur, Wien. Mit 13 Textfiguren. 1914. 2 Goldmark / 0.50 Dollar

Die Grundlagen der deutschen Material- und Bauvorschriften für Dampfkessel. Von **R. Baumann,** Professor an der Technischen Hochschule Stuttgart. Mit einem Vorwort von Dr.-Ing. C. v. Bach, Württ. Baudirektor, Professor des Maschineningenieurwesens an der Technischen Hochschule Stuttgart, Vorstand des Ingenieurlaboratoriums und der Materialprüfungsanstalt an derselben. Mit 38 Textfiguren. 1912. Kart. 2.80 Goldmark / Kart. 0.70 Dollar

Probenahme und Analyse von Eisen und Stahl. Hand- und Hilfsbuch für Eisenhütten-Laboratorien. Von Prof. Dipl.-Ing. **O. Bauer** und Prof. Dipl.-Ing. **E. Deiß.** Zweite, vermehrte und verbesserte Auflage. Mit 176 Abbildungen und 140 Tabellen im Text. 1922.
Gebunden 10 Goldmark / Gebunden 2.40 Dollar

Lagermetalle und ihre technologische Bewertung. Ein Hand- und Hilfsbuch für den Betriebs-, Konstruktions- und Materialprüfungsingenieur. Von Oberingenieur **J. Czochralski** in Frankfurt a. M. und Dr.-Ing. **G. Welter.** Zweite Auflage. Mit etwa 130 Textabbildungen. In Vorbereitung

Die Verfestigung der Metalle durch mechanische Beanspruchung. Die bestehenden Hypothesen und ihre Diskussion. Von Prof. Dr. **H. W. Fraenkel,** Frankfurt a. M. Mit 9 Textfiguren und 2 Tafeln. 1920.
1.80 Goldmark / 0.45 Dollar

Vita-Massenez, Chemische Untersuchungsmethoden für Eisenhütten und Nebenbetriebe. Eine Sammlung praktisch erprobter Arbeitsverfahren. Zweite, neubearbeitete Auflage von Ing.-Chemiker **Albert Vita,** Chefchemiker der Oberschlesischen Eisenbahnbedarfs-A.-G. Friedenshütte. Mit 34 Textabbildungen. 1922.   Gebunden 5.50 Goldmark / Gebunden 1.90 Dollar

Die Praxis des Eisenhüttenchemikers. Anleitung zur chemischen Untersuchung des Eisens und der Eisenerze. Von Professor Dr. **Carl Krug,** Berlin. Zweite, verbesserte und vermehrte Auflage. Mit 29 Textabbildungen.
Erscheint im Herbst 1923

Die praktische Nutzanwendung der Prüfung des Eisens durch Ätzverfahren und mit Hilfe des Mikroskopes. Kurze Anleitung für Ingenieure, insbesondere Betriebsbeamte. Von Dr.-Ing. **E. Preuß †.** Zweite, vermehrte und verbesserte Auflage, herausgegeben von Prof. Dr. **G. Berndt,** Privatdozent an der Technischen Hochschule zu Charlottenburg, und **A. Cochius,** Ingenieur, Leiter der Materialprüfungsabteilung der Fritz Werner A.-G., Berlin-Marienfelde. Mit 153 Figuren im Text und auf einer Tafel. 1921.
Gebunden 3.50 Goldmark / Gebunden 0.85 Dollar

Das schmiedbare Eisen. Konstitution und Eigenschaften. Von Prof. Dr.-Ing. **Paul Oberhoffer,** Aachen. Zweite, verbesserte und vermehrte Auflage. Mit etwa 345 Textfiguren und einer Tafel.   Erscheint im Herbst 1923

Die Berechnung des Werkstoffverbrauches bei gestanzten, gezogenen und gedrehten Gegenständen im Bereich der Metallindustrie. Von **Leonhard Glück,** Ingenieur. Mit 125 Textabbildungen und 10 Zahlentafeln.   Erscheint im Herbst 1923

Schmieden und Pressen. Von **P. H. Schweißguth,** Direktor der Teplitzer Eisenwerke. Mit 236 Textabbildungen. 1923.   3 Goldmark / 0.75 Dollar

Lehrgang der Härtetechnik. Von Studienrat Dipl.-Ing. **Joh. Schiefer** und Fachlehrer **E. Grün.** Zweite, vermehrte und verbesserte Auflage. Mit 192 Textfiguren. 1921.
4.80 Goldmark; gebunden 6.50 Goldmark / 1.20 Dollar; gebunden 1.60 Dollar

Werkstattstechnik. Zeitschrift für Fabrikbetrieb und Herstellungsverfahren. Herausgegeben von Dr.-Ing. **G. Schlesinger,** Professor an der Technischen Hochschule zu Berlin. Jährlich 24 Hefte.